U0378716

高等学校数学教材系列丛书

数学建模简明教程

主编　党林立　孙晓群

参编　翟亮亮　魏朝颖　李美丽
郝上京　高　楠　李富民

西安电子科技大学出版社

内 容 简 介

为适应数学建模教学和竞赛的需要，针对工科本科院校和高职高专院校学生实际，在多年教学讲义的基础上，我们编写了这本《数学建模简明教程》。

本书选取了常见的初等模型、优化模型、微分方程模型、离散模型、概率模型中的经典示例进行分析讲解。每章各节内容相对独立，建模步骤完整，不涉及新的数学概念，减少了繁杂的数学推导，读者无需太深的数学知识，便可顺利阅读、学习本书内容。每个模型侧重于问题分析，抓住问题本质和解决思路，有利于启发学生思维，培养其分析、解决问题的能力。考虑到计算机技术及数学软件的发展和普及，书中增加了目前较为实用的数学软件MATLAB和LINGO的简介，便于读者上机计算。

本书可作为普通高等院校理工科及高职高专院校相关专业数学建模课程的教材和大学生数学建模竞赛的辅导用书，也可供科技工作者建模参考。

★本书配有电子教案，需要者可登录出版社网站，免费下载。

图书在版编目(CIP)数据

数学建模简明教程/党林立，孙晓群主编．—西安：西安电子科技大学出版社，2009.10(2023.1重印)
ISBN 978-7-5606-2341-2

Ⅰ．数…　Ⅱ．① 党…　② 孙…　Ⅲ．数学模型—高等学校—教材
Ⅳ．O141.4

中国版本图书馆CIP数据核字(2009)第170208号

策　　划　李惠萍
责任编辑　李惠萍
出版发行　西安电子科技大学出版社(西安市太白南路2号)
电　　话　(029)88202421　88201467　　邮　　编　710071
网　　址　www.xduph.com　　电子邮箱　xdupfxb001@163.com
经　　销　新华书店
印刷单位　广东虎彩云印刷有限公司
版　　次　2009年10月第1版　2023年1月第4次印刷
开　　本　787毫米×960毫米　1/16　印张14.75
字　　数　264千字
定　　价　32.00元
ISBN 978-7-5606-2341-2/O
XDUP 2633001-4
＊＊＊如有印装问题可调换＊＊＊

前　言

20 世纪 80 年代初，数学建模教学开始进入我国大学课堂。经过 20 多年的发展，现在绝大多数本科院校和许多专科学校都开设了各种形式的数学建模课程和讲座，为培养学生利用数学方法分析、解决实际问题的能力开辟了一条有效的途径。我校是较早开展数学建模教学和竞赛活动的院校，为适应数学建模教学和竞赛需要，针对工科本科院校和高职高专院校学生实际，在多年教学讲义的基础上，我们编写了这本《数学建模简明教程》。

本书突出的特点是实用简明，易于教学。本书选取了常见的初等模型、优化模型、微分方程模型、离散模型、概率模型中的经典示例进行分析讲解。每章各节内容相对独立，建模步骤完整，不涉及新的数学概念，减少了繁杂的数学推导，读者无需具有太深的数学知识，便可顺利阅读、学习本书内容。每个模型侧重于问题分析，抓住问题本质和解决思路，有利于启发学生思维，培养其分析、解决问题的能力。考虑到计算机技术和数学软件的发展与普及，书中增加了目前较为实用的数学软件 MATLAB 和 LINGO 的简介，便于读者上机计算。

本书可作为普通高校理工科及高职高专院校相关专业数学建模课程的教材和大学生数学建模竞赛的辅导书，也可供科技工作者建模参考。讲授全书内容大约需要 54 学时。对于学时较少的专业，可灵活选择若干章节进行讲授。

本书得到了西安石油大学教材建设资金的资助，由西安石油大学数学建模教学与竞赛课程组老师编写。党林立、孙晓群担任主编，并负责统稿、修改、定稿；参加编写的还有翟亮亮、魏朝颖、李美丽、郝上京、高楠、李富民，最后由李富民教授对全书进行审阅和修改。

作者对西安电子科技大学出版社的大力支持和热情帮助表示衷心感谢。热情欢迎广大读者对本书提出宝贵意见，以便进一步修改完善。

编　者

2009 年 6 月

目　录

第一章 数学模型概论

1.1 数学与数学模型

我们生活在丰富多彩、千变万化的现实世界里，而世界上一切事物都是按照一定的客观规律运动、变化着. 事物之间彼此相互联系和制约，其间必然蕴涵着一定的数量关系. 数学是研究现实世界的空间形式和数量关系的科学. 随着科技的迅猛发展，数学应用已从传统的物理、力学、电磁学等工程技术领域，深入到科技、经济、金融、信息、材料、环境等社会生活的各个领域，特别是并行计算、网络等计算机技术与数学的结合，使数学如虎添翼，由一门理论学科发展成为一种数学技术，成为高新技术的基础，在各领域发挥着越来越重要的作用.

从小学、中学到大学，我们做过的很多数学应用题，已让我们体会到数学和它的应用，但实际问题远比数学应用题复杂，如气象工作者要根据气象资料准确预报天气；生理医学家要确定药物在体内的浓度分布，进而评价药物的疗效；公司经理要根据产品需求、生产条件、生产成本等信息，决策生产经营计划，以获取较高经济效益；甚至我们日常出行路线的优化等都涉及数学问题. 要用数学方法解决这些实际问题，就必须架设实际问题与数学之间的桥梁，将实际问题转化为一个相应的数学问题，然后对这个数学问题进行分析和计算，最后用所得的结果来解答实际问题.

日常生活中，我们参观展览会、博览会，看到精美的汽车模型、建筑模型、火箭模型、飞机模型、人造卫星模型等，这些是反映实物形态的直观模型. 在我们每个人的头脑中也存储着不少模型，如认识的人的形象、社会活动规范、某项技术方法等，这些是供人们思维决策的抽象模型. 数学模型这个概念并不是新名词，公元前三世纪，欧几里德建立的欧氏几何学，就是对现实世界的空间形式提出的一个数学模型，该模型十分有效，一直沿用至今. 近代力学、物理学的重要微分方程，也是抓住这些学科的本质的数学模型，成为相关学科的核心内容和基础.

什么是数学模型(Mathematical Model)?数学模型是用数学符号、公式、图表等刻画现实对象数量规律的数学表达式、图形或算法，是一种理想化、抽象化的方法，是用数学解决实际问题的典型方法. 一般地，数学模型实际上就是对于现实问题中的某一特定对象，为了某个特定目的，做出一些必要的简化和假设，运用适当的数学工具得到的一个数学结构. 它或者能解释特定现象的现实性态，或者能预测对象未来状况，或者能提供处理对象的最优决策或控制.

在现实问题中，由于特定对象系统形形色色、千差万别，描述它们的模型也就种类繁多. 常见的数学模型分类有：

(1) 按照模型所使用的数学方法可分为确定性模型、随机性模型和模糊性模型.

• 确定性模型：模型相应的实际对象具有确定性和固定性，对象间又具有必然的关系，这类模型的表示形式可以是各种各样的方程式、关系式、逻辑关系式、网络图等，所使用的方法是经典的数学方法.

• 随机性模型：这类模型的实际对象具有随机性，数学模型的表示工具是概率论、过程论及数理统计等.

• 模糊性模型：这类模型相应的实际对象及其关系具有模糊性，数学模型的基本表示工具是 Fuzzy 集合理论及 Fuzzy 逻辑等.

(2) 按照对研究对象的了解程度，可分为白箱模型、灰箱模型和黑箱模型.

白箱是指可以用像力学、电路理论等一些机理(指数量关系方面)清楚的学科来描述的现象，其中需要研究的主要内容是优化设计和控制方面的问题. 灰箱主要是指应用领域中机理尚不清楚的现象，对于这类问题，在建立和改善模型方面还有许多工作要做. 至于黑箱，主要包括的是在应用领域中一些机理完全不清楚的现象.

(3) 按照数学模型的结构可分为分析的模型、非分析的模型和图论的模型.

分析的模型是以无穷小量概念为基础，研究函数中变量之间的依赖关系，如常微分方程、偏微分方程、积分变换、无穷级数和积分方程等. 非分析的模型是用符号系统来表示方程或表达式中变量和常数的运算关系(如代数)，或者研究它们的坐标关系(如几何)，集合论、群论、抽象几何均属此类型. 图论的模型是以点和点的连线(有向的或无向的)来表示各种关系的图形，这类图形既能表达分析的问题，又能表达非分析的问题，具有独特的运算形式，如结构树图、决策树图、状态图等.

(4) 按照模型研究变量特性，可分为离散模型和连续模型，或者线性模型和非线性模型，或者参数定常模型和参数时变模型，或者单变量模型和多变量模型，或者静态模型和动态模型，或者集中参数模型和分布参数模型等.

(5) 按照模型应用领域可分为工程模型、人工模型、交通模型、生态模型、生理模型、经济模型、社会模型等.

1.2　数学建模的方法与步骤

在了解了数学模型的概念之后，如何建立数学模型，是本教程的核心，本节我们给出建立数学模型的一般方法和步骤.

1. 明确问题

要建立现实问题的数学模型，第一步是对要解决的问题有一个明确清晰的提法，通常我们碰到的某个实际问题，在开始阶段是比较含糊不清的，又带有实际背景，因此在建模前必须对问题进行全面、深入、细致的了解和调查，查阅有关文献，同时要着手收集有关数据，收集数据时应事先考虑好数据的整理形式，例如利用表格或框图形式等. 在这期间还应仔细分析已有的数据和条件，使问题进一步明确化，即从数据中可得到什么信息，数据来源是否可靠，所给条件有什么意义，哪些条件是本质的，哪些条件是可以变动的等. 对数据和条件的分析会进一步增强我们对问题的了解，使我们更好地抓住问题的本质及特征，为建立数学模型打下良好的基础.

2. 合理假设

建立数学模型的主要目的在于解决现实问题. 然而现实问题不经过理想化、简单化处理就很难转变成数学问题，即使建立了模型，也会因过于复杂而很难求解. 因此，做出合理的假设在数学建模中起着至关重要的作用. 所谓合理的假设，是指这些假设既能抓住问题的本质特征，又能使问题得到简化，便于进行数学描述，我们称这样的假设为简化问题的假设. 这里要提醒注意的是：对于一个假设，最重要的是它是否符合实际情况，而不是为了解决问题的方便.

如何对问题提出合理的假设是一个比较困难的问题，这是因为假设做得过于简单，则使模型远离现实，无法用来解决现实问题；假设做得过于详细，试图把复杂对象的各方面因素都考虑进去，模型就会十分复杂甚至难以建立. 通常做出合理假设的依据一是出于对问题内在规律的认识，二是来自对数据或现象的分析，也可以是两者的综合. 做假设时既要运用与问题相关的物理、化学、生物、经济等方面的知识，又要充分发挥想象力、洞察力和判断力，善于辨别问题的主次，抓住主要因素，舍弃次要因素，尽量使问题简化(比如线性化、均匀化等)，经验在这里也常起重要作用. 最后要指出，有些假设在建模过程中才能确定，因此在建模中要注意调整假设，使模型尽可能地接近实际.

3. 建立模型

在已有假设的基础上，利用合适的数学工具，描述问题中变量之间的关系，确定其数学结构，就得到了实际问题的数学模型.

这里有两点要注意：一是构造一个具体问题的模型时，首先应构成尽可能简单的数学模型，然后把构造的简单模型与实际问题进行比较，再考虑将次要因素归纳进去，逐渐逼近现实来修改模型，使之趋于完善. 也就是说，数学建模是一个不断精确化的过程，切忌建模之初就把问题复杂化. 二是要善于借鉴已有问题的数学模型，许多实际问题，尽管现象和背景不同，但却具有相同的模型，例如力学中描述力、质量和加速度之间关系的牛顿第二定律 $F=ma$，经济学中描述单价、销售金额和销售量之间关系的公式 $C=pq$ 等，数学模型都是 $y=kx$. 一个数学模型应用于多个实际问题是屡见不鲜的. 要学会观察和分析，透过现象，抓住问题的本质特征，利用已有模型或在已有模型上进行修正，以此提高我们的建模水平.

4. 模型求解

不同的模型要用到不同的数学工具来求解. 可以采用解方程、画图形、证明定理、逻辑运算、数值计算等各种传统的和近代的数学方法，但多数场合模型必须依靠计算机的数值求解、模拟. 熟练利用数学软件包将会为我们求解模型带来方便.

5. 模型的检验与修正

建立数学模型的目的在于解决实际问题，因此必须把模型所得的结果返回到实际问题，如果模型结果与实际状况相符合，表明模型经检验是符合实际问题的. 如果模型结果很难与实际相符合，表明这个模型与所研究的实际问题不符合，不能直接将它应用于实际问题. 这时数学模型的建立过程如果没有问题，就需要考察建模时关于问题所做的假设是否合理，检查是否忽略了某些重要因素. 再对假设给出修正，重复前面的建模过程，直到使模型能反映所给的实际问题. 数学建模就是这样一个不断循环上升，不断优化模型的过程.

建立数学模型的步骤可以用下面的框图(图 1－1)表示.

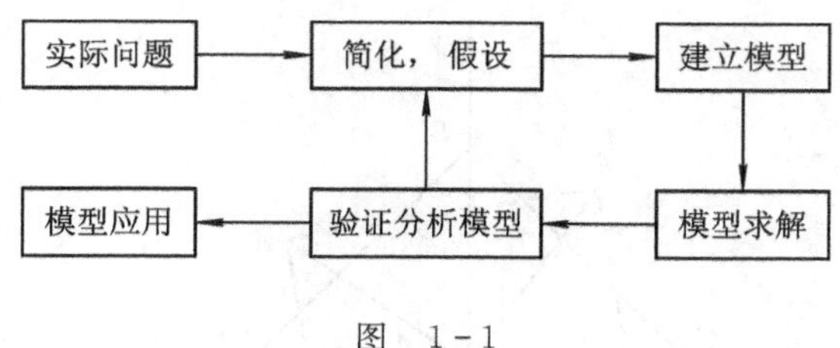

图　1-1

1.3　数学建模示例

本节我们通过一些简单例子来说明如何应用上面所给出的过程来建立数学模型，重点是如何做出合理的、简化的假设，用数学语言确切地表述实际问题，以及如何用模型的结果解释实际现象.

1.3.1　椅子的放稳问题

在日常生活中我们知道：椅子在一块不平的地上放不稳，但只需挪动几次，就可使四条腿同时着地，放稳了. 试用数学方法证明能否找到一个适当的位置而将一把椅子的四条腿同时着地.

对于这个与数学似乎毫不相干的问题，我们将建立一个简单的数学模型给予解答.

假设：

(1) 椅子的四条腿着地点构成平面上的严格正方形；

(2) 地面高度是连续变化的，不会出现间断，亦即不会出现台阶式地面或裂缝；

(3) 椅子在任何位置至少有三条腿着地.

该问题的核心是用数学语言将椅子四条腿同时着地的条件和结论表示出来.

如图 1-2 所示，设正方形的中心为坐标原点，每条腿的着地点分别为 A、B、C、D.

AC 和 BD 的连线为坐标系中的 x 轴与 y 轴. 对角线 AC 转动后与 x 轴夹角为 θ. A、C 两腿与地面距离之和为 $g(\theta)$，B、D 两腿与地面距离之和为 $f(\theta)$.

由假设条件(2)知，$g(\theta)$、$f(\theta)$ 是 θ 的连续函数. 显然椅子的三条腿总能同时着地，即对任何 θ，$g(\theta)$ 与 $f(\theta)$ 中至少有一点为零，因而有 $g(\theta)\cdot f(\theta)=0$. 现不妨设初始位置 $\theta=0$.

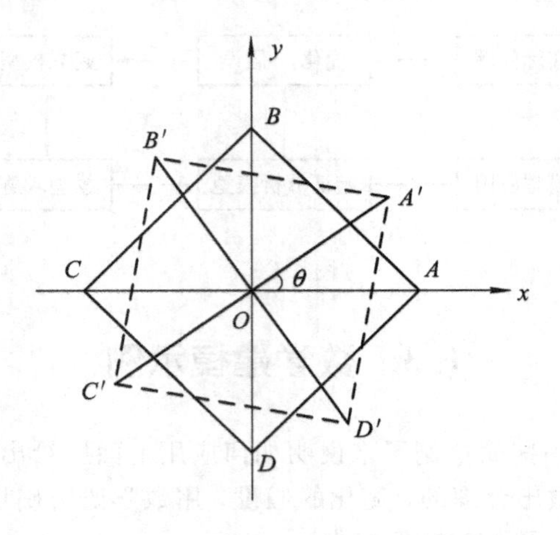

图　1-2

于是，此问题就归结为下面的数学问题：

设连续函数 $g(\theta)$、$f(\theta)$，满足 $g(0)=0$，$f(0)>0$，且对任意 θ，有 $g(\theta)\cdot f(\theta)=0$，证明存在 θ_0，使 $g(\theta_0)=f(\theta_0)=0$.

问题的证明如下：

(1) 若 $f(0)=0$，则取 $\theta=0$ 即可证明结论.

(2) 若 $f(0)>0$，则将椅子转动 $\frac{\pi}{2}$，这时椅子的对角线 AC 与 BD 的位置互换，故有

$$f\left(\frac{\pi}{2}\right)=0,\quad g\left(\frac{\pi}{2}\right)>0$$

构造函数 $h(\theta)=f(\theta)-g(\theta)$，显然有

$$h(0)>0,\quad h\left(\frac{\pi}{2}\right)<0$$

由于 $h(\theta)$ 是连续函数，由连续函数的介值定理，存在 $\theta_0\in\left(0,\frac{\pi}{2}\right)$，使得 $h(\theta_0)=0$. 又由于 $f(\theta)\cdot g(\theta)=0$，所以有 $f(\theta_0)=g(\theta_0)=0$.

就是说，存在 θ_0 方向，使得四条腿能同时着地. 因此问题的答案是：如果地面是光滑的曲面，则四条腿一定可以同时着地.

这个模型巧妙之处在于用一元变量 θ 表示椅子的位置，用 θ 的两个函数表示椅子四条腿与地面的距离，进而将问题转化为连续函数的零点存在性的数学问题.

思考题　如果将椅子换成长方形桌子，是否还有相同的结论？

1.3.2　夫妻过河问题

这是一道智力游戏问题，问题是：有三对夫妻要过河，只有一只船，船最多能载两个人，由于封建思想，要求任一女子不能在丈夫不在场的情况下同另外的男子在一起，试给出三对夫妻的过河方案.

该问题有多种解法，下面介绍两种.

1）应用状态转移法求解

夫妻过河问题是带有约束条件的过河问题，可视为一个多步决策过程，每一步，即船由南岸到北岸或由北岸到南岸，都要对船上人员（男子、女子各几人）作出决策，在允许的前提下，在有限次内使三对夫妻全部过河.

记第 k 次过河前南岸的男子数为 x_k，女子数为 y_k，其中，$k=1, 2, \cdots$；x_k、$y_k=0, 1, 2, 3$，则状态向量可表为 (x_k, y_k)，所有可能状态共 16 个，其可取状态或允许状态有 10 个：

$$(0, 0), (0, 1), (0, 2), (0, 3), (3, 0),$$
$$(3, 1), (3, 2), (3, 3), (1, 1), (2, 2)$$

记第 k 次过河时船上有男子数为 u，女子数为 v，则决策向量表示为 $((-1)^k u, (-1)^k v)$，其中，u、$v=0, 1, 2$；$u+v=1, 2$；$k=1, 2, \cdots$（k 为奇数时表示由南岸至北岸，k 为偶数时表示由北岸回南岸）.

这样，问题就归结为由状态 $(3, 3)$ 经奇数次允许决策到达状态 $(0, 0)$ 的状态转移过程.

第 1 次过河为：

$$(3, 3)+\begin{cases}((-1)^1\cdot 0, (-1)^1\cdot 1)\\((-1)^1\cdot 0, (-1)^1\cdot 2)\\((-1)^1\cdot 1, (-1)^1\cdot 1)\\((-1)^1\cdot 1, (-1)^1\cdot 0)\\((-1)^1\cdot 2, (-1)^1\cdot 0)\end{cases}\rightarrow\begin{cases}(3, 2)\\(3, 1)\\(2, 2)\end{cases}$$

注意，这里只取了允许状态.

第 2 次过河是将 $(3, 2)$、$(3, 1)$、$(2, 2)$ 分别与决策向量进行运算，只需 $k=2$. 如此下去不难验证，经 11 次可取运算三对夫妻就可全部过河.

为便于计算机求解，记允许状态集合和决策向量集合分别为：

$$S=\{(x, y)\mid x=0, y=0, 1, 2, 3;\ x=3, y=0, 1, 2, 3;\ x=y=1, 2\}$$
$$D=\{(u, v)\mid u+v=1, 2;\ u, v=0, 1, 2\}$$

并以 $S_k=(x_k, y_k)(k=1, 2, \cdots)$ 表示状态变化过程，d_k 表示过河决策，$d_k\in D$，k 取奇偶数的意义与前面的表示意义相同，则状态转移满足下列关系：

$$S_{k+1} = S_k + (-1)^k d_k \tag{1.3.1}$$

这样，我们的问题就成为：求决策 $d_k \in D(k=1, 2, \cdots)$ 使状态 $S_k \in S$ 按式(1.3.1)由初始状态 $S_1(3, 3)$ 经 n 步转移到 $S_n(0, 0)$ 的最小的 n 值.

利用上面的模型编制程序，容易在计算机上实现求解.

2) 图解法求解

在 xoy 平面坐标系中，画出图 1-3 那样的方格，方格点表示状态 $S(x, y)$，允许状态用圆点标出. 允许决策 d_k 是沿方格线移动 1 或 2 格，规定：

① k 为奇数时，向左或下方移动；

② k 为偶数时，向右或上方移动；

③ 每次移动必须落在允许状态即点"."上.

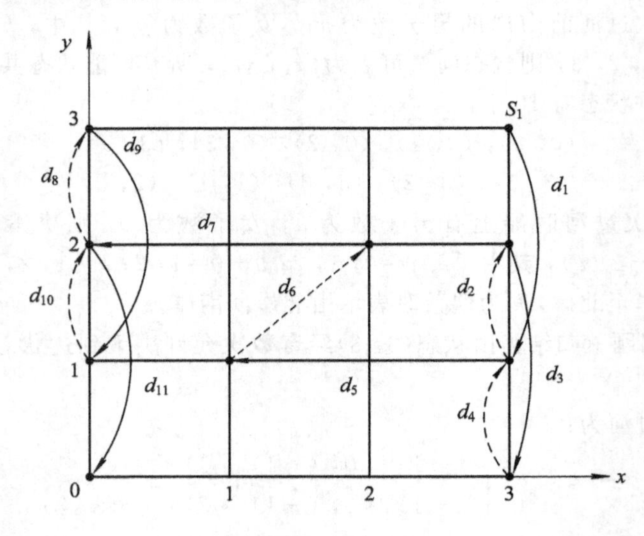

图 1-3

图 1-3 给出了一种状态转移过程，经过决策 d_1，d_2，d_3，…，d_{11} 实现了 $S_{12}(0, 0)$. 这个结果容易制定出过河方案，细心的读者会发现，应有 4 种状态转移过程. 这是一种规格化的方法，具有推广意义.

思考题　将夫妻数增加或船的容量增大时，如何建模求解？

1.3.3 人口预测问题

人口问题是当今世界上人们最关心的问题之一. 作为世界上人口最多的国家，我国的人口问题更是十分突出. 由于人口基数很大，尽管我国已实行了 30

多年的计划生育政策，人口的增长依然很快．巨大的人口压力给我国社会、经济、医疗、就业等带来了一系列的问题．因此，如何科学合理地预测人口增长，研究和解决人口问题在我国显得尤为重要．

关于人口问题模型的研究，并不是现在才开始的，早在18世纪末，英国人马尔萨斯(Malthus)在研究了百余年的人口统计资料后建立了第一个人口指数增长模型即Malthus模型．其后经过不断改进，现在已有了一些更为精细的数学模型，尤其是人口的预测模型和控制模型为人口政策的制定提供了重要的科学依据．我们这里介绍两种微分方程模型，即Malthus模型和Logistic模型．

1）Malthus模型

设时刻t的人口总数为$N(t)$，人口的净增长率(即出生率减去死亡率)为r，根据Malthus的理论，在人口的自然增长过程中，r为常数，即单位时间内人口的增加量与人口的总数成正比．由于人口基数很大，故可将$N(t)$近似看做连续可微函数，于是得Malthus人口模型为：

$$\begin{cases}\dfrac{\mathrm{d}N}{\mathrm{d}t}=rN\\ N(t_0)=N_0\end{cases}$$

此方程的解为：

$$N(t)=N_0\mathrm{e}^{r(t-t_0)} \tag{1.3.2}$$

如果$r>0$，则式(1.3.2)表明人口总数将以指数形式增长，在实际应用时，一般以年为间隔来考察人口的变化情况，即取$(t-t_0)=1, 2, \cdots, n$，这样我们就可得到以后各年的人口总数为N_0，$N_0\mathrm{e}^r$，$N_0\mathrm{e}^{2r}$，$N_0\mathrm{e}^{3r}$，…，$N_0\mathrm{e}^{nr}$，….

事实证明，用Malthus模型进行短期人口预测还是比较准确的．在资源丰富、人口比较稀少时结果和实际的人口统计数据也比较吻合．但该模型用于长期预测是不合适的，因为$r>0$，当$t\to+\infty$时$N(t)\to+\infty$，这一结论不符合人口实际情况．例如1961年世界人口总数为3.06×10^9，人口出生率为2%，用Malthus模型预测以后，得到人口的数据为到2670年，世界人口总数达3.6万亿人，届时地球上平均每人只有1平方米的陆地．显然这个结论是十分荒谬的．

以上错误结论的根源是Malthus假设的局限性．Malthus的关键假设——人口自然增长率r是一常数这一条并不总是成立．事实上，在人口比较稀少，资源比较丰富的条件下才存在这一规律，但当人口数量达到一定程度时，由于土地、资源的限制，会出现食物短缺、资源紧张、环境恶化并伴随战争与传染病的威胁．这些因素对人口增长产生了阻滞作用，此时人口增长率随人口增加而减小，因此Malthus模型中人口净增长率为常数的假设必须进行修改．

2）Logistic模型

为了克服Malthus模型假设的缺陷，荷兰生物数学家Verhulst引入常数

N_m 表示自然资源和环境所能承受的最大人口数，并假定净相对增长率为 $r\left(1-\dfrac{N}{N_m}\right)$，即净相对增长率随 N 增加而减小，此时，r 称为内在增长率，即不受资源和环境限制时的人口增长率. 当 $N(t)\to N_m$时，净相对增长率趋于 0，于是得到了人口的阻滞增长模型——Logistic 模型：

$$\begin{cases}\dfrac{dN}{dt}=rN\left(1-\dfrac{N}{N_m}\right)\\ N(t_0)=N_0\end{cases}$$

其解为：

$$N(t)=\frac{N_m}{1+\left(\dfrac{N_m}{N_0}-1\right)e^{-r(t-t_0)}}$$

从以上结果可以看出：

（ⅰ）当 $t\to+\infty$时，$N\to N_m$，即无论人口初值如何，人口总数趋向于极限值 N_m.

（ⅱ）当 $0<N_0<N_m$ 时，由 $\dfrac{d^2N}{dt^2}=r\left(1-\dfrac{2N}{N_m}\right)\cdot\dfrac{dN}{dt}$知，当 $N<\dfrac{N_m}{2}$时，$\dfrac{d^2N}{dt^2}>0$，$\dfrac{dN}{dt}$为增函数；$N<\dfrac{N_m}{2}$时，$\dfrac{d^2N}{dt^2}<0$，$\dfrac{dN}{dt}$为减函数；当 $N=\dfrac{N_m}{2}$时，$\dfrac{dN}{dt}$达到最大值(也可利用二次函数性质得到这一结果).

由此可知，在人口达 $N=\dfrac{N_m}{2}$时，人口增长最快. 据估计，地球上所能承受人口的最大数量约为 100 亿人，因此在 50 亿左右时，人口增长最快.

Logistic 模型不仅适用于人口问题，在动物单种群的数量增长中也是适用的，有关的生物学实验已证明了此模型的有效性.

1.4 数学建模竞赛

全国大学生数学建模竞赛(China Undergraduate Mathematical Contest in Modeling)是全国高校规模最大的课外科技活动之一. 本竞赛每年 9 月中旬举行，竞赛面向全国大专院校的学生，不分专业. 竞赛分甲、乙两组，甲组竞赛对象为所有本科大学生，乙组竞赛对象为大专学生(包括高职、高专学生).

1. 数学建模竞赛的创始与发展

20 世纪 80 年代初，数学建模教学开始进入我国大学课堂，经过 20 多年的发展，现在绝大多数本科院校和许多专科学校都开设了各种形式的数学建模课程和讲座，为培养学生利用数学方法分析、解决实际问题的能力开辟了一条有效的途径.

大学生数学建模竞赛最早是1985年在美国出现的，1989年我国大学生开始参加美国的竞赛，经过两三年的参与，大家认为竞赛是推动数学建模教学在高校迅速发展的一种非常好的形式. 于是在1992年，由中国工业与应用数学学会数学模型专业委员会组织举办了我国10城市的大学生数学模型联赛. 教育部领导及时发现，并扶植、培育了这一新生事物，决定1994年起由教育部高教司和中国工业与应用数学学会共同主办全国大学生数学建模竞赛，每年一次. 十几年来，这项竞赛得到了迅猛发展.

2. 通过数学建模竞赛提高学生综合素质

数学建模竞赛的题目由工程技术、经济管理、社会生活等领域中的实际问题简化加工而成，没有事先设定的标准答案，但留有充分余地供参赛者发挥其聪明才智和创造精神. 从下面一些题目的标题可以看出其实用性和挑战性："DNA序列分类"、"血管的三维重建"、"公交车调度"、"SARS的传播"、"奥运会临时超市网点设计"、"长江水质的评价和预测". 竞赛以通讯形式进行，三名大学生组成一队，在三天时间内可以自由地收集资料、调查研究，使用计算机、软件和互联网，但不得与队外任何人包括指导教师讨论. 要求每个队完成一篇论文，内容包括模型的假设、建立和求解，计算方法的设计和计算机实现，结果的分析和检验，模型的改进等.

竞赛评奖以假设的合理性、建模的创造性、结果的正确性和文字表述的清晰程度为主要标准.

可以看出，这项竞赛从内容到形式与传统的数学竞赛不同，既丰富、活跃了广大同学的课外生活，也为优秀学生脱颖而出创造了条件. 竞赛让学生面对一个从未接触过的实际问题，运用数学方法和计算机技术加以分析、解决，他们必须开动脑筋、拓宽思路，充分发挥创造力和想象力. 通过竞赛培养了学生的创新意识及主动学习、独立研究的能力. 竞赛紧密结合社会热点问题，富有挑战性，吸引着学生关心、投身国家的各项建设事业，同时也培养了他们理论联系实际的学风.

竞赛需要学生在很短的时间内获取与赛题有关的知识，锻炼了他们从互联网和图书馆查阅文献、收集资料的能力，也提高了他们撰写科技论文的文字表达水平.

竞赛要三个同学共同完成一篇论文，他们在竞赛中要分工合作、取长补短、求同存异，既有相互启发、相互学习，也有相互争论，培养了学生们同舟共济的团队精神和进行协调的组织能力.

竞赛是开放型的，三天中没有或者很少有外部的强制约束，同学们要自觉地遵守竞赛纪律，公平地开展竞争．诚信意识和自律精神是建设和谐社会的基本要素之一，同学们能在竞赛中得到这种品格锻炼对他们的一生是非常有益的．

3．通过数学建模竞赛推动数学教育改革

竞赛虽然发展得如此迅速，但是参加者毕竟还是很少一部分学生，要使它具有强大的生命力，必须与日常的教学活动和教育改革相结合．十几年来，在竞赛的推动下，许多高校相继开设了数学建模课程以及与此密切相关的数学实验课程，一些教师正在进行将数学建模的思想和方法融入数学主干课程的研究和试验．数学教育本质上是一种素质教育，它不应使学生仅学到数学的概念、方法和结论，而应使学生领会数学的精神实质和思想方法，通过数学的训练，可以使学生树立明确的数量观念，提高逻辑思维能力．这也有助于培养学生认真细致、一丝不苟的工作作风，形成精益求精的研究风格，提高运用数学知识处理现实世界中各种复杂问题的意识、信念和能力，调动学生的探索精神和创造力，使数学真正成为受用终生的工具．

要体现素质教育的要求，数学的教学不能完全和外部世界隔离开来．关起门来在数学的概念、方法和理论中打圈子，会使学生处于自我封闭状态，以致学生在学了许多据说是非常重要、十分有用的数学知识以后，却不怎么会应用或无法应用．开设数学建模和数学实验课程，举办数学建模竞赛，为数学与外部世界的联系打开了一个通道，提供了一种有效的方式，对提高学生们的数学素质起了显著的效果，提高了学生学习数学的积极性和主动性，是对数学教学体系和内容改革的一个成功的尝试；为提高学生综合素质，推动数学教育改革提供了一个范例．多位中国科学院和中国工程院院士以及教育界的专家参加过数学建模竞赛活动，他们对这项竞赛给予了热情支持和很高的评价．

习 题 一

1．兄弟二人沿着某街分别在离家3公里与2公里处同向散步回家，家中的小狗一直在二人之间来回奔跑．已知哥哥的速度为3公里每小时，弟弟的速度为2公里每小时，狗的速度为5公里每小时．试分析半小时后，狗在何处．

2．在本章1.3.1小节椅子的放稳问题中，若在假设条件中，将四角的连线呈正方形改为呈长方形，其余条件不变，试构造模型并求解．

3．请查阅开普勒(Kepler)三定律，并利用这三个定律及牛顿第二定律证明万有引力定律．

4. 说明Logistic模型可以表示为$x(t)=\frac{x_m}{1+e^{-r(t-t_0)}}$，其中$t_0$是人口增长出现拐点的时刻，并说明$t_0$与$r$，$x_m$的关系.

5. 假定人口的增长服从这样的规律：时刻t的人口为$x(t)$，t到$t+\Delta t$时间内人口的增量与$x_m-x(t)$成正比(其中x_m为最大容量). 试建立模型并求解；作出解的图形并与指数增长模型、阻滞增长模型的结果进行比较.

第二章 用初等数学方法建模

本章介绍的模型比较简单，只要具有比例、函数、奇偶性、状态转移等数学知识就可以构造和求解模型，我们称其为初等数学方法建模. 应当指出，解决实际问题时应尽可能地用简单的数学模型，着重于问题的解决，而不在于采用了多么高深的数学方法. 从这个意义上说，培养良好的数学思维能力往往比学习更多更深的知识更为有用.

2.1 比例与函数

本节给出利用比例和函数建立数学模型的例子. 我们将会看到，在日常生活中，到处都会遇到应用数学方法来解决的问题.

2.1.1 四足动物的身长和体重关系问题

四足动物躯干(不包括头尾)的长度和它的体重有什么关系？这个问题有一定的实际意义. 比如，生猪收购站的人员或养猪专业户如果能从生猪的身长估计它的重量，则可以给他们带来很大的方便.

四足动物的生理构造因种类不同而异，如果陷入生物学对复杂的生理结构的研究，将很难得到什么有价值的模型. 为此，我们可以在较粗浅的假设的基础上，建立动物的身长和体重的比例关系. 本问题与体积和力学有关，搜集与此有关的资料得到弹性力学中两端固定的弹性梁的一个结果：长度为 L 的圆柱型弹性梁在自身重力 f 作用下，弹性梁的最大弯曲 v 与重力 f 和梁的长度立方成正比，与梁的截面面积 s 和梁的直径 d 的平方成反比，即

$$v \propto \frac{fL^3}{sd^2}$$

利用这个结果，我们采用类比的方法给出如下假设：

(1) 四足动物的躯干(不包括头尾)的长度为 L，断面直径为 d 的圆柱体，体积为 m；

(2) 四足动物的躯干(不包括头尾)重量与其体重相同，记为 f；

(3) 四足动物可看做一根支撑在四肢上的弹性梁，其腰部的最大下垂对应弹性梁的最大弯曲，记为 v.

根据弹性理论结果及重量与体积成正比的关系，有：

$$f \propto m,\ m \propto sL$$

由正比关系的传递性，得

$$v \propto \frac{sL^4}{sd^2} = \frac{L^4}{d^2} \Rightarrow \frac{v}{L} \propto \frac{L^3}{d^2} \tag{2.1.1}$$

式(2.1.1)中多了一个变量 v，为替代变量 v，注意到$\frac{v}{L}$是动物躯干的相对下垂度，从生物进化的观点，讨论相对下垂度有：$\frac{v}{L}$太大，四肢将无法支撑，此种动物必被淘汰；$\frac{v}{L}$太小，四肢的材料和尺寸超过了支撑躯体的需要，无疑是一种浪费，也不符合进化理论.

因此从生物学的角度可以确定，对于每一种生存下来的动物，经过长期进化后，相对下垂度$\frac{v}{L}$已经达到其最合适的数值，应该接近一个常数(当然，不同种类的动物，此常数值不同). 于是可以得出 $d^2 \propto L^3$，再由 $f \propto sL$ 和 $s \propto d^2$ 得 $f \propto L^4$，由此得到四足动物体重与躯干长度的关系

$$f = kL^4 \tag{2.1.2}$$

式(2.1.2)就是本问题的数学模型.

如果对于某一种四足动物，比如生猪，可以根据统计数据确定公式中的比例常数 k，那么就可得到用该类动物的躯体长度估计其体重的公式.

发挥想象力，利用类比方法，对问题进行大胆的假设和简化是数学建模的一个重要方法. 不过，使用此方法时要注意对所得数学模型进行检验. 此外，从一系列的比例关系着手推导模型可以使推导过程大为简化.

2.1.2　公平席位分配问题

学校学生会为了协调各系的工作，需给各系分配学生会成员名额. 如何分配才算合理呢？例如某校甲系 100 名学生，乙系 60 名学生，丙系 40 名学生，学生会成员共设 20 个名额，显然公平而又简单的分配方案是按学生人数比例分配. 那么甲、乙、丙三个系分别应有 10、6、4 个学生会成员. 倘若丙系有 6 名学生转入其他两系学习，甲系成为 103 名学生，乙系成为 63 名学生，丙系成为 34 名学生，仍按比例分配，就会出现小数，但成员数必须是整数，一个自然

的想法就是“四舍五入”，即“去掉尾数取整”．而这样的话，常常导致名额多余或不够分配，更严重的是，这种似乎公平的分配方法有时会出现不公平的结果．表 2－1 和表 2－2 分别是学生会成员为 20 个名额和 21 个名额时的分配表．

表 2－1

系别	学生人数	所占人数/(%)	按比例分配的名额	最终的分配名额
甲	103	51.5	10.3	10
乙	63	31.5	6.3	6
丙	34	17	3.4	4
总和	200	100	20	20

表 2－2

系别	学生人数	所占人数/(%)	按比例分配的名额	最终的分配名额
甲	103	51.5	10.815	11
乙	63	31.5	6.615	7
丙	34	17	3.570	3
总和	200	100	20	21

从上述两表明显可以看到，当学生会成员名额增加 1 个时，丙系反而减少了 1 个名额，这个结果对丙系来讲太不公平了．这说明，传统分配方法存在严重缺陷，要解决这一问题，必须寻找公平分配的衡量指标，建立新的分配办法．

我们先就 A，B 两方公平分配席位情形加以说明．设 A，B 两方人数为 p_1，p_2，占有席位分别为 n_1，n_2，则$\frac{p_1}{n_1}$和$\frac{p_2}{n_2}$表示两方每个席位所代表的人数．显然，当且仅当$\frac{p_1}{n_1}=\frac{p_2}{n_2}$时，名额分配才是公平的．但是一般说来，它们不会相等，这表明席位分配不公平，直观的想法是用数值$\left|\frac{p_1}{n_1}-\frac{p_2}{n_2}\right|$来表示双方的不公平程度，称为绝对不公平值，但绝对不公平值往往无法区分不公平程度．

例如当 $p_1=120$，$p_2=100$，$n_1=n_2=10$ 时，有：

$$\left|\frac{p_1}{n_1}-\frac{p_2}{n_2}\right| = 12-10 = 2$$

当双方人数增加为 $p_1=1020$，$p_2=1000$，n_1，n_2 仍为 10 时，有：

$$\left|\frac{p_1}{n_1}-\frac{p_2}{n_2}\right| = 102-100 = 2$$

常识告诉我们，尽管它们有着相同的绝对不公平值，但前一种不公平程度明显大于后一种不公平程度，所以绝对不公平值不是好的衡量标准. 由此我们想到要用相对标准，仍设 p_1，p_2 为 A，B 两方的人数；n_1，n_2 为双方分配的席位，我们来定义“相对不公平”的概念.

若$\frac{p_1}{n_1}>\frac{p_2}{n_2}$，则称：

$$r_A(n_1, n_2)=\frac{\frac{p_1}{n_1}-\frac{p_2}{n_2}}{\frac{p_2}{n_2}}$$

为对 A 的相对不公平值.

若$\frac{p_1}{n_1}<\frac{p_2}{n_2}$，则称：

$$r_B(n_1, n_2)=\frac{\frac{p_2}{n_2}-\frac{p_1}{n_1}}{\frac{p_1}{n_1}}$$

为对 B 的相对不公平值.

现在我们用确立的衡量分配不公平程度的数量指标 r_A，r_B 来制定席位的分配方案. 当席位总名额增加 1 个时，应该给 A 还是 B 呢？

不失一般性，设$\frac{p_1}{n_1}>\frac{p_2}{n_2}$，这时对 A 不公平，当再增加 1 个席位名额时，有下面三种情形：

(1) $\frac{p_1}{n_1+1}>\frac{p_2}{n_2}$表明即使 A 再增加 1 个名额，仍对 A 不公平，当然这一名额应给 A；

(2) $\frac{p_1}{n_1+1}<\frac{p_2}{n_2}$表明 A 增加 1 个名额就对 B 不公平，这时对 B 的相对不公平值为：

$$r_B(n_1+1, n_2)=\frac{p_2(n_1+1)}{p_1n_2}-1$$

(3) $\frac{p_1}{n_1}>\frac{p_2}{n_2+1}$，即给 B 增加 1 个名额时将对 A 不公平. 这时对 A 的相对不公平值为：

$$r_A(n_1, n_2+1)=\frac{p_1(n_2+1)}{p_2n_1}-1$$

公平分配席位的原则是使相对不公平值尽可能地小，所以若

$$r_B(n_1+1, n_2) < r_A(n_1, n_2+1)$$

则增加的名额应给 A. 反之，则应该给 B.

注意到 $r_B(n_1+1, n_2) < r_A(n_1, n_2+1)$ 等价于：

$$\frac{p_2^2}{n_2(n_2+1)} < \frac{p_1^2}{n_1(n_1+1)} \tag{2.1.3}$$

进一步，还可证明：情形(1)也可以推出(2.1.3)式，则我们可得，当(2.1.3)式成立时，增加的 1 个名额应给 A，反之则给 B.

上述方法可推广到有 s 方的情形. 设第 i 方人数为 p_i，已占有 n_i 个席位，$i=1, \cdots, s$，当总名额增加 1 个时，计算 Q_i 得

$$Q_i = \frac{p_i^2}{n_i(n_i+1)} \quad (i = 1, \cdots, s)$$

最后，将名额分给 Q 值最大的一方，这种席位分配方法称为 Q 值法.

下面用 Q 值法重新分配甲、乙、丙三个系的 21 个名额. 先按照比例计算结果，将整数部分的 19 个名额分配完毕，有

$$n_1 = 10, \quad n_2 = 6, \quad n_3 = 3$$

也可一开始就用 Q 值法，以 $n_1=n_2=n_3=1$ 为基础分配，得到的前 19 个名额的分配结果与这个数字相同.

现用 Q 值法分配第 20 和 21 个名额. 计算得

$$Q_1 = \frac{103^2}{10\times 11} = 96.4, \quad Q_2 = \frac{63^2}{6\times 7} = 94.5, \quad Q_3 = \frac{34^2}{3\times 4} = 96.3$$

显然 Q_1 最大，所以第 20 个名额应分给甲系. 再计算 $Q_1 = \frac{103^2}{11\times 12} = 80.4$，而 Q_2、Q_3 由于 n_2、n_3 没有变化也没有变化，仍为上面的数值，那么 Q_3 最大，故第 21 个名额应分给丙系. 这样，21 个学生会成员名额分配的结果是 11，6，4.

通过这个例子我们看到，处理席位分配问题的关键在于建立衡量公平程度的数量指标. 在我们的模型中提出的指标是相对不公平值，即通过 Q 值确定分配方案，由于 Q 能较好地反映对第 i 方的不公平程度，因此这种做法无疑是合理的. 该方法较好地解决了在总席位增加时，某一方席位反而减少的问题.

2.1.3 市场平衡问题

在市场经济条件下，商品的价格经常出现波动，当“供不应求”时，价格逐渐升高，生产者因利润多就加大生产量. 然而一旦产量使市场“供过于求”，价格就会下跌，生产者就会减少产量以避免损失，这样下去又会造成新的“供不应求”. 因此市场上会出现价格忽高忽低，商品时多时少的现象. 我们关心的问题是：在什么情况下，市场供求关系才能趋于平衡？

记 p 表示商品价格，q 表示商品数量，假设商品数量 q 主要取决于商品价格 p，则称函数

$$q = f(p)$$

为需求函数. 显然商品价格低，需求则大；商品价格高，需求则小. 因此需求函数 $q=f(p)$ 是单调减少函数，其反函数 $p=f^{-1}(q)$ 也称需求函数(见图 2-1).

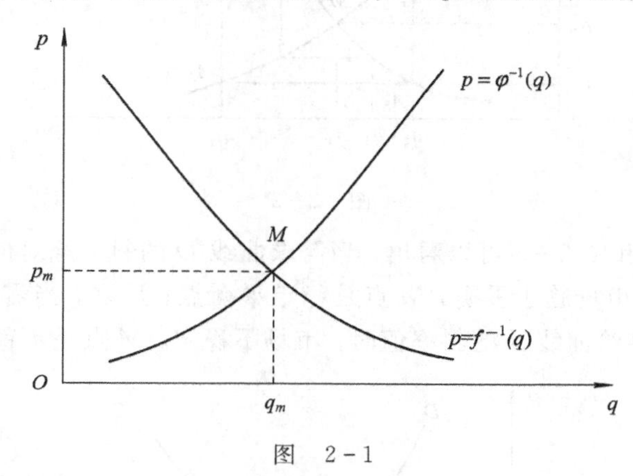

图　2-1

商品价格与供给数量的关系

$$q = \varphi(p)$$

称为供给函数. 供给函数为单调增加函数，其反函数 $p=\varphi^{-1}(q)$ 也称为供给函数. 在图 2-1 中我们看到，需求函数曲线与供应函数曲线交于一点 $M(q_m, p_m)$，称该点为供需平衡点. 在 M 点商品供应价格等于需求价格，供应数量等于社会需求数量，这时市场经济处于平衡状态. 但在实际情形中，商品价格和数量是由市场调节的，它们受各种因素的影响，必然会偏离平衡点 $M(q_m, p_m)$. 那么，在什么情况下，市场供需关系平衡呢?

设供给曲线 S 与需求曲线 D 如图 2-2 所示，且在某一时期内商品价格 $p_0>p_m$，这时由供给曲线 S 上的点 A_1 决定商品数量为 q_1. 由于 $q_1>q_m$，按需求曲线 D，消费者认为价格下至 p_1 才能购买. 一旦价格降到 p_1，生产者按供给曲线 S 将产量减少成 q_2，以减少损失. 由于 $q_2<q_m$，市场商品缺乏，按需求曲线 D 价格又提高为 p_2，价格 $p_2>p_m$ 又刺激生产者大量生产，使产量上升为 q_3，…，这一过程如此下去，即 $A_1\to A_2\to A_3\to A_4\to\cdots\to M$，达到市场平衡.

如果供给曲线 S 和需求曲线 D 如图 2-3 所示，类似分析可知，市场供求关系将按 $A_1\to A_2\to A_3\to A_4\to\cdots\to M$ 的方向远离平衡点 M.

为什么会出现供求关系有时趋于平衡点，有时偏离平衡点，这是由什么因素来决定的呢?

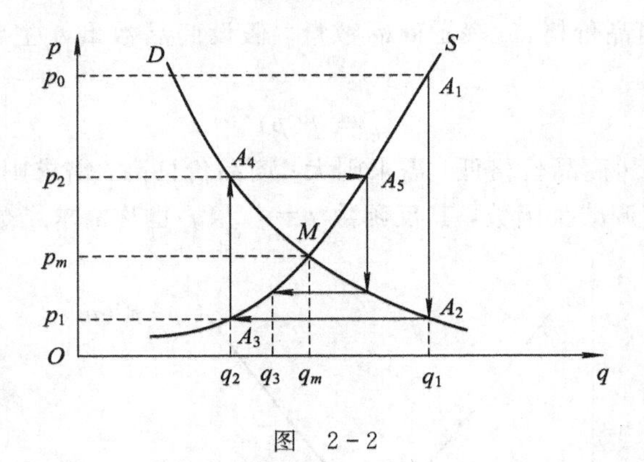

图 2-2

从图 2-2 和图 2-3 可以看出，当需求曲线 D 的斜率绝对值小于供给曲线 S 的斜率值时，市场趋于平衡，M 点是稳定平衡点；反之，当需求曲线 D 的斜率绝对值大于供给曲线 S 的斜率值时，市场不稳定，M 点是不稳定平衡点.

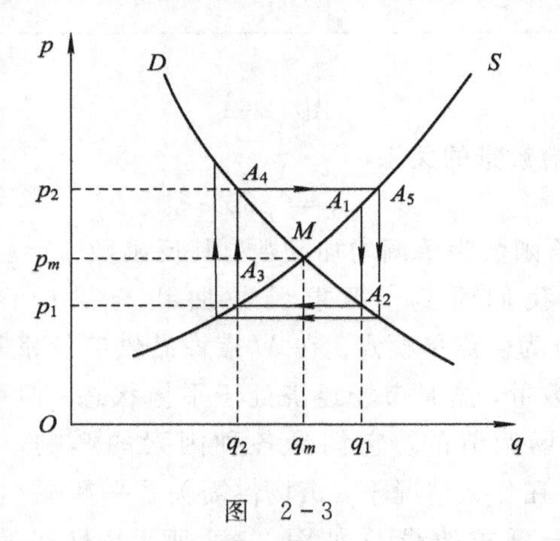

图 2-3

现进一步分析不稳定的原因. 两条曲线的切线斜率 K 实际上表示商品价格随商品数量变化而变化的程度. $|K_D|>K_S$，表明消费者对商品价格的敏感度比生产者要高，商品稍少一点，人们便去抢购，导致商品价格很快发生大的变化，因此 K_D 较大，容易引起供求的不平稳.

如何解决这一问题，即怎样才能总有 $|K_D|>K_S$ 成立呢？一种办法是控制物价. 比如价格有微小的改变，则 $K_D=0$；另一种办法是控制市场上商品的数量，不能缺少或积压商品，这样，$K_S\to+\infty$. 总之，上述两种办法都可以使 $|K_D|>K_S$，从而保证了市场的供需平稳.

2.2　关于自然数的奇偶性

数的奇偶性即数是奇数还是偶数的性质. 自然数的奇偶性在数学建模中有着广泛的应用. 下面我们介绍这方面的几个例子.

2.2.1　铺瓷砖问题

要用 40 块正方形瓷砖铺设如图 2-4 所示图形的地面，但商店里只有长方形瓷砖，每块大小等于正方形的两块. 一人买了 20 块长方形瓷砖，结果无论怎样摆弄，都无法完整铺好. 问题在于用 20 块长方形瓷砖正好铺成图 2-4 所示地面的可能性是否存在，只有可能性存在才谈得上用什么方法铺设的问题. 为此，在图 2-4 上黑、白相间染色，我们发现共有 19 个白格和 21 个黑格，一块长方形瓷砖可盖住一白一黑两格，所以铺上 19 块长方形瓷砖后，不管用什么方式总要剩下 2 个黑格没有铺上，而一块长方形瓷砖是无法盖住如图所示的两个黑格的，唯一的方法是把最后一块长方形瓷砖一分为二.

图　2-4

解决铺瓷砖问题中所用的方法在数学上称为奇偶校验，即如果两个数都是奇数或偶数，则称其具有相同的奇偶性. 如果一个数是奇数，另一个数是偶数，则称其具有相反的奇偶性. 在铺瓷砖问题中，同色的两个格子具有相同的奇偶性，异色的两个格子具有相反的奇偶性，长方形瓷砖显然只能覆盖具有相反奇偶性的一对方格. 因此，把 19 块长方形瓷砖在地面上铺好后，只有在剩下的两个方格具有相反的奇偶性时，才有可能把最后一块长方形瓷砖铺上. 现在由于剩下的两个方格具有相同的奇偶性，所以无法铺上最后一块长方形瓷砖. 这就从理论上证明了用 20 块长方形瓷砖铺好如图 2-4 所示图形是不可能的，任何改变铺设方法的努力都是徒劳的.

奇偶校验法巧妙简单，富有创造力. 在估计事情不可能成立时，可考虑使用奇偶性这一方法来论证.

2.2.2 菱形十二面体上的 *H* 路径问题

沿一菱形十二面体各棱行走，要寻找一条这样的路径：经过各顶点恰好一次，这个问题被称为 Hamilton 路径问题. 如图 2-5 所示.

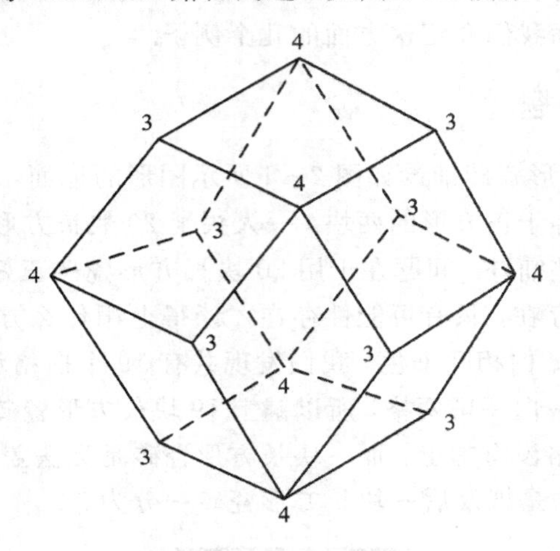

图 2-5

我们利用奇偶校验法证明：在菱形十二面体上没有 Hamilton 路径. 事实上，菱形十二面体每个顶点的度或者是 3，或者是 4.（所谓顶点的度，是指通过这一顶点的棱数.）另外，仔细观察，每个 3 度顶点被 4 度顶点所包围，即 3 度顶点的三条棱中的每一条棱都与一个 4 度顶点关联；反之，每个 4 度顶点也都被 3 度顶点包围. 因此，一条 Hamilton 路径要通过所有的顶点必须依次轮流通过 3 度顶点和 4 度顶点. 如果这个多面体的顶的个数是奇数，则 3 度顶点和 4 度顶点必须只能差一个，若是偶数，则必须恰好相等. 但菱形 12 面体的顶点是 14 个，4 度顶点只有 6 个，所以 Hamilton 路径是不可能存在的.

2.2.3 自然数的因子个数与狱吏问题

将自然数 n 分解为两个因子的乘积，其因子个数用 $d(n)$ 表示，则 $d(n)$ 有的为奇数，有的为偶数，例如 $d(3)=2$，因为 3 有两个因子 1，3；$d(4)=3$，因为 4 有三个因子 1，2，4. 这当中有无规律可循呢？考察一下表 2-3 再来分析.

表 2-3

n	01	02	03	04	05	06	07	08	09	10	11	12	13	14	15	16
$d(n)$	1	2	2	3	2	4	4	4	3	4	2	6	2	4	4	5

从表 2-3 中我们发现，当自然数是完全平方数，即 $n=1, 4, 9, 16$ 时，$d(n)$为奇数. 这暗示有如下定理：

定理 2.1　正整数 M 的因子个数 $d(n)$ 为奇数的充要条件是 M 是一个完全平方数.

定理的证明很简单，只需注意 M 的因子通常是成双成对出现的，即若 $ab=M$，则 a 和 b 都是 M 的因子，所以 $d(M)$ 为偶数，并且仅当 M 是完全平方数时，$\sqrt{M}$为整数，且

$$\sqrt{M}\cdot\sqrt{M}=M$$

因此产生一个额外因子，使 $d(M)$ 成为奇数.

下面用这一结果研究一个有趣的问题——狱吏问题.

某王国按大赦条款，让一狱吏 n 次通过一排锁着的 M 间牢房，每通过一次按照所定规则转动门锁. 牢房的门锁的结构是这样的：每转动一次，原来锁着的锁被打开，而原来开着的锁被锁上. 如果通过 M 次，门锁是打开的，则牢房中的犯人将被赦出；而若门锁仍是锁着的，则牢房中的犯人不能赦出. 狱吏转动门锁的规则是：第一次通过牢房时，要转动每一把门锁，即把全部锁打开；第二次通过牢房时，要从第二间开始转动，然后每隔一间转动一次；第三次通过牢房时，从第三间开始，然后每隔两间转动一次；……；第 k 次通过牢房时，从第 k 间开始，每隔 $k-1$ 间转动一次；……；问题就是如此下去，通过 n 次后，哪些牢房的锁仍然是打开的？

观察头 10 多间牢房的结果，很容易猜到答案. 现作一般证明如下：考虑第 m 间牢房，开始它是锁着的，第一次通过时被转动一次；如果 m 被 2 除尽，第二次通过时又被转动一次；如果 m 被 3 除尽，第三次通过时还被转动一次；等等. 即 m 每有一个因子，锁就要被转动一次，要使门锁最终是打开的，就必须被转动奇数次，所以充分必要条件是：m 有奇数个因子，即 m 是一个完全平方数.

实际上，狱吏转动牢房门锁的规则恰与我们前面提到的自然数因子个数问题相同，因为按锁的转动规则的 m 因子有几个，门锁就要被转动几次，当然只有是完全平方数的牢房，门锁才能被转动奇数次. 数的奇偶性隐藏着很多学问，值得我们细心研究.

2.3　量纲分析法

量纲分析法是在物理领域运用实验和经验，根据物理定律中的量纲一致原则，确定各物理量之间的关系，实现数学建模的一种方法. 本节先介绍量纲一

致原则和 Buckingham π 定理，然后给出量纲分析的应用.

2.3.1 量纲一致原则

人们在研究事物时，需要对对象进行定性或定量分析，这必然涉及许多物理量，例如长度、质量、密度、速度等，这些表示对象的不同物理特征的量，就构成了不同的量纲，通常记为$[\cdot]$. 如时间的量纲为$[T]$，长度的量纲为$[L]$等. 在这些物理量中，有些物理量的量纲是基本的，而另外的物理量的量纲是由基本量纲推导出来的. 例如在力学中，常取质量 m、长度 l、时间 t 的量纲为基本量纲，分别记为$[M]$、$[L]$、$[T]$，则速度的量纲可表为：

$$[v]=[LT^{-1}]$$

加速度的量纲可表为：

$$[v]=[LT^{-2}]$$

而力的量纲可根据牛顿第二定律表示为：

$$[f]=[MLT^{-2}]$$

有些物理常数也有量纲，如万有引力定律 $f=k\dfrac{m_1m_2}{r^2}$中的引力常数 k 的量纲是

$$[k]=[MLT^{-2}][L^2][M^{-2}]=[M^{-1}L^3T^{-2}]$$

无量纲的物理量，称为量纲为[1]的量.

在国际单位制中，有 7 个基本量：长度、质量、时间、电流、温度、光强度和物质的量，它们的量纲分别是

$$[L],[M],[T],[I],[\Theta],[J],[N]$$

称为基本量纲. 将一个物理量 q 表示成基本量纲的幂次之积

$$[q]=[L^{\alpha}M^{\beta}T^{\gamma}I^{\sigma}\Theta^{\varepsilon}N^{\xi}J^{\mu}] \tag{2.3.1}$$

称为该物理量的量纲，幂指数 α, β, γ, σ, ε, ξ 和 μ 称为量纲指数.

在用数学公式描述任一物理规律时，等式两端必须保持量纲一致，即在任一物理方程中，所有的项必须有相同的量纲，这就是量纲一致的原则，也称量纲齐次原则. 例如自由落体距离计算公式：

$$s=v_0t+\frac{1}{2}gt^2$$

其中 v_0 是初速度，g 是重力加速度，t 是时间. 在上述物理方程中每一项的量纲都是$[L]$，它们具有量纲一致性.

量纲分析就是在保证量纲一致的原则上，分析和探求物理量之间的关系. 这是一个过程，也是一个分析工具，其基本思路是设想物理量能按有意义的方式进行组合，以减少从实验中为得出有关数据需要的试验次数和测量次数. 所

以说，量纲分析是简化实验和设计实验时，做相似模拟的基础，同时还是指导对实际问题的讨论及研究各种物理量对问题的影响的工具. 由于这些原因，量纲分析就成为对某些问题建立数学模型的实用方法.

2.3.2　量纲分析的应用

例 1　自由落体运动.

设有质量为 m 的小球、从高度为 h 的位置落下. 忽略阻力，求自由落体的速度. 在这一问题中出现的物理量有 v，m，h，g，设它们之间有关系式：

$$v = \lambda m^{\alpha_1} h^{\alpha_2} g^{\alpha_3} \quad (\lambda \text{ 是无量纲的比例系数})$$

取量纲表达式

$$[v] = [m]^{\alpha_1} [h]^{\alpha_2} [g]^{\alpha_3}$$

再将$[v]=LT^{-1}$，$[m]=M$，$[h]=L$，$[g]=LT^{-2}$代入得

$$LT^{-1} = M^{\alpha_1} L^{\alpha_2+\alpha_3} T^{-2\alpha_3}$$

按量纲一致原则应有

$$\begin{cases} \alpha_1 = 0 \\ \alpha_2 + \alpha_3 = 1 \\ -2\alpha_3 = -1 \end{cases}$$

其解为 $\alpha_1=0$，$\alpha_2=\alpha_3=\dfrac{1}{2}$，所以得到 $v=\lambda\sqrt{gh}$. 再经实验测定常数 $\lambda=\sqrt{2}$，于是得到自由落体的速度 $v=\sqrt{2gh}$. 从中还可看出，自由落体的速度与质量大小无关.

现给出著名的 Buckingham π 定理：

定理 2.2　设 n 个物理量 x_1，x_2，x_3，…，x_n 之间存在一个函数关系

$$f(x_1, x_2, x_3, \cdots, x_n) = 0 \tag{2.3.2}$$

$[X_1]$，$[X_2]$，…，$[X_m]$是基本量纲，其中 $m \leqslant n$. 则 x_i 的量纲可表示为：

$$[x_i] = \prod_{j=1}^{m} [X_i]^{\alpha_{ij}} \quad (i = 1, 2, \cdots, n)$$

如果矩阵 $\boldsymbol{A}=(\alpha_{ij})_{m\times n}$的秩为 r，则式(2.3.2)与式

$$F(\pi_1, \pi_2, \cdots, \pi_{n-r}) = 0$$

等价，式中 F 是一个未定函数关系，π_s 是无量纲量，且 π_s 可表为：

$$\pi_s = \prod_{i=1}^{m} x_i^{\beta_i^{(s)}} \quad (s = 1, 2, \cdots, n-r)$$

其中

$$\beta^{(s)} = (\beta_1^{(s)}, \beta_2^{(s)}, \cdots, \beta_n^{(s)})$$

是线性齐次方程组 $\boldsymbol{A\beta}=\boldsymbol{0}$ 的基本解，$\boldsymbol{\beta}=(\beta_1, \beta_2, \cdots, \beta_n)^{\mathrm{T}}$.

根据 π 定理，应用量纲分析构造无量纲量的一般方法概括如下：

(1) 确定与问题有关的物理量(变量与常数)，记作 $x_1, x_2, x_3, \cdots, x_n$，以及这个问题的基本量纲，记作 $[X_1], [X_2], \cdots, [X_m]$，并把每个物理量纲用基本量纲表示为：

$$[x_i] = \prod_{j=1}^{m} [X_i]^{\alpha_{ij}} \tag{2.3.3}$$

式中 α_{ij} 由已知的物理定律确定.

(2) 设

$$\pi = \prod_{i=1}^{m} x_i^{\beta_i} \tag{2.3.4}$$

则式(2.3.4)的量纲表达式为：

$$\prod_{j=1}^{m} [X_i]^{\sum_{i=1}^{n} \alpha_{ij}\beta_i} = [\pi] = \prod_{j=1}^{m} [X_i]^0$$

再应用量纲一致性原则，得

$$\sum_{i=1}^{n} \alpha_{ij}\beta_i = 0 \quad (j = 1, 2, \cdots, m)$$

(3) 解齐次线性方程组：

$$\sum_{i=1}^{n} \alpha_{ij}\beta_i = 0 \quad (j = 1, 2, \cdots, m)$$

如果系数矩阵 $(\alpha_{ij})_{m\times n}$ 的秩为 r，则方程组有 $n-r$ 个基本解，记为

$$\beta^{(s)} = (\beta_1^{(s)}, \beta_2^{(s)}, \cdots, \beta_n^{(s)}) \quad (s = 1, 2, \cdots, n-r)$$

于是得到 $x_1, x_2, x_3, \cdots, x_n$ 之间的 $n-r$ 个关系式

$$\pi_s = \prod_{i=1}^{m} x_i^{\beta_i^{(s)}} \quad (s = 1, 2, \cdots, n-r)$$

式中 π_s 是无量纲量，$\pi_1, \pi_2, \cdots, \pi_{n-r}$ 即为所求的 $n-r$ 个无量纲量.

例 2 航船的阻力问题.

长 l、吃水深度 h 的船以速度 v 航行，若不考虑风的影响，那么航船受到的阻力 f 除依赖船的诸变量 l、h、v 以外，还与水的参数——密度 ρ、粘性系数 μ 以及重力加速度 g 有关. 下面用量纲分析法确定阻力 f 和这些物理量之间的关系.

(1) 航船问题涉及的物理量有：阻力 f、船长 l、吃水深度 h、水的粘性系数 μ、水的密度 ρ、船速 v、重力加速度 g，要寻求的关系记作

$$\varphi(f, l, h, v, \rho, \mu, g) = 0 \tag{2.3.5}$$

(2) 这是一个力学问题，基本量纲选为 $[L]$、$[M]$、$[T]$，上述各物理量的

量纲表示为

$$\begin{cases} [f] = [LMT^{-2}] \\ [l] = [L] \\ [h] = [L] \\ [v] = [LT^{-1}] \\ [\rho] = [L^{-3}M] \\ [\mu] = [L^{-1}MT^{-1}] \\ [g] = [LT^{-2}] \end{cases} \tag{2.3.6}$$

其中 μ 的量纲由基本关系 $p=\mu\dfrac{\partial v}{\partial x}$得到. 这里 p 是压强(单位面积受的力), 即:

$$[p] = [LMT^{-2}] \cdot [L^{-2}] = [L^{-1}MT^{-2}]$$

v 是流速, x 是长度, 有

$$\left[\frac{\partial v}{\partial x}\right] = [LT^{-1}] \cdot [L^{-1}] = [T^{-1}]$$

所以

$$[\mu] = [p]/\left[\frac{\partial v}{\partial x}\right] = [L^{-1}MT^{-2}]/[T^{-1}] = [L^{-1}MT^{-1}]$$

(3) 式(2.3.6)的量纲矩阵为

$$\mathbf{A}_{3\times 7} = \begin{pmatrix} 1 & 1 & 1 & 1 & -3 & -1 & 1 \\ 1 & 0 & 0 & 0 & 1 & 1 & 0 \\ -2 & 0 & 0 & -1 & 0 & -1 & 2 \end{pmatrix} \begin{matrix} [L] \\ [M] \\ [T] \end{matrix}$$

$$(f)\quad (l)\quad (h)\quad (v)\quad (\rho)\quad (\mu)\quad (g)$$

并可求出 $R(\mathbf{A})=3$.

(4) 解齐次方程 $\mathbf{A}\boldsymbol{\beta}=\mathbf{0}$, 可得 $n-r=7-3=4$, 即有 4 个基本解, 可取为

$$\begin{cases} \boldsymbol{\beta}_1 = (0 \quad 1 \quad -1 \quad 0 \quad 0 \quad 0 \quad 0)^{\mathrm{T}} \\ \boldsymbol{\beta}_2 = (0 \quad 1 \quad 0 \quad -2 \quad 0 \quad 0 \quad 1)^{\mathrm{T}} \\ \boldsymbol{\beta}_3 = (0 \quad 1 \quad 0 \quad 1 \quad 1 \quad -1 \quad 0)^{\mathrm{T}} \\ \boldsymbol{\beta}_4 = (1 \quad -2 \quad 0 \quad -2 \quad -1 \quad 0 \quad 0)^{\mathrm{T}} \end{cases} \tag{2.3.7}$$

(5) 式(2.3.7)给出 4 个无量纲量:

$$\begin{cases} lh^{-1} = \pi_1 \\ lv^{-2}g = \pi_2 \\ lv\rho\mu^{-1} = \pi_3 \\ fl^{-2}v^{-2}\rho^{-1} = \pi_4 \end{cases} \tag{2.3.8}$$

从而得到与式(2.3.7)等价的方程

$$\varphi(\pi_1, \pi_2, \pi_3, \pi_4) = 0 \tag{2.3.9}$$

式(2.3.8)与式(2.3.9)表达了航船问题中各物理量间的全部关系，这里 φ 是未定的函数.

(6) 为得到阻力 f 的显式表达式，由式(2.3.9)及式(2.3.8)中的 π_4 可写出

$$f = l^2 v^2 \rho\varphi(\pi_1, \pi_2, \pi_3)$$

其中 φ 表示一个未定函数. 在流体力学中 $\frac{v}{\sqrt{gl}}$ 称为 Froude 数，π_3 称为 Reynold 数，分别计为

$$\mathrm{Fr} = \frac{v}{\sqrt{gl}}, \quad \mathrm{Re} = \frac{lv\rho}{\mu} \tag{2.3.10}$$

则阻力 f 又表示为

$$f = l^2 v^2 \rho\varphi\left(\frac{l}{h}, \mathrm{Fr}, \mathrm{Re}\right) \tag{2.3.11}$$

上式就是应用量纲分析确定的航船阻力与各物理量之间的关系. 式中函数 φ 的形式虽无从知道，但后面会看到这个表达式在物理模拟中的用途.

从本例我们看到，对实际问题应用量纲分析时，其前提就是要找出所有与问题有关的物理量，包括变量与常量，既不能遗漏，也不能多余，因为包含了无关变量或丢掉了必需变量，都会使构造的无量纲量出现错误和矛盾.

习 题 二

1. 用宽为 w 的布条缠绕直径为 d 的圆形管道，要求布条不重叠，问布条与管道轴线的夹角 α 应为多大(如图 2-6). 若知道管道长度，需用多长的布条(可考虑两端的影响)? 如果管道是其它形状呢?

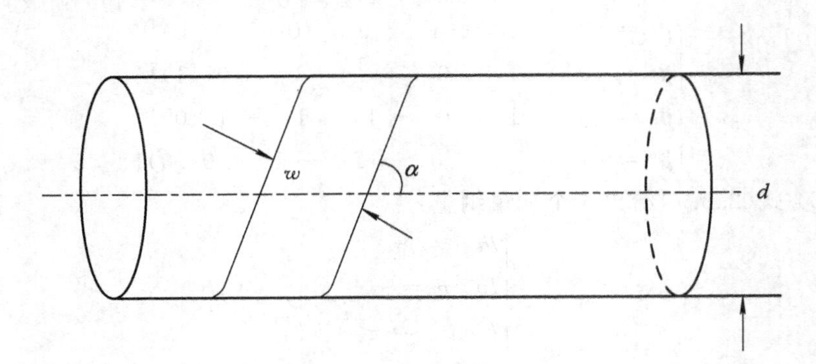

图 2-6

2．雨滴的速度 v 与空气密度 ρ、粘滞系数 μ 和重力加速度 g 有关，其中粘滞系数的定义是：运动物体在流体中受的摩擦力与速度梯度和接触面积的乘积成正比，比例系数即为粘滞系数．用量纲分析方法给出速度 v 的表达式．

3．原子弹爆炸时巨大的能量从爆炸点以冲击波形式向四周传播，据分析在时刻 t 冲击波达到的半径 r 与释放的能量 e、大气密度 ρ、大气压强 p 有关．设 $t=0$ 时 $r=0$，用量纲分析方法证明：

$$r=\left(\frac{et^2}{\rho}\right)^{1/5}\phi\left(\frac{p^5t^6}{e^2\rho^3}\right)$$

其中 ϕ 是未定函数．

第三章　简单优化模型

3.1　森林救火模型

由于受全球气候变暖的影响，我国北方持续干旱少雨，森林火灾时常见诸报端. 那么森林失火以后，如何去救火才能最大限度地减少损失，这是森林防火部门面临的一个现实问题. 当然在接到报警后消防部门派出队员越多，灭火速度越快，森林损失越小，但同时救援开支会增大. 所以需要综合考虑森林损失费和救援费与消防队员人数之间的关系，以总费用最小来确定派出队员的数目.

1. 问题分析

森林救火问题的总费用主要包括两个方面，即损失费和救援费. 森林损失费一般与森林烧毁的面积成正比，而烧毁的面积又与失火、灭火、扑火的时间有关，灭火时间又取决于消防队员的数目，队员越多，灭火越快. 因此救援费用不仅与消防队员人数有关，而且与灭火的时间长短有关.

设失火时刻为 $t=0$，开始救火时刻为 $t=t_1$，火被扑灭的时刻为 $t=t_2$，设 t 时刻森林烧毁面积为 $B(t)$，则造成损失的森林烧毁面积为 $B(t_2)$；单位时间烧毁的面积为 $\frac{\mathrm{d}B(t)}{\mathrm{d}t}$（这也表示了火势蔓延的程度）. 在消防队员到达之前，即 $0\leqslant t\leqslant t_1$ 期间，火势越来越大，从而 $\frac{\mathrm{d}B(t)}{\mathrm{d}t}$ 随 t 的增加而增加；开始救火之后，即 $t_1\leqslant t\leqslant t_2$ 期间，如果消防队员救火能力足够强，火势会越来越小，即 $\frac{\mathrm{d}B(t)}{\mathrm{d}t}$ 应减少，并且当 $t=t_2$ 时，$\frac{\mathrm{d}B(t)}{\mathrm{d}t}=0$.

救援费用包括两部分：一部分是灭火器材的消耗及消防队员的工资，这一项费用与队员的人数和所用时间有关，另一部分是运送队员和器材的费用，只与队员人数有关.

2. 模型假设

(1) 由于损失费与森林烧毁面积 $B(t_2)$ 成正比，设比例系数为 C_1（C_1 为烧毁单位面积的损失费，显然 $C_1>0$）.

(2) 从火灾发生到开始救火期间，即 $0\leqslant t\leqslant t_1$，火势蔓延速度 $\frac{\mathrm{d}B(t)}{\mathrm{d}t}$ 与时间 t 成正比，设比例系数为 β（β 称为火势蔓延的速度）.

(3) 设派出消防队员 x 名，开始救火以后，即 $t\geqslant t_1$，火势蔓延速度变为 $\beta-\lambda x$，其中 λ 可称为每个队员的平均灭火速度，显然应有 $\beta<\lambda x$.

(4) 设每个消防队员单位时间的费用为 C_2，于是每个队员的救火总费用为 $C_2(t_2-t_1)$，每个队员的一次性支出为 C_3.

附注：火势以失火点为中心，以均匀速度向四周呈圆形蔓延，所以蔓延半径 r 与时间 t 成正比，又因为烧毁面积 $B(t)$ 与 r^2 成正比，故 $B(t)$ 与 t^2 成正比，从而 $\frac{\mathrm{d}B(t)}{\mathrm{d}t}$ 与 t 成正比.

3. 模型建立和求解

根据假设条件(2)和(3)，火势蔓延程度 $\frac{\mathrm{d}B(t)}{\mathrm{d}t}$ 在 $0<t<t_1$ 期间线性增加，而在 $t_1<t<t_2$ 期间线性地减小. $\frac{\mathrm{d}B(t)}{\mathrm{d}t}$ 随 t 的变化图像如图 3-1 所示.

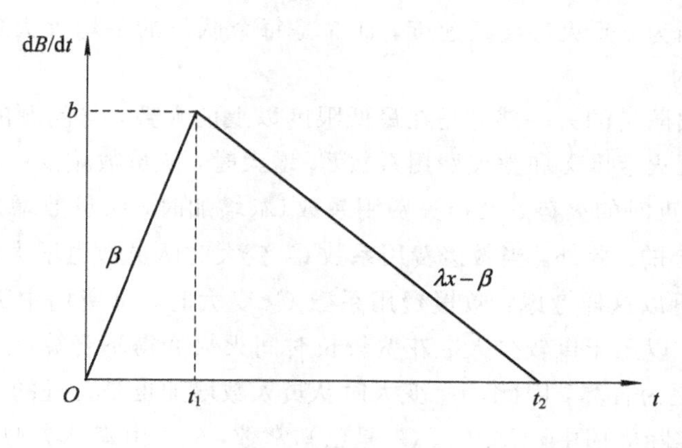

图 3-1

记 $t=t_1$ 时，$\frac{\mathrm{d}B(t)}{\mathrm{d}t}=b$，则烧毁面积 $B(t_2)=\int_0^{t_2}\frac{\mathrm{d}B(t)}{\mathrm{d}t}\,\mathrm{d}t$，恰为图 3-1 中三角形的面积，显然有 $B(t_2)=\frac{1}{2}bt_2$. 又 t_2 满足：

$$t_2 - t_1 = \frac{b}{\lambda x - \beta}$$

于是有：

$$B(t_2) = \frac{1}{2}bt_1 + \frac{b^2}{2(\lambda x - \beta)}$$

根据假设条件(1)和(4)，森林损失费为 $C_1B(t_2)$，救援费为 $C_2x(t_2-t_1)+C_3x$，于是可得救火总费用为：

$$\begin{aligned} C(x) &= C_1B(t_2) + C_2x(t_2 - t_1) + C_3x \\ &= \frac{1}{2}C_1bt_1 + \frac{C_1b^2}{2(\lambda x - \beta)} + \frac{C_2bx}{\lambda x - \beta} + C_3x \end{aligned}$$

这样问题归结为求 x，使 $C(x)$ 达到最小. 令 $\frac{\mathrm{d}C}{\mathrm{d}x}=0$，可得派出队员数为：

$$x = \sqrt{\frac{C_1\lambda b^2 + 2C_2\beta b}{2C_3\lambda^2}} + \frac{\beta}{\lambda}$$

附注：由于队员人数应为整数，故还需将 x 取整或四舍五入.

4. 模型结果评注

根据最后表达式可得以下结论：

(1) 派出队员人数由两部分组成. 其中一部分 $\frac{\beta}{\lambda}$ 是为了把火扑灭所必需的最低限度. 因为 β 是火势蔓延速度，而 λ 是每个队员的平均灭火速度，所以此结果是合理的.

(2) 派出队员的另一部分是在最低限度以上的人数，与问题的各个参数有关. 当队员灭火速度 λ 和救援费用系数 C_3 增大时，队员数减少；当火势蔓延速度 β、开始救火时的火势 b 及损失费用系数 C_1 增加时，队员数增加，这些结果与实际是吻合的. 此外，当救援费用系数 C_2 变大时队员数也增大，这一结果的合理性我们可以这样考虑：救援费用系数 C_2 变大时，总费用中灭火时间引起的费用增加，以至于以较少人数花费较长时间灭火变得不合算，通过增加人数而缩短时间更为合算，因此，C_2 变大时队员人数增加也是合理的.

(3) 在实际应用中，C_1、C_2、C_3 是已知常数，β、λ 由森林类型、消防队员素质等因素决定，可以制成表格以备专用. 较难掌握的是开始救火时的火势 b，它可以由失火到救火的时间 t_1，按 $b=\beta t_1$ 算出，或据现场情况估计.

(4) 本模型假设条件只符合无风的情况，在有风的情况下，应考虑另外的假设. 此外，此模型并不否认真正发生森林火灾时，全民全力以赴扑灭大火的情况.

3.2 血管分支模型

高级动物的血管遍布全身，不同类型的动物其血管系统自然会有差异．这里不去讨论整个血管系统的几何形状，而只研究动物血管分支处血管粗细与分岔的规律．考虑的基本依据是：动物在长期的进化过程中，其血管结构可达到最优，即心脏在完成血液循环过程中所消耗的能量最少．血管的分布，应使血液循环过程中所消耗的能量最少，同时又能满足生理需要．

1．基本假设

（1）在血液循环过程中能量的消耗主要用于克服血液在血管中流动时所受到的阻力和为血管壁提供营养．

（2）几何假设：较粗的血管在分支点只分成两条较细的血管，它们在同一平面内且分布对称，否则会增加血管总长度，使总能量消耗增加．

（3）力学假设：血管近似为刚性（实际上血管有弹性，这种近似对结果影响不大），血液的流动视为粘性流体在刚性管道内流动．

（4）生理假设：血管壁所需的营养随管壁内表面厚度增加，管壁厚度与管壁半径成正比，或为常数．

血管结构如图 3-2 所示．设血液从粗血管 A 点经过一次分支向细血管中

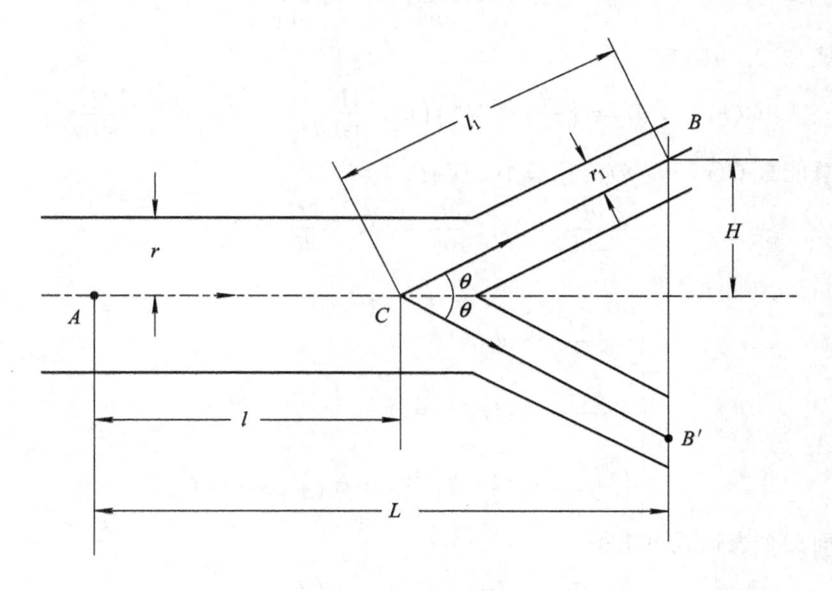

图　3-2

的 B 和 B' 点供血. C 是血管的分岔点，B 和 B' 关于 AC 对称. 又设 H 为 B、C 两点间的垂直距离；L 为 A、B 两点的水平距离；r 为分岔前的血管半径；r_1 为分岔后的血管半径；f 为分岔前单位时间的血流量；$\frac{f}{2}$ 为分岔后单位时间的血流量；l 为 A、C 两点间的距离，l_1 为 B、C 两点间的距离.

由假设(3)，根据流体力学定律：粘性物质在刚性管道内流动所受到的阻力与流量的平方成正比，与管道半径的四次方成反比. 于是血液在粗、细两段血管内所受到的阻力分别为 $\frac{kf^2}{r^4}$ 和 $\frac{k\left(\frac{f}{2}\right)^2}{r_1^4}$，其中 k 为比例常数.

由假设(4)，在单位长度的血管内，血液为管道壁提供营养所消耗的能量为 br^a，其中 b 为比例常数，$1\leqslant a\leqslant 2$.

2. 模型建立及求解

根据以上分析，血液从 A 点流到 B 和 B' 点，用于克服阻力及为管壁提供营养所消耗的总能量为：

$$C=\left[\frac{kf^2}{r^4}+br^a\right]l+\left[\frac{k(f/2)^2}{r_1^4}+br_1^a\right]2l_1 \tag{3.2.1}$$

设分叉角度为 θ，根据图 3-2 有：

$$l=L-\frac{H}{\tan\theta},\quad l_1=\frac{H}{\sin\theta}$$

代入式(3.2.1)则有：

$$C(r,r_1,\theta)=\left(\frac{kf^2}{r^4}+br^a\right)\left(L-\frac{H}{\tan\theta}\right)+\left(\frac{kf^2}{4r_1^4}+br_1^a\right)\frac{2H}{\sin\theta}$$

要使总能量 $C(r,r_1,\theta)$ 消耗最小，应有：

$$\frac{\partial C}{\partial r}=0,\quad \frac{\partial C}{\partial r_1}=0,\quad \frac{\partial C}{\partial \theta}=0$$

即

$$\begin{cases}-\dfrac{4kf^2}{r^5}+abr^{a-1}=0\\[2mm] -\dfrac{4kf^2}{r_1^5}+abr_1^{a-1}=0\\[2mm] \left(\dfrac{kf^2}{r^4}+br^a\right)-2\left(\dfrac{kf^2}{4r_1^4}+br_1^a\right)\cos\theta=0\end{cases}$$

由上面三个表达式可求得：

$$\frac{r}{r_1}=4^{\frac{1}{a+4}},\quad \cos\theta=2\left(\frac{r}{r_1}\right)^{-4}$$

这也是在能量消耗最小原则下血管分岔处几何形状的结果．由这个结果得：

$$\cos\theta = 2^{\frac{a-4}{a+4}}$$

若取 $a=1$ 和 $a=2$ 可得$\frac{r}{r_1}$和 θ 的大致范围约为：

$$1.26 \leqslant \frac{r}{r_1} \leqslant 1.32$$

$$37^\circ \leqslant \theta \leqslant 49^\circ$$

3．模型检验

记动物大动脉和最细的毛细血管半径分别为 $r_{\max}$ 和 $r_{\min}$；设从大动脉到最细的毛细血管共有 n 次分岔，将$\frac{r}{r_1}=4^{\frac{1}{a+4}}$反复利用 n 次可得：$\frac{r_{\max}}{r_{\min}}=4^{\frac{n}{a+4}}$．

从$\frac{r_{\max}}{r_{\min}}$的实际数值可以测出分岔次数 n．例如，对狗而言有$\frac{r_{\max}}{r_{\min}}\approx 1000\approx 4^5$．由 $\frac{r_{\max}}{r_{\min}}=4^{\frac{n}{a+4}}$可知：$n\approx 5(a+4)$，因为 $1\leqslant a\leqslant 2$，故按此模型，狗的血管应有 25～30 次分岔．又因为当血管有 n 次分岔时血管总条数为 2^n 条，所以估计狗应约有 2^{25}～2^{30} 条血管，即 3×10^7～3×10^9 条血管．

3.3　最优价格模型

在市场经济下，商品和服务的价格是商家和服务部门的敏感问题．为了获得最大的利润，经营者总希望商品能卖好价钱，但定价太高又会影响到销量，从而影响利润，为此，就需在两者之间寻求一个平衡点，这就是最优价格的问题．

1．模型的建立与求解

设某种商品每件成本为 q 元，售价为 p 元，销售量为 x，则总收入与总支出为 $I=px$ 和 $C=qx$．在市场竞争的情况下，销售量依赖于价格，故设 $x=f(p)$，f 称为需求函数．一般来说 f 是 p 的减函数(但在市场不健全或假货充斥的时候，可能会出现不符合常识的现象)．易知收入和支出都是价格的函数．利润为 $U(p)=I(p)-C(p)$．

使利润达到最大的最优价格 p^* 可以由$\left.\frac{\mathrm{d}U}{\mathrm{d}p}\right|_{p=p^*}=0$ 得到．此时，

$$\left.\frac{\mathrm{d}I}{\mathrm{d}p}\right|_{p=p^*}=\left.\frac{\mathrm{d}C}{\mathrm{d}p}\right|_{p=p^*} \tag{3.3.1}$$

称$\frac{\mathrm{d}I}{\mathrm{d}p}$为边际收入，$\frac{\mathrm{d}C}{\mathrm{d}p}$为边际支出，前者指的是当价格改变一个单位时收入的改

变量，后者指的是当价格改变一个单位时支出的改变量. 式(3.3.1)表明最大利润在边际收入等于边际支出时达到，这也是经济学中的一条定律.

为了得到进一步的结果，需假设需求函数的具体形式. 如果设它为线性函数，即

$$f(p)=a-bp \quad (\text{其中 } a,\ b>0)$$

且每件产品的成本与产量无关，则利润为：

$$U(p)=(p-q)(a-bp)$$

用微分法可求出使$U(p)$最大的最优价格p^*为

$$p^*=\frac{p}{2}+\frac{a}{2b} \tag{3.3.2}$$

2. 模型结果分析

式(3.3.2)中参数a可理解为产品免费供应时的需求量，称为“绝对需求量”，$b=-\frac{\mathrm{d}x}{\mathrm{d}p}$为价格上涨一个单位时，销售量下降的幅度，同时也是价格下跌一个单位时销售量上升的幅度，它反映市场需求对价格的敏感程度. 实际工作中a，b可由价格p和销售量x的统计数据用最小二乘法拟合来确定. 式(3.3.2)还表明最优价格包括两部分：一部分为成本的一半，另一部分与“绝对需求量”成正比，与市场需求对价格的敏感系数成反比.

3.4 存贮模型

为了使生产和销售有条不紊地进行，一般的工商企业总需要存贮一定数量的原料或商品，然而大量库存不但积压了资金，而且会使仓库保管的费用增加. 因此，寻求合理的库存量乃是现代企业管理的一个重要课题.

需要注意的是，存贮问题的原型可以是真正的仓库存货，水库存水，也可以是计算机的存贮器的设计问题，甚至是大脑的存贮问题.

衡量一个存贮策略优劣的直接标准是该策略所消耗的平均费用的多寡. 这里的费用通常主要包括：存贮费、订货费(订购费和成本费)、缺货损失费和生产费(指货物为本单位生产，若是外购，则无此费用). 由此可知，存贮问题的一般模型为：

$$\min[\text{订货费(或生产费)}+\text{存贮费}+\text{缺货损失费}]$$

下面我们讨论几个重要的存贮模型.

3.4.1 不允许缺货的订货销售模型

为了使问题简化，我们作如下假设：

(1) 由于不允许缺货，所以规定缺货损失费为无穷大.

(2) 当库存量为零时，可立即得到补充.

(3) 需求是连续均匀的，且需求速度(单位时间的需求量)为常数.

(4) 每次订货量不变，订货费不变.

(5) 单位存贮费不变.

假定每隔时间 t 补充一次存货，货物单价为 k，订货费为 C_3，单位存储费为 C_1，需求速度为 R. 由于不允许缺货，所以订货费为 Rt，从而成本费为 kRt，总的订货费为 C_3+kRt，平均订货费为 $\frac{C_3}{t}+kR$.

又因为 t 时间内的平均存货量为 $\frac{1}{t}\int_0^t R\tau\,\mathrm{d}\tau=\frac{1}{2}Rt$，所以平均存储费为 $\frac{1}{2}C_1Rt$. 于是，在时间 t 内，总的平均费用为 $C(t)=\frac{C_3}{t}+kR+\frac{1}{2}C_1Rt$. 这样，问题就变成 t 取何值时，费用 $C(t)$ 最小，即存贮模型为：

$$\min C(t)=\frac{C_3}{t}+kR+\frac{1}{2}C_1Rt$$

这是一个简单的无条件极值问题，很容易求得它的最优解为：

$$t^*=\sqrt{\frac{2C_3}{RC_1}}$$

即每个 t^* 时间订货一次，可使平均订货费用 $C(t)$ 最小. 每次批量订货为：

$$Q^*=Rt^*=\sqrt{\frac{2RC_3}{C_1}}$$

这就是存储论中著名的经济订购批量公式(Economic Ordering Quantity)，简称 EOQ 公式.

例 1　某商店出售某种商品，每次采购该种商品的订购费为 2040 元，其存贮费为每年 170 元/吨. 顾客对该种商品的年需求量为 1040 吨，试求商店对该商品的最佳定货批量、每年订货次数及全年的费用.

解　取时间单位为年，则有

$$R=1040,\quad C_3=2040,\quad C_1=170$$

于是订货批量为：

$$Q^*=\sqrt{\frac{2\times 2040\times 1040}{170}}=\sqrt{24\,960}\approx 158$$

订货间隔为：

$$t^*=\sqrt{\frac{2\times 2040\times 1040}{170\times 1040}}=\sqrt{0.023}\approx 0.152$$

全年费用为：

$$C(t^*) = \frac{2040}{0.152} + \frac{1}{2} \times 170 \times 1040 \times 0.152 = 22\ 858$$

于是每年的订货次数为：

$$\frac{1}{t^*} = \frac{1}{0.152} \approx 6.58$$

由于订货的次数应为正整数，故可以比较订货次数分别为 6 次和 7 次的费用. 若订货次数为 6，可得每年的总费用为 $C\left(\frac{1}{6}\right)=22\ 973$. 若订货次数为 7，可得每年的总费用为 $C\left(\frac{1}{7}\right)=22\ 908$. 所以，每年应订货 7 次，每次订货批量为 1040/7 吨，每年的总费用为 22 908 元.

3.4.2 不允许缺货的生产销售模型

3.4.1 小节所述模型中的货物是通过从其他单位订购而获得的，然后再进行销售. 现在讨论货物不是从其它单位订购的，而是本单位生产的销售模型.

由于生产需要一定时间，所以除保留前述模型的假设外，再设生产批量为 Q，所需生产时间为 T，故生产速度为 $P=\frac{Q}{T}$，而且需求速度 $R<P$.

假设 $t=0$ 时 $Q=0$，则在时间区间$[0, T]$内，存贮量以速度 $P-R$ 增加；在时间区间$[T, t]$ 内存贮量以速度 R 减少(如图 3-3).

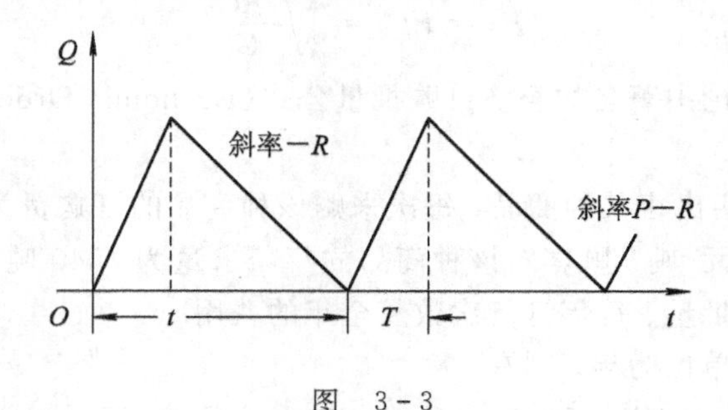

图 3-3

图中 T 和 t 皆为待定数.

由图 3-3 可知$(P-R)T=R(t-T)$，即 $PT=Rt$. 这说明以速度 P 生产 T 时间的产品恰好等于 t 时间内的需求$\left(T=\frac{Rt}{P}\right)$.

由于 t 时间内的存贮量等于图 3-3 中三角形的面积，故 t 时间内的存储量为：

$$\frac{1}{2}(P-R)Tt$$

从而存贮费用为$\frac{1}{2}C_1(P-R)Tt$.

如果再设 t 时间内的生产费用为 C_3，则 t 时间内的平均总费用 $C(t)$ 为

$$\begin{aligned}C(t) &= \frac{1}{t}\left[\frac{1}{2}C_1(P-R)Tt + C_3\right] \\ &= \frac{1}{t}\left[\frac{1}{2}C_1(P-R)\frac{Rt^2}{P} + C_3\right] \\ &= \frac{1}{2P}C_1(P-R)Rt + \frac{C_3}{t}\end{aligned}$$

于是，所求数学模型为

$$\min C(t) = \frac{1}{2P}C_1(P-R)Rt + \frac{C_3}{t}$$

利用微积分方法，可得生产的最佳周期为

$$t^* = \sqrt{\frac{2C_3P}{C_1R(P-R)}}$$

由此可求出最佳生产批量为 Q^*，最佳费用 $C(t^*)$ 及最佳生产时间 T^* 分别为

$$Q^* = Rt^* = \sqrt{\frac{2C_3RP}{C_1(P-R)}}$$

$$C(t^*) = \sqrt{2C_1C_3R\frac{P-R}{P}}$$

$$T^* = \frac{Rt^*}{P} = \sqrt{\frac{2C_3R}{C_1P(P-R)}}$$

这里的 Q^*，t^* 与前述模型的 Q^*，t^* 相比较，即知它们只相差一个因子 $\sqrt{\frac{P}{P-R}}$. 可见，当 P 相当大(即生产速度相当大，从而生产时间就很短)时，$\sqrt{\frac{P}{P-R}}$趋近于 1，这时两个模型就近似相同了.

例 2　假设某厂每月需某种产品 100 件，生产率为 500 件/月，每生产一批产品需准备费 5 元，每月每件产品的存贮费为 0.4 元，试求最佳生产周期、最佳生产批量以及最佳费用和最佳生产时间.

解　由题意知 $C_1=0.4$，$C_3=5$，$P=500$，$R=100$.
利用公式得：

$$t^* \approx 0.56(\text{月}),\quad Q^* \approx 56(\text{件})$$
$$C(t^*) \approx 14.8(\text{元}),\quad T^* \approx 0.12(\text{月})$$

3.4.3 允许缺货的订货销售模型

所谓允许缺货，就是企业可以在存贮量降到零时，还可以再等一段时间订货. 本模型的假设条件除允许缺货外，其余条件皆与 3.4.1 小节的模型相同.

记缺货费(即单位缺货损失费)为 C_2. 假设时间 $t=0$ 时存贮量为 S，可以满足 t_1 时间的需求，则在 t_1 这段时间内的存贮量应为$\frac{1}{2}St_1$. 在 $t-t_1$ 到 t 这段时间内，存贮为零，缺货量为$\frac{1}{2}R(t-t_1)^2$，如图 3-4 所示.

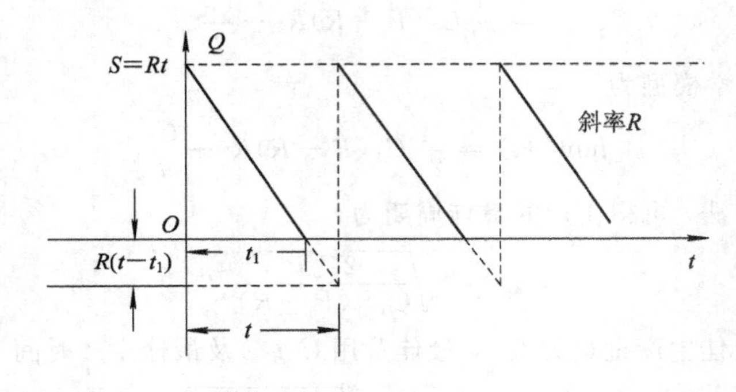

图 3-4

由于 S 只能满足 t_1 时间的需求，故 $S=Rt_1$，即 $t_1=\frac{S}{R}$. 从而在 t 时间内的存贮费及缺货费分别为：

$$C_1 \cdot \frac{1}{2}St_1 = \frac{1}{2}C_1 \frac{S^2}{R}$$

$$C_2 \cdot \frac{1}{2}R(t-t_1)^2 = \frac{1}{2}C_2 \frac{(Rt-S)^2}{R}$$

于是平均总费用为：

$$C(t,S) = \frac{1}{t}\left[\frac{C_1}{2R}S^2 + \frac{C_2}{2R}(Rt-S)^2 + C_3\right]$$

所讨论的问题的数学模型为：

$$\min C(t,S) = \frac{1}{t}\left[\frac{C_1}{2R}S^2 + \frac{C_2}{2R}(Rt-S)^2 + C_3\right]$$

这是二元函数的极值问题，用微分法可以求得最佳周期为：

$$t^* = \sqrt{\frac{2C_3(C_1+C_2)}{C_1RC_2}}$$

最初的存储量为：

$$S^* = \sqrt{\frac{2C_2C_3R}{C_1(C_1+C_2)}}$$

最佳订货量为：

$$Q^* = Rt^* = \sqrt{\frac{2C_3R(C_1+C_2)}{C_1C_2}}$$

最佳费用为：

$$C(t^*, S^*) = \sqrt{\frac{2C_1C_2C_3R}{C_1+C_3}}$$

如果 C_2 很大(这意味着不允许缺货)，此时

$$\frac{C_2}{C_1+C_2} \approx 1$$

所以 $t^* \approx \sqrt{\frac{2C_3}{C_1R}}$，$Q^* \approx \sqrt{\frac{2RC_3}{C_1}}$. 这和 3.4.1 小节的模型的结论相同.

3.5　生猪的出售时机模型

1. 问题提出

饲养场每天投入 4 元资金，用于饲料、人力、设备的开支，估计可使 80 公斤重的生猪体重增加 2 公斤. 假设市场价格目前为每公斤 8 元，但是预测每天会降低 0.1 元，问生猪应何时出售可以获得最大利润？如果估计和预测有误差，对结果有何影响？

2. 问题分析

(1) 目标函数：选择最佳的生猪出售时机的标准是使得生猪出售的利润最大. 因此目标函数应当是利润函数，利润＝收益－成本. 影响收益的因素有生猪出售时的体重及生猪出售时的价格，成本完全是由生猪饲养的天数决定. 在影响收益的两个因素中，生猪的体重随着饲养天数的增加而增加，而价格却随着饲养天数的增加而减少，这是一对矛盾体，这样也就决定了最终存在一个最佳的出售时机.

(2) 决策变量：生猪饲养的天数 t.

(3) 约束条件：关于天数的约束，$t \geqslant 0$.

(4) 求解的方法：虽然有 $t \geqslant 0$ 的约束，但是总的来说该模型最后可以看成是无约束的优化问题，因此可以使用微分法解决.

3. 符号说明

r——生猪体重每天的增加量；　　$p(t)$——t 天时生猪的价格；

t——生猪饲养的天数；　　i——每天的投入费用；

w_0——生猪的当前重量；　　$R(t)$——第 t 天生猪卖出时的收益；

$w(t)$——t 天时生猪的重量；　　$C(t)$——第 t 天生猪卖出时的成本；

g——价格每天的减少量；　　$Q(t)$——第 t 天生猪卖出时的利润.

p_0——生猪的当前价格；

4. 模型建立

(1) t 天后猪的重量：

$$w(t)=w_0+rt$$

(2) t 天后猪的价格：

$$p(t)=p_0-gt$$

(3) 第 t 天生猪卖出时的收益：

$$R(t)=w(t)p(t)=-rgt^2+(rp_0-gw_0)t+w_0p_0$$

(4) 第 t 天生猪卖出时的成本：

$$C(t)=it$$

(5) 第 t 天生猪卖出时的利润：

$$Q(t)=R(t)-C(t)=-rgt^2+(rp_0-gw_0-i)t+w_0p_0$$

利润的最大化归结为下面的优化问题：

$$\max Q(t)$$

利用微分法可以求解该问题，得到当

$$t=\frac{rp_0-gw_0-i}{2rg} \tag{3.5.1}$$

时利润达到最大.

在该问题中 $p_0=8$，$w_0=80$，$i=4$，r、g 为估计值，且 $r=2$，$g=0.1$. 将其代入公式(3.5.1)可以得到最佳出售天数为第 10 天.

5. 模型分析

1) 敏感性分析

敏感性分析是分析因素的变动对结果的影响，通常使用相对改变量衡量结果对参数的敏感程度. 如函数 $z=g(x, y)$中，z 对 x 的敏感度定义为

$$\frac{\partial(\ln z)}{\partial(\ln x)}=\frac{x\cdot\partial z}{z\cdot\partial x}$$

在本模型中，$t=\dfrac{40r-60}{r}$，$r\geqslant1.5$，因此有 t 对 r 的敏感度为

$$S(t, r)=\frac{r}{t}\frac{60}{r^2}=\frac{60}{40r-60}$$

当 $r=2$ 时，敏感度为 3，这表明生猪每天的体重增加 1%，出售的时间将推迟 3%.

类似地，t 对 g 的敏感度为 $S(t, g)=\frac{g}{t}\left(-\frac{3}{g^2}\right)=-\frac{3}{3-20g}$，当 $g=0.1$ 时敏感度为 -3，这说明生猪的价格每天的降低量增加 1%，出售时间将提前 3%.

2) 稳定性分析

在此模型中假设生猪体重的增加和价格的降低都是常数，这是对现实情况的简化，实际的模型应当考虑非线性函数形式和不确定性情形. 这样需要讨论当 w，p 为一般的 t 函数的情况. 此时有

$$Q(t) = p(t)w(t) - 4t - 640$$

由微分法，可以知道最优解应当满足 $p'(t)w(t)+p(t)w'(t)=4$，即出售的最佳时机是保留生猪直到利润的增值等于每天投入的资金为止.

习　题　三

1. 在存贮模型的总费用中增加购买货物本身的费用，重新确定最优订货周期和订货批量. 证明在不允许缺货模型中结果与原来的一样，而在允许缺货模型中最优订货周期和订货批量都比原来结果减小.

2. 在森林救火模型中，如果考虑消防队员的灭火速度 λ 与开始救火时的火势 b 有关，试假设一个合理的函数关系，重新求解模型.

3. 在最优价格模型中，如果考虑到成本 q 随着产量 x 的增加而降低，试作出合理的假设，重新求解模型.

4. 要在雨中从一处沿直线跑到另一处，若雨速为常数且方向不变，试建立数学模型讨论是否跑步越快，淋雨量越少.

将人体简化成一个长方体，高 $a=1.5$ m(颈部以下)，宽 $b=0.5$ m，厚 $c=0.2$ m，设跑步距离 $d=1000$ m，跑步最大速度 $v_m=5$ m/s，雨速 $u=4$ m/s，降雨量 $w=2$ cm/h，记跑步速度为 v，按以下步骤进行讨论：

(1) 不考虑雨的方向，设降雨淋遍全身，以最大速度跑步，估计跑完全程的总淋雨量.

(2) 雨从迎面吹来，雨线与跑步方向在同一铅直平面内，且与人体的夹角为 θ，如图 3-5 建立总淋雨量与速度 v 及参数 a，b，c，d，u，w，θ 之间的关系，问速度 v 多大，总淋雨量最少，计算 $\theta=0°$ 及 $\theta=30°$ 时的总淋雨量.

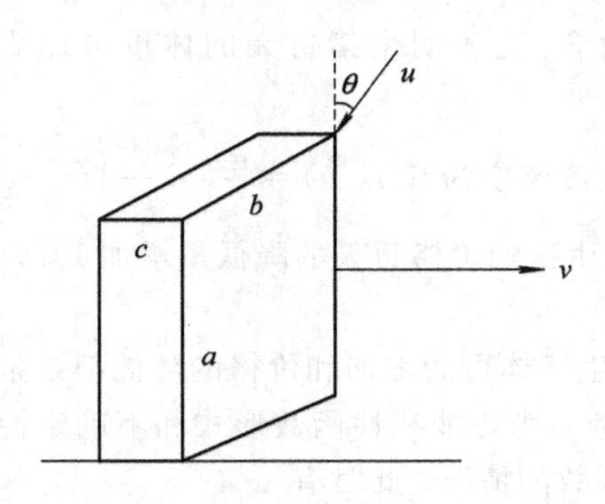

图 3-5

(3) 雨从背面吹来，雨线方向与跑步方向在同一铅直平面内，且与人体的夹角为 α，如图 3-6 建立总淋雨量与速度 v 及参数 a，b，c，d，u，w，α 之间的关系，问速度 v 多大，总淋雨量最少，计算 $\theta=30°$时的总淋雨量.

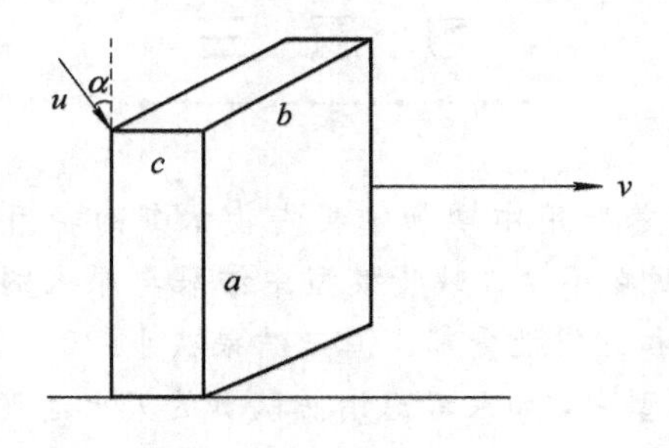

图 3-6

(4) 如图 3-6 以总淋雨量为纵轴，速度 v 为横轴，对(3)作图(考虑 α 的影响)，并解释结果的实际意义.

(5) 若雨线方向与跑步方向不在同一平面内，模型会有什么变化?

第四章　运 筹 学 模 型

运筹学的分支较多，本章我们只介绍线性规划、整数规划、目标规划及非线性规划等方面的内容，重点讲解运筹学模型的分析和建立，模型的求解通常使用 LINGO 软件来完成.

4.1　线性规划模型

1. 线性规划模型举例

例 1　某工厂用 3 种原料 P_1，P_2，P_3 生产 3 种产品 Q_1，Q_2，Q_3. 已知单位产品所需原料数量如表 4－1 所示，试制订出利润最大的生产计划.

表 4－1

单位产品所需原料数量/kg（产品 / 原料）	Q_1	Q_2	Q_3	原料可用量
P_1	2	3	0	1500
P_2	0	2	4	800
P_3	3	2	5	2000
单位产品的利润/千元	3	5	4	

分析　设产品 Q_j 的产量为 x_j 个单位，$j=1, 2, 3$，它们受到一些条件的限制. 首先，它们不能取负值，即必须有 $x_j \geqslant 0$，$j=1, 2, 3$；其次，根据题设，三种原料的消耗量分别不能超过它们的可用量，即它们又必须满足：

$$\begin{cases} 2x_1 + 3x_2 \leqslant 1500 \\ 2x_2 + 4x_3 \leqslant 800 \\ 3x_1 + 2x_2 + 5x_3 \leqslant 2000 \end{cases} \tag{4.1.1}$$

我们希望在以上约束条件下，求出 x_1，x_2，x_3，使总利润 $z=3x_1+5x_2+4x_3$ 达到最大，故求解该问题的数学模型为：

$$\max z = 3x_1 + 5x_2 + 4x_3$$

$$\text{s.t.}\begin{cases} 2x_1 + 3x_2 \leqslant 1500 \\ 2x_2 + 4x_3 \leqslant 800 \\ 3x_1 + 2x_2 + 5x_3 \leqslant 2000 \\ x_j \geqslant 0 (j = 1, 2, 3) \end{cases} \tag{4.1.2}$$

例 2　某公司长期饲养动物以供出售，已知这些动物的生长对饲料中的蛋白质、矿物质、维生素这三种营养成分特别敏感，每个动物每天至少需要蛋白质 70 g、矿物质 3 g、维生素 10 mg，该公司能买到五种不同的饲料，每种饲料 1 kg 所含的营养成分如表 4-2 所示，每种饲料 1 kg 的成本如表 4-3 所示，试为公司制定相应的饲料配方，以满足动物生长的营养需要，并使投入的总成本最低.

表　4-2

饲料	蛋白质/g	矿物质/g	维生素/mg
1	0.3	0.1	0.05
2	2	0.05	0.1
3	1	0.02	0.02
4	0.6	0.2	0.2
5	1.8	0.05	0.08

表　4-3

饲 料	1	2	3	4	5
成本/元	0.2	0.7	0.4	0.3	0.5

解　设 $x_j(j=1, 2, 3, 4, 5)$ 表示混合饲料中所含第 j 种饲料的数量(即决策变量)，因为每个动物每天至少需要蛋白质 70 g、矿物质 3 g、维生素 10 mg，所以 $x_j(j=1, 2, 3, 4, 5)$ 应满足这些约束条件.

由上述讨论知，饲料配比问题的线性规划模型为

$$\min z = 0.2x_1 + 0.7x_2 + 0.4x_3 + 0.3x_4 + 0.5x_5$$

使如下约束条件成立：

$$\text{s.t.}\begin{cases}0.3x_1+2.0x_2+1.0x_3+0.6x_4+1.8x_5\geqslant 70\\0.1x_1+0.05x_2+0.02x_3+0.2x_4+0.08x_5\geqslant 3\\0.05x_1+0.1x_2+0.02x_3+0.2x_4+0.08x_5\geqslant 10\end{cases}\tag{4.1.3}$$

$$(x_j\geqslant 0;\ j=1,2,3,4,5)$$

2. 线性规划(LP)问题解的概念

一般线性规划问题的数学模型的标准形式为：

$$\min z=\sum_{j=1}^{n}c_jx_j\quad(\text{目标函数})$$

$$\text{s.t.}\ \sum_{j=1}^{n}a_{ij}x_j\leqslant b_i\quad(i=1,2,\cdots,m)(\text{约束条件})$$

• 可行解：满足约束条件的解 $x=(x_1,x_2,\cdots,x_n)$，称为线性规划问题的可行解，而使目标函数达到最小值的可行解叫最优解.

• 可行域：所有可行解构成的集合称为问题的可行域，记为 R.

3. 线性规划问题的图解法

例 3　某机床厂生产甲、乙两种机床，每台销售后的利润分别为 4000 元与 3000 元. 生产甲机床需用 A、B 机器加工，加工时间分别为每台 2 小时和 1 小时；生产乙机床需用 A、B、C 三种机器加工，加工时间为每台各一小时. 若每天可用于加工的机器时数分别为 A 机器 10 小时、B 机器 8 小时和 C 机器 7 小时，则该厂应生产甲、乙机床各几台，才能使总利润最大？

经分析可建立该问题的数学模型：设该厂生产 x_1 台甲机床和 x_2 台乙机床时总利润最大，则 x_1，x_2 应满足

$$\max z=4000x_1+3000x_2$$

$$\text{s.t.}\begin{cases}2x_1+x_2\leqslant 10\\x_1+x_2\leqslant 8\\x_2\leqslant 7\\x_1,x_2\geqslant 0\end{cases}\tag{4.1.4}$$

图解法简单直观，有助于了解线性规划问题求解的基本原理. 我们先应用图解法来求解例 3. 如图 4-1 所示，阴影区域即为 LP 问题的可行域 R. 对于每一固定的值 z，使目标函数值等于 z 的点构成的直线称为目标函数等位线，当 z 变动时，我们得到一簇平行直线. 让等位线沿目标函数值增加的方向移动，直到等位线与可行域有交点的最后位置，此时的交点(一个或多个)即为 LP 的最优解.

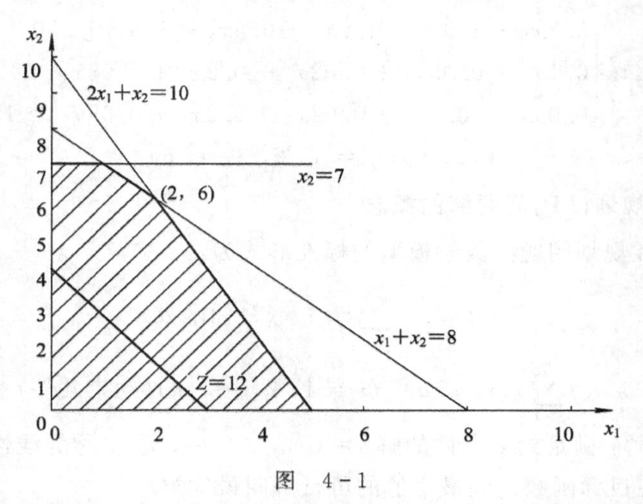

图 4-1

对于例3，显然等位线越趋于右上方，其上的点具有越大的目标函数值. 不难看出，本例的最优解为 $x^*=(2, 6)$，最优目标值 $z^*=26$.

从上面的图解过程可以看出并不难证明以下断言：

(1) 可行域 R 可能会出现多种情况. R 可能是空集也可能是非空集合，当 R 非空时，它必定是若干个半平面的交集(除非遇到空间维数的退化). R 既可能是有界区域，也可能是无界区域.

(2) 在 R 非空时，线性规划既可以存在有限最优解，也可以不存在有限最优解(其目标函数值无界).

(3) R 非空且 LP 有有限最优解时，最优解可以唯一或有无穷多个.

(4) 若线性规划存在有限最优解，则必可找到具有最优目标函数值的可行域 R 的"顶点".

4. 其它形式的线性规划问题

除了线性规划问题的标准形式之外，还有其它形式的线性规划问题，但这些问题都可以通过一些简单代换化为标准线性规划问题.

1) 极大化问题

对于目标函数为极大化问题，如 $\max z=\sum_{j=1}^{n} c_j x_j$，可以将其等价地化为极小化问题，因为

$$\max \sum_{j=1}^{n} c_j x_j = -\left(\min\left(-\sum_{j=1}^{n} c_j x_j\right)\right)$$

2) 不等式约束问题

对于形如

$$a_{j1}x_1 + a_{j2}x_2 + \cdots + a_{jn}x_n \leqslant b_j$$

的不等式约束，可以通过引入所谓“松弛变量 r_j”化为等式约束

$$a_{j1}x_1 + a_{j2}x_2 + \cdots + a_{jn}x_n + r_j = b_j \quad (\text{其中 } r_j \geqslant 0)$$

而对于形如

$$a_{j1}x_1 + a_{j2}x_2 + \cdots + a_{jn}x_n \geqslant b_j$$

的不等式约束，可以通过引入所谓“剩余变量 s_j”化为等式约束

$$a_{j1}x_1 + a_{j2}x_2 + \cdots + a_{jn}x_n - s_j = b_j \quad (\text{其中 } s_j \geqslant 0)$$

3）无非负条件问题

对于变量 x_j 无非负约束条件问题，可以定义 $x_j = x_j^{(1)} - x_j^{(2)}$，$x_j^{(1)} \geqslant 0$，$x_j^{(2)} \geqslant 0$，从而将其化为非负约束.

5. 线性规划的 MATLAB 解法

单纯形法是求解线性规划问题最常用、最有效的算法之一. 单纯形法是首先由 George Dantzig 于 1947 年提出的，近 60 年来，虽有许多变形体已被开发，但却保持着同样的基本观念. 由于有如下结论：若线性规划问题有有限最优解，则一定有某个最优解是可行区域的一个极点. 基于此，单纯形法的基本思路是：先找出可行域的一个极点，据一定规则判断其是否最优；若否，则转换到与之相邻的另一极点，并使目标函数值更优；如此下去，直到找到某一最优解为止. 这里我们不再详细介绍单纯形法，有兴趣的读者可以参看其它线性规划书籍. 下面我们介绍线性规划的 MATLAB 解法.

MATLAB 中线性规划的标准型为：

$$\min_x c^{\mathrm{T}} x \quad \text{s. t.} \quad Ax \leqslant b$$

基本函数形式为 linprog(c, A, b)，它的返回值是向量 x 的值. 还有其它的一些函数调用形式(在 MATLAB 指令窗口运行 help linprog 可以看到所有的函数调用形式)，如：

$$[x, \text{fval}] = \text{linprog}(c, A, b, \text{Aeq}, \text{beq}, \text{LB}, \text{UB}, x_0, \text{OPTIONS})$$

这里 fval 返回目标函数的值，Aeq 和 beq 对应等式约束 Aeq * x=beq，LB 和 UB 分别是变量 x 的下界和上界，x_0 是 x 的初始值，OPTIONS 是控制参数.

例 4　求解下列线性规划问题：

$$\max z = 2x_1 + 3x_2 - 5x_3$$

$$\text{s. t.} \begin{cases} x_1 + x_2 + x_3 = 7 \\ 2x_1 - 5x_2 + x_3 \geqslant 10 \\ x_1, x_2, x_3 \geqslant 0 \end{cases} \tag{4.1.5}$$

解　① 编写 M 文件

```
c = [2; 3; -5];
a = [-2, 5, -1]; b = -10;
aeq = [1, 1, 1];
beq = 7;
x = linprog(-c, a, b, aeq, beq, zeros(3, 1))
value = c' * x
```

② 将文件 M 存盘，并命名为 example1. m.

③ 在 MATLAB 指令窗运行 example1 即可得所求结果.

例 5 求解线性规划问题：

$$\min z = 2x_1 + 3x_2 + x_3$$

$$\text{s. t.}\begin{cases} x_1 + 4x_2 + 2x_3 \geqslant 8 \\ 3x_1 + 2x_2 \geqslant 6 \\ x_1,\ x_2,\ x_3 \geqslant 0 \end{cases}$$

解 编写 MATLAB 程序如下：

```
c = [2; 3; 1];
a = [1, 4, 2;3, 2, 0];
b = [8;6];
[x, y] = linprog(c, -a, -b, [ ], [ ], zeros(3, 1))
```

4.2 运输问题模型

1. 运输问题模型概述

运输问题是一类特殊的线性规划模型，该模型的建立最初用于解决一个部门的运输网络所要求的最经济的运输路线和产品的调配问题，并取得了成功. 然而，在实际问题的应用中，除运输问题外，许多非运输问题的实际问题一样可以建立其相应的运输问题模型，并由此而求出其最优解. 下面以“产销平衡模型”为例对运输问题进行简单的概括和描述.

某产品的生产有 m 个产地 $A_i(i=1, 2, \cdots, m)$，其生产量分别为 $a_i(i=1, 2, \cdots, m)$，而该产品的销售有 n 个销售地 $B_j(j=1, 2, \cdots, n)$，其需要量分别为 $b_j(j=1, 2, \cdots, n)$. 已知该产品从产地 $A_i(i=1, 2, \cdots, m)$ 到销售地 $B_j(j=1, 2, \cdots, n)$ 的单位运价为 $c_{ij}(i=1, 2, \cdots, m; j=1, 2, \cdots, n)$，试建立该运输问题的线性规划模型.

假设从产地 $A_i(i=1, 2, \cdots, m)$ 到销售地 $B_j(j=1, 2, \cdots, n)$ 的运输量

为 x_{ij}.

我们可把运输量 x_{ij} ($i=1, 2, \cdots, m$; $j=1, 2, \cdots, n$) 汇总于产销平衡表 4-4 中，而把单位运价 c_{ij} ($i=1, 2, \cdots, m$; $j=1, 2, \cdots, n$) 汇总于单位运价表 4-5 中. 则在该产销平衡表中，第 j 列的含义为：从各产地 A_i ($i=1, 2, \cdots, m$) 发往销售地 j 的部分运输量 x_{1j}, x_{2j}, $\cdots$, x_{mj} 的和应等于销量 b_j，第 i 行的含义类同.

表　4-4

销地 / 产地	1	2	$\cdots$	n	产量
1	x_{11}	x_{12}	$\cdots$	x_{1n}	a_1
2	x_{21}	x_{22}	$\cdots$	x_{2n}	a_2
$\vdots$	$\vdots$	$\vdots$	$\vdots$	$\vdots$	$\vdots$
m	x_{m1}	x_{m2}	$\cdots$	x_{mn}	a_m
销量	b_1	b_2	$\cdots$	b_n	

表　4-5

销地 / 产地	1	2	$\cdots$	n
1	c_{11}	c_{12}	$\cdots$	c_{n1}
2	c_{21}	c_{22}	$\cdots$	c_{2n}
$\vdots$	$\vdots$	$\vdots$	$\vdots$	$\vdots$
m	c_{m1}	c_{m2}	$\cdots$	c_{mn}

由以上的讨论，对产销平衡的情形，我们可给出其运输问题的数学模型如下：

$$\min z = \sum_{i=1}^{m} \sum_{j=1}^{n} c_{ij} x_{ij}$$

$$\text{s.t.} \begin{cases} \displaystyle\sum_{i=1}^{m} x_{ij} = b_j \ (j = 1, 2, \cdots, n) \\ \displaystyle\sum_{j=1}^{n} x_{ij} = a_i \ (i = 1, 2, \cdots, m) \\ x_{ij} \geqslant 0 \end{cases} \tag{4.2.1}$$

当然，在实际问题的应用中，常出现产销不平衡的情形，此时，需要把产销不平衡问题转化为产销平衡问题来进行讨论. 例如当产量 $\sum_{i=1}^{m} a_i$ 大于销量 $\sum_{i=1}^{n} b_i$ 时，只需增加一个虚拟的销售地 $j=n+1$，而该销售地的需要量为 $\sum_{i=1}^{m} a_i-\sum_{i=1}^{n} b_i$ 即可. 销量 $\sum_{i=1}^{n} b_i$ 大于产量 $\sum_{i=1}^{m} a_i$ 的情形类同.

2. 应用实例

例 1 生产时序的安排.

(1) 问题的提出.

北方飞机公司为全球各航空公司制造商用飞机. 其生产过程之最后阶段为生产喷射引擎，然后装置于制成的机体，该公司有若干近期必须交付使用的合同，现需安排今后四个月飞机喷射引擎的生产计划，并需于每月末分别提供 10、15、25、20 台引擎. 已知该公司各月的生产能力和生产每台引擎的成本如表 4-6 所示，又如果生产出来的引擎当月不能交货的，每台引擎每积压一个月需存储和维护费用 0.015 百万元，试在完成合约的情况下，制定一引擎数量的生产安排方案，以使该公司今后四个月的生产费用最小.

表 4-6

月份	合约数	生产能力	单位成本	存储和维护费
1	10	25	1.08	0.015
2	15	35	1.11	0.015
3	25	30	1.10	0.015
4	20	10	1.13	

(2) 模型分析与变量的假设.

用运输问题模型求该问题最优解的关键在于怎样建立该问题的产销平衡表及元素 x_{ij} 和单位运价表及元素 c_{ij}. 为此，我们假设 x_{ij} 表示第 i 月生产并用于第 j 月交货的引擎数，因公司必须完成合同，则 x_{ij} 应满足：

$$\begin{cases} x_{11} = 10 \\ x_{12}+x_{22} = 15 \\ x_{13}+x_{23}+x_{33} = 25 \\ x_{14}+x_{24}+x_{34}+x_{44} = 20 \end{cases} \qquad (4.2.2)$$

每月生产的用于当月和以后各月交货的引擎数不可能超过该公司的实际生产能力，x_{ij} 应满足：

$$\begin{cases} x_{11}+x_{12}+x_{13}+x_{14}\leqslant 25 \\ x_{22}+x_{23}+x_{24} \leqslant 35 \\ x_{34}+x_{44} \leqslant 30 \\ x_{44} \leqslant 10 \end{cases} \tag{4.2.3}$$

下面构造“单位运价表”，它应等价于这里的“成本费用表”. 因第 i 月生产并用于第 j 月交货的引擎数的实际成本 c_{ij} 应该是其生产单位成本再加上存储、维护费用，从而我们可得其“成本费用表”如表 4－7 所示.

表 4－7

i \ c_{ij} \ j	1	2	3	4
1	1.08	1.095	1.110	1.125
2		1.110	1.125	1.140
3			1.100	1.115
4				1.130

由于这是产销不平衡问题，故增加一虚拟的销售地 D，使之能构造为产销平衡模型，并把“产销平衡表和单位运价表”合二为一(见表 4－8). 在表 4－8 中，a_i 表示公司第 i 月的生产能力，b_j 表示第 j 月的合同供应量，c_{ij} 表示相应的成本费用，因在实际问题中，当 $i>j$ 时，$x_{ij}=0$，故令相应的 $c_{ij}=M$.

表 4－8

i \ c_{ij} \ j	1	2	3	4	D	产量(a_i)
1	1.08	1.095	1.110	1.125	0	25
2	M	1.110	1.125	1.140	0	35
3	M	M	1.100	1.115	0	30
4	M	M	M	1.130	0	10
销量(b_j)	10	15	25	20	30	

(3) 模型的建立与求解.

如上讨论，我们可给出“生产时序的安排”所对应的“运输问题模型”：

$$\min z=\sum_{i=1}^{4}\sum_{j=1}^{4}c_{ij}x_{ij}$$

$$
\text{s.t.}\begin{cases}\sum_{i=1}^{4} c_{ij}x_{ij} \leqslant a_i \\ \sum_{j=1}^{4} c_{ij}x_{ij} = b_j \\ x_{ij} \geqslant 0\end{cases} \tag{4.2.4}
$$

据此，我们可求出其最优解为：

$$x_{11}=10,\quad x_{12}=15,\quad x_{23}=5,\quad x_{33}=20,\quad x_{34}=10,\quad x_{44}=10$$

相应的最小生产费用为：

$$\min z = \sum_{i=1}^{4}\sum_{j=1}^{4} c_{ij}x_{ij} = 77.3$$

今后四个月引擎数量的生产安排如表 4-9 所示.

表 4-9

月　份	1	2	3	4
引擎生产数量	25	5	30	10

4.3 目标规划模型

4.3.1 目标规划模型概述

1. 相关的几个概念

1) 正、负偏差变量 d^+，d^-

正偏差变量 d^+ 表示决策值 $x_i(i=1, 2, \cdots, n)$超过目标值的部分；负偏差变量 d^- 表示决策值 $x_i(i=1, 2, \cdots, n)$未达到目标值的部分. 一般而言，正负偏差变量 d^+，d^- 的相互关系如下：

当决策值 $x_i(i=1, 2, \cdots, n)$超过规定的目标值时，$d^+>0$，$d^-=0$；当决策值 $x_i(i=1, 2, \cdots, n)$未超过规定的目标值时，$d^+=0$，$d^->0$；当决策值 $x_i(i=1, 2, \cdots, n)$正好等于规定的目标值时，$d^+=0$，$d^-=0$.

2) 绝对约束和目标约束

绝对约束是必须严格满足的等式约束或不等式约束，前述线性规划中的约束条件一般都是绝对约束；而目标约束是目标规划所特有的，在约束条件中允许目标值发生一定的正偏差或负偏差的一类约束，它通过在约束条件中引入正、负偏差变量 d^+、d^- 来实现.

3）优先因子（优先级）与权系数

目标规划问题常要求许多目标，在诸多目标中，凡决策者要求第一位达到的目标赋予优先因子 P_1，要求第二位达到的目标赋予优先因子 P_2，…，并规定 $P_k \gg P_{k+1}$，即 P_{k+1} 级目标的讨论是在 P_k 级目标得以实现后才进行的（这里 $k=1, 2, \cdots, n$）. 若要考虑两个优先因子相同的目标的区别，则可通过赋予它们不同的权系数 w_j 来完成.

2. 目标规划模型的目标函数

目标规划的目标函数是根据各目标约束的正、负偏差变量 d^+、d^- 和其优先因子来构造的. 一般而言，当每一目标值确定后，我们总要求尽可能地缩小决策值与目标值的偏差，故目标规划的目标函数只能是 $\min z = f(d^+, d^-)$ 的形式. 我们可将其分为以下三种情形：

（1）当决策值 $x_i(i=1, 2, \cdots, n)$ 要求恰好等于规定的目标值时，这时正、负偏差变量 d^+、d^- 都要尽可能小，即对应的目标函数为：

$$\min z = f(d^+ + d^-)$$

（2）当决策值 $x_i(i=1, 2, \cdots, n)$ 要求不超过规定的目标值时，这时正偏差变量 d^+ 要尽可能小，即对应的目标函数为：

$$\min z = f(d^+)$$

（3）当决策值 $x_i(i=1, 2, \cdots, n)$ 要求超过规定的目标值时，这时负偏差变量 d^- 要尽可能小，即对应的目标函数为：

$$\min z = f(d^-)$$

目标规划数学模型的一般形式为：

$$\min z = \sum_{l=1}^{L} P_l \left(\sum_{k=1}^{K} w_{lk}^- d_k^- + w_{lk}^+ d_k^+ \right)$$

$$\text{s.t.} \begin{cases} \sum_{j=1}^{n} c_{kj} x_j + d_k^i - d_k^+ = g_k (k = 1, 2, \cdots, k;\ g_k \text{ 为相应的目标值}) \\ \sum_{j=1}^{n} a_{ij} x_j \leqslant (=, \geqslant) b_i (i = 1, 2, \cdots, m) \\ x_j \geqslant 0 (j = 1, 2, \cdots, n) \\ d_k^-, d_k^+ \geqslant 0 (k = 1, 2, \cdots, K) \end{cases} \tag{4.3.1}$$

4.3.2 目标规划模型举例

例 1 某工厂的总生产能力为每天 500 小时，该厂生产 A，B 两种产品，每生产一件 A 产品或 B 产品均需一小时，由于市场需求有限，每天只有 300 件 A

产品或400件B产品可卖出去，每出售一件A产品可获利10元，每出售一件B产品可获利5元，厂长按重要性大小的顺序列出了下列目标，并要求按这样的目标进行相应的生产.

(1) 尽量避免生产能力闲置；

(2) 尽可能多地卖出产品，但对于能否多卖出A产品更感兴趣；

(3) 尽量减少加班时间.

解 模型的分析与建立：

显然，这样的多目标决策问题，是单目标决策的线性规划模型所难胜任的. 对于这类问题，必须采用新的方法和手段来建立对应的模型.

设x_1，x_2分别表示产品A，B的生产数量，d_1^-表示生产能力闲置的时间，d_1^+表示加班时间，d_2^-表示产品A没能达到销售目标的数目，d_3^-表示产品B没能达到销售目标的数目. 因要求尽量避免生产能力闲置及尽量减少加班时间，故有目标约束条件：

$$x_1 + x_2 + d_1^- - d_1^+ = 500$$

d_1^-、d_1^+要尽可能小，又要求尽可能多地卖出产品，故有目标约束条件：

$$x_1 + d_2^- = 300, \quad x_2 + d_3^- = 400$$

d_2^-、d_3^-要尽可能小，多卖出A产品的要求可体现在目标函数的权系数中，于是可得到目标规划模型为：

$$\min P_1 d_1^- + 2P_2 d_2^- + P_2 d_3^- + P_3 d_1^+$$

满足的约束条件为：

$$\text{s.t.}\begin{cases} x_1 + x_2 + d_1^- - d_1^+ = 500 \\ x_1 + d_2^- = 300 \\ x_1 + d_3^- = 400 \\ x_1,\ x_2,\ d_1^-,\ d_2^-,\ d_3^-,\ d_1^+ \geqslant 0 \end{cases} \tag{4.3.2}$$

例2 职工的调资方案问题.

(1) 问题的提出.

某单位领导在考虑本单位职工的升级调资方案时，要求相关部门遵守以下的规定：

① 年工资总额不超过60 000元；

② 每级的人数不超过定编规定的人数；

③ Ⅱ、Ⅲ级的升级面尽可能达到现有人数的20%；

④ Ⅲ级不足编制的人数可录用新职工，又Ⅰ级的职工中有10%的人要退休. 相关资料汇总于表4-10中，试为单位领导拟定一个满足要求的调资方案.

表　4-10

等级	增加工资额(元/年)	现有人数	编制人数
Ⅰ	2000	10	12
Ⅱ	1500	12	15
Ⅲ	1000	15	15
合计		37	42

(2) 模型分析与变量假设.

显然这是一个多目标规划的决策问题，适于用目标规划模型求解，故需要确定该问题与之对应的决策变量、目标值、优先等级及权系数等. 设 x_1，x_2，x_3 分别表示提升到Ⅰ、Ⅱ级和录用到Ⅲ级的新职工人数，由题设要求可确定各目标的优先因子如下：

P_1——年工资总额不超过 60 000 元；

P_2—— 每级的人数不超过定编规定的人数；

P_3——Ⅱ、Ⅲ级的升级面尽可能达到现有人数的 20%.

下面再确定目标约束.

因为要求年工资总额不超过 60 000 元，所以有：

$$2000(10-10\times10\%+x_1)+1500(12-x_1+x_2)$$
$$+1000(15-x_2+x_3)+d_1^- - d_1^+ = 60\ 000$$

且正偏差变量 d_1^+ 要尽可能小. 又第二目标要求每级的人数不超过定编规定的人数，所以：

对于Ⅰ级，有 $10(1-0.1)+x_1+d_2^- - d_2^+=12$，且正偏差变量 d_2^+ 要尽可能小；

对于Ⅱ级，有 $12-x_1+x_2+d_3^- - d_3^+=15$，且正偏差变量 d_3^+ 要尽可能小；

对于Ⅲ级，有 $15-x_2+x_3+d_4^- - d_4^+=15$，且正偏差变量 d_4^+ 要尽可能小；

对于第三目标，Ⅱ、Ⅲ级的升级面尽可能达到现有人数的 20%，我们有下述约束：

$$\begin{cases} x_1+d_5^- - d_5^+ = 12\times20\%，且负偏差变量\ d_5^-\ 要尽可能小， \\ x_2+d_6^- - d_6^+ = 15\times20\%，且负偏差变量\ d_6^-\ 要尽可能小. \end{cases}$$

(3) 模型的建立.

由此，我们可得到该问题的目标规划模型为：

$$\min z = P_1 d_1^+ + P_2(d_2^+ + d_3^+ + d_4^+) + P_3(d_5^- + d_6^-)$$

满足约束条件

$$
\begin{cases}
2000(9+x_1)+1500(12-x_1+x_2)+1000(15-x_2+x_3)+d_1^- - d_1^+ = 60\,000 \\
x_1 + d_2^- - d_2^+ = 3 \\
-x_1 + x_2 + d_3^- - d_3^+ = 3 \\
-x_2 + x_3 + d_4^- - d_4^+ = 0 \\
x_1 + d_5^- - d_5^+ = 2.4 \\
x_2 + d_6^- - d_6^+ = 3 \\
x_i,\ d_j^-,\ d_j^+ \geqslant 0 (i=1,2,3;\ j=1,2,3,4,5,6)
\end{cases}
$$

求解后可得到该问题的一个多重解，并将这些解汇总于表 4-11 中，以供领导根据具体情况进行决策.

表 4-11

变量	含　义	解 1	解 2	解 3	解 4
x_1	晋升到Ⅰ级的人数	2.4	2.4	3	3
x_2	晋升到Ⅱ级的人数	3	3	3	5
x_3	晋升到Ⅲ级的人数	0	3	3	5
d_1^-	工资总额的节余数	6300	3300	3000	0
d_2^-	Ⅰ级缺编人数	0.6	0.6	0	0
d_3^-	Ⅱ级缺编人数	2.4	2.4	3	1
d_4^-	Ⅲ级缺编人数	3	0	0.6	0
d_5^+	Ⅱ级超编人数	0	0	0	0.6
d_6^+	Ⅲ级超编人数	0	0	0	2

例 3　波德桑小姐是一个小学教师，她刚刚继承了一笔遗产，交纳税金后净得 50 000 美元. 波德桑小姐感到她的工资已足够她每年的日常开支，但是还不能满足她暑假旅游的计划. 因此，她打算把这笔遗产全部用去投资，利用投资的年息资助她的旅游. 她的目标当然是在满足某些限制的条件下进行投资，使这些投资的年息最大.

波德桑小姐的目标优先等级是：第一，她希望至少投资 20 000 美元去购买年息为 6%的政府公债；第二，她打算最少用 5000 美元，至多用 15 000 美元购买利息为 5%的信用卡；第三，她打算最多用 10 000 美元购买随时可兑换现款的股票，这些股票的平均利息为 8%；第四，她希望给她的侄子的新企业至少投资 30 000 美元，她侄子允诺给她 7%的利息.

解　模型的分析与建立过程如下：

设：x_1——购买公债的投资额；x_2——购买信用卡的投资额；x_3——购买

可兑换股票的投资额；x_4——对她侄子企业的投资额.

则得线性规划模型如下：

$$\max z = 0.06x_1 + 0.05x_2 + 0.08x_3 + 0.07x_4$$

$$\text{s.t.}\begin{cases} x_1 + x_2 + x_3 + x_4 \leqslant 50\,000 \\ x_1 \geqslant 20\,000 \\ x_2 \geqslant 5000 \\ x_2 \leqslant 15\,000 \\ x_3 \leqslant 10\,000 \\ x_4 \geqslant 30\,000 \\ x_1,\ x_2,\ x_3,\ x_4 \geqslant 0 \end{cases}$$

如果用线性规划的单纯形法求解这个问题，就会发现这个问题无可行解，或者说这个问题“不可行”. 只要检查一下第1、第2、第3和第6个约束，问题的不可行性是一目了然的. 简而言之，波德桑小姐没有足够的钱来实现她的愿望.

然而，对于波德桑小姐来说，用线性规划得出的这样一个答案是不能使她满意的. 而能够使她满意的是，她希望知道——即使不可能绝对地满足她的全部愿望，那么怎样才能尽可能地接近于满足她的愿望？在这样一个更为实际的许可条件下，我们假定她的目标优先等级如下：

P_1——她的全部投资额不允许超过50 000美元，这是一个绝对约束；

P_2——尽可能地满足：用20 000美元购买公债，用5000～15 000美元购买信用卡，她认为购买信用卡比购买公债重要2倍；

P_3——尽可能资助她的侄子30 000美元；

P_4——①尽可能用10 000美元购买兑换股票，②每年利息的总收入尽可能达到4 000美元.

那么，可以建立这个问题的目标规划模型：

$$\max z = P_1 d_1^+ + P_2(d_2^- + 2d_3^- + 2d_4^+) + P_3 d_6^- + P_4(d_5^+ + d_7^+)x_4$$

$$\text{s.t.}\begin{cases} x_1 + x_2 + x_3 + x_4 + d_1^- - d_1^+ = 50\,000 \\ x_1 + d_2^- - d_2^+ = 20\,000 \\ x_2 + d_3^- - d_3^+ = 5000 \\ x_2 + d_4^- - d_4^+ = 15\,000 \\ x_3 + d_5^- - d_5^+ = 10\,000 \\ x_4 + d_6^- - d_6^+ = 30\,000 \\ 0.06x_1 + 0.05x_2 + 0.08x_3 + 0.07x_4 + d_7^- - d_7^+ = 4000 \\ x_j(j = 1,\ 2,\ 3,\ 4),\ d_k^-,\ d_k^+(k = 1,\ 2,\ \cdots,\ 6) \geqslant 0 \end{cases}$$

求解这个目标规划问题，得到的满意解是：

$$x_1 = 20\,000,\quad x_2 = 5000,\quad x_3 = 0,\quad x_4 = 25\,000$$

因此，我们得到了一个有意义的解，这个解能够最好地满足(即使不能绝对地满足)波德桑小姐的全部目标．事实上，在实际的决策中，决策者的某些目标不可能完全达到，这本来也是很自然的事情．

例 4 一个公司需要从两个仓库调拨同一种零部件给下属的三个工厂．每个仓库的供应能力，每个工厂的需求数量以及从每个仓库到每个工厂之间的单位运费如表 4－12 所示(表中方格内的数字为单位运费)．

表 4－12

仓库	工厂			供应量
	1	2	3	
1	10	4	12	3000
2	8	10	3	4000
需求量	2000	1500	4000	7000 / 7500

公司提出的目标要求是：

P_1——尽量满足工厂 3 的全部需求；

P_2——其他两个工厂的需求分别至少满足 75%；

P_3——总运费要求最少；

P_4——仓库 2 给工厂 1 的供应量至少为 1000 单位；

P_5——工厂 1 和工厂 2 的需求量满足程度尽可能平衡．

试建立这个问题的目标规划模型．

解 设 $x_{ij}(i=1,2;\ j=1,2,3)$表示仓库 i 调运到工厂 j 的零部件数量．约束条件与目标函数的建立过程如下：

(1) 供应与需求约束：

$$\begin{cases}x_{11}+x_{12}+x_{13}+d_1^- - d_1^+ = 3000\\ x_{21}+x_{22}+x_{23}+d_2^- - d_2^+ = 4000\\ x_{11}+x_{21}+d_3^- - d_3^+ = 2000\\ x_{12}+x_{22}+d_4^- - d_4^+ = 1500\\ x_{13}+x_{23}+d_5^- - d_5^+ = 4000\end{cases}$$

(2) 满足工厂 3 的全部需求的目标可以通过将上面的偏差变量 d_5^- 的最小化列入第一级目标来反映.

(3) 满足工厂 1、2 的 75%的需求，可建立约束：

$$x_{11}+x_{21}+d_6^- - d_6^+ = 1500$$

$$x_{12}+x_{22}+d_7^- - d_7^+ = 1125$$

(4) 总运费要求最少，可建立约束：

$$10x_{11}+4x_{12}+12x_{13}+8x_{21}+10x_{22}+3x_{23}-d_8^+ = 0$$

(5) 对工厂 1 特殊供应量的要求，可建立约束：

$$x_{21}+d_9^- - d_9^+ = 1000$$

(6) 对工厂 1、2 的需求满足程度的平衡的要求，可表示为

$$\frac{x_{11}+x_{21}}{2000} = \frac{x_{12}+x_{22}}{1500}$$

得到约束：

$$3x_{11}-4x_{12}+3x_{21}-4x_{22}+d_{10}^- - d_{10}^+ = 0$$

(7) 目标函数为：

$$\min z = P_1 d_5^- + P_2(d_6^- + d_7^-) + P_3 d_8^+ + P_4 d_9^- + P_5(d_{10}^- + d_{10}^+)$$

综合以上分析，可得这个问题的目标规划模型为：

$$\min z = P_1 d_5^- + P_2(d_6^- + d_7^-) + P_3 d_8^+ + P_4 d_9^- + P_5(d_{10}^- + d_{10}^+)$$

$$\text{s.t.}\begin{cases} x_{11}+x_{12}+x_{13}+d_1^- - d_1^+ = 3000 & ① \\ x_{21}+x_{22}+x_{23}+d_2^- - d_2^+ = 4000 & ② \\ x_{11}+x_{21}+d_3^- - d_3^+ = 2000 & ③ \\ x_{12}+x_{22}+d_4^- - d_4^+ = 1500 & ④ \\ x_{13}+x_{23}+d_5^- - d_5^+ = 4000 & ⑤ \\ x_{11}+x_{21}+d_6^- - d_6^+ = 1500 & ⑥ \\ x_{12}+x_{22}+d_7^- - d_7^+ = 1125 & ⑦ \\ 10x_{11}+4x_{12}+12x_{13}+8x_{21}+10x_{22}+3x_{23}-d_8^+ = 0 & ⑧ \\ x_{21}+d_9^- - d_9^+ = 1000 & ⑨ \\ 3x_{11}-4x_{12}+3x_{21}-4x_{22}+d_{10}^- - d_{10}^+ = 0 & ⑩ \\ x_{ij} \geqslant 0 (i=1,2;\ j=1,2,3) & \\ d_l^-、d_l^+ \geqslant 0 (l=1,2,\cdots,10) & \end{cases}$$

事实上，由于有了⑥、⑦两个约束条件，可以取消③、④两个约束条件.

4.4 0—1 型整数规划模型

4.4.1 0—1 型整数规划模型概述

整数规划是决策变量为非负整数值的一类线性规划. 在实际问题的应用中，整数规划模型对应着大量的生产计划或活动安排等决策问题，整数规划的解法主要有分支定界解法及割平面解法(这里不作介绍，感兴趣的读者可参考相关书籍). 在整数规划问题中，0—1 型整数规划则是其中较为特殊的一类情况，它要求决策变量的取值仅为 0 或 1. 在实际问题的讨论中，0—1 型整数规划模型也对应着大量的最优决策的活动与安排讨论，我们将列举一些模型范例，以说明这个事实.

0—1 型整数规划的数学模型为：

$$\max(\min) z = c_1x_1 + c_2x_2 + \cdots + c_nx_n$$

$$\text{s. t.}\begin{cases} a_{11}x_1 + a_{12}x_2 + \cdots + a_{1n}x_n \leqslant (\geqslant, =) b_1 \\ a_{21}x_1 + a_{22}x_2 + \cdots + a_{2n}x_n \leqslant (\geqslant, =) b_2 \\ \quad\vdots \\ a_{m1}x_1 + a_{m2}x_2 + \cdots + a_{mn}x_n \leqslant (\geqslant, =) b_m \\ \qquad x_1, x_2, \cdots, x_n = 0 \mid 1 \end{cases} \tag{4.4.1}$$

这里，$0|1$ 表示 0 或 1.

4.4.2 0—1 型整数规划模型的解法

0—1 型整数规划模型的解法一般为穷举法或隐枚举法，穷举法指的是对决策变量 x_1，x_2，…，x_n 的每一个 0 或 1 值，均比较其目标函数值的大小，以从中求出最优解. 这种方法一般适用于决策变量个数 n 较小的情况. 当 n 较大时，由于 n 个 0、1 的可能组合数为 2^n，故此时即便用计算机进行穷举来求最优解，也几乎是不可能的. 隐枚举法是增加了过滤条件的一类穷举法，该法虽能减少运算次数，但对有些问题并不适用.

4.4.3 应用实例

例 1 工程上马的决策问题.

(1) 问题的提出.

某部门三年内有四项工程可以考虑上马，每项工程的期望收益和年度费用(千元)如表 4-13 所示. 假定每一项已选定的工程要在三年内完成，试确定应该上马哪些工程，方能使该部门可能的期望收益最大.

表　4-13

工程	费　用			期望收益
	第 1 年	第 2 年	第 3 年	
1	5	1	8	20
2	4	7	10	40
3	3	9	2	20
4	8	6	10	30
可用资金	18	22	24	

(2) 模型分析与变量的假设.

这是工程上马的决策问题，对任一给定的工程而言，它只有两种可能，要么上马，要么不上马，这两种情况分别用 1、0 表示，设：

$$x_j=\begin{cases}0, & \text{决定不投资第 } j \text{ 个项目}\\ 1, & \text{决定投资第 } j \text{ 个项目}\end{cases}\qquad (j=1,2,3,4)$$

因每一年的投资不超过所能提供的可用资金数，故该 0—1 型整数规划问题的约束条件为：

$$\begin{cases}5x_1+4x_2+3x_3+8x_4\leqslant 18\\ x_1+7x_2+9x_3+6x_4\leqslant 22\\ 8x_1+10x_2+2x_3+10x_4\leqslant 24\\ x_1,x_2,x_3,x_4=0\mid 1\end{cases}$$

由于期望收益尽可能大，故目标函数为：

$$\max z=20x_1+40x_2+20x_3+30x_4$$

(3) 模型的建立与求解.

至此，我们得到该问题的 0—1 型整数规划模型为

$$\max z=20x_1+40x_2+20x_3+30x_4$$

约束条件为：

$$\text{s.t.}\begin{cases}5x_1+4x_2+3x_3+8x_4\leqslant 18\\ x_1+7x_2+9x_3+6x_4\leqslant 22\\ 8x_1+10x_2+2x_3+10x_4\leqslant 24\\ x_1,x_2,x_3,x_4=0\mid 1\end{cases}$$

下面用隐枚举法求其最优解. 易知，该 0—1 型整数规划模型有一可行解 (0, 0, 0, 1)，它对应的目标函数值为 $z=30$. 自然，该模型的最优解所对应的

目标函数值应不小于 30，于是，我们增加一过滤条件为：

$$20x_1+40x_2+20x_3+30x_4\geqslant 30$$

在此过滤条件(过滤条件可不唯一)下，用隐枚举法求 0—1 型整数规划模型的最优解的步骤为：

① 先判断第一枚举点所对应的目标函数值是否满足过滤条件，若不满足，则转下一步；若满足，再判断该枚举点是否满足各约束条件，若有一个约束条件不满足，则转下一步，若均满足，则将该枚举点所对应的目标函数值 z_1(本例中，$z_1\geqslant 30$)作为新的目标值，并修改过滤条件为：

$$20x_1+40x_2+20x_3+30x_4\geqslant z_1$$

再转下一步.

② 再判断第二枚举点所对应的目标函数值是否满足新的过滤条件，若不满足，则转下一步；若满足，接着判断该枚举点是否满足各约束条件，若有一个约束条件不满足，则转下一步，若均满足，则将该枚举点所对应的目标函数值 z_2($z_2\geqslant z_1$)作为新的目标值，并修改过滤条件为：

$$20x_1+40x_2+20x_3+30x_4\geqslant z_2$$

再转下一步.

③ 重复步骤②，直至所有的枚举点均比较结束为止.

由隐枚举法的求解步骤我们可给出该问题的求解过程如表 4-14 所示，并得到最优解为 $x_1, x_2, x_3, x_4=(0, 1, 1, 1)$，相应的目标值为 90(千元). 故应上马的工程为 2 号、3 号、4 号工程.

表 4-14

枚举点	当前目标值	满足的约束条件(含过滤条件)				新目标值
		(4)	(1)	(2)	(3)	
(0, 0, 0, 0)	30	×				30
(0, 0, 0, 1)	30	√	√	√	√	30
(0, 0, 1, 0)	30	×				30
(0, 0, 1, 1)	30	√	√	√	√	50
(0, 1, 0, 0)	50	×				50
(0, 1, 0, 1)	50	√	√	√	√	70
(0, 1, 1, 0)	70	×				70
(0, 1, 1, 1)	70	√	√	√	√	90
(1, 0, 0, 0)	90	×				90

续表

枚举点	当前目标值	满足的约束条件(含过滤条件)				新目标值
		(4)	(1)	(2)	(3)	
(1, 0, 0, 1)	90	×				90
(1, 0, 1, 0)	90	×				90
(1, 0, 1, 1)	90	×				90
(1, 1, 0, 0)	90	×				90
(1, 1, 0, 1)	90	√	√	√	×	90
(1, 1, 1, 0)	90	×				90
(1, 1, 1, 1)	90	√	×			90

注：在该表中，√表示满足相应条件，×表示不满足相应条件.

4.5　非线性规划问题

4.5.1　非线性规划的实例与定义

如果目标函数或约束条件中包含非线性函数，就称这种规划问题为非线性规划问题. 一般说来，解非线性规划要比解线性规划问题困难得多. 非线性规划目前还没有适于各种问题的一般算法，各个方法都有自己特定的适用范围. 下面通过实例给出非线性规划数学模型的一般形式以及基本概念.

例 1　(投资决策问题)某企业有 n 个项目可供选择投资，并且至少要对其中一个项目投资. 已知该企业拥有总资金 A 元，投资于第 $i(i=1, \cdots, n)$个项目需花资金 a_i 元，并预计可收益 b_i 元. 试选择最佳投资方案.

解　设投资决策变量为：

$$x_i = \begin{cases} 1, & \text{决定投资第 } i \text{ 个项目} \\ 0, & \text{决定不投资第 } i \text{ 个项目} \end{cases} \quad (i = 1, \cdots, n)$$

则投资总额为 $\sum_{i=1}^{n} a_i x_i$，投资总收益为 $\sum_{i=1}^{n} b_i x_i$. 因为该公司至少要对一个项目投资，并且总的投资金额不能超过总资金 A，故有限制条件：

$$0 < \sum_{i=1}^{n} a_i x_i \leqslant A$$

另外，由于 $x_i(i=1, \cdots, n)$只取值 0 或 1，所以还有

$$x_i(1 - x_i) = 0 \quad (i = 1, \cdots, n)$$

最佳投资方案应是投资额最小而总收益最大的方案，所以这个最佳投资决策问题归结为总资金以及决策变量(取 0 或 1)的限制条件下，极大化总收益和总投资之比. 因此，其数学模型为：

$$\max Q = \frac{\sum_{i=1}^{n} b_i x_i}{\sum_{i=1}^{n} a_i x_i} \tag{4.5.1}$$

$$\text{s. t. } 0 < \sum_{i=1}^{n} a_i x_i \leqslant A$$

$$x_i(1 - x_i) = 0 \quad (i = 1, \cdots, n)$$

上面的例题是在一组等式或不等式的约束下，求一个函数的最大值(或最小值)问题，其中目标函数或约束条件中至少有一个非线性函数，这类问题称之为非线性规划问题(NP)，可概括为一般形式：

$$\begin{aligned} &\min f(\boldsymbol{x}) \\ \text{s. t. } &h_j(\boldsymbol{x}) \leqslant 0 \quad (j = 1, \cdots, q) \quad (\text{NP}) \\ &g_i(\boldsymbol{x}) = 0 \quad (i = 1, \cdots, p) \end{aligned} \tag{4.5.2}$$

其中 $\boldsymbol{x}=[x_1, \cdots, x_n]^{\mathrm{T}}$ 称为模型(NP)的决策变量，f 称为目标函数，$g_i(i=1, \cdots, p)$和 $h_j(j=1, \cdots, q)$称为约束函数. 另外，$g_i(\boldsymbol{x})=0(i=1, \cdots, p)$称为等式约束，$h_j(\boldsymbol{x})\leqslant 0(j=1, \cdots, q)$称为不等式约束.

对于一个实际问题，在把它归结成非线性规划问题时，一般要注意如下几点：

(1) 确定供选方案. 首先要收集同问题有关的资料和数据，在全面熟悉问题的基础上，确认什么是问题的可供选择的方案，并用一组变量来表示它们.

(2) 提出追求目标. 经过资料分析，根据实际需要和可能，提出要追求极小化或极大化的目标. 并且，运用各种科学和技术原理，把它表示成数学关系式.

(3) 给出价值标准. 在提出要追求的目标之后，要确立所考虑目标的“好”或“坏”的价值标准，并用某种数量形式来描述它.

(4) 寻求限制条件. 由于所追求的目标一般都要在一定的条件下取得极小化或极大化效果，因此还需要寻找出问题的所有限制条件，这些条件通常用变量之间的一些不等式或等式来表示.

4.5.2 非线性规划的 MATLAB 解法

如果线性规划的最优解存在，其最优解只能在其可行域的边界上达到(特别是可行域的顶点上达到)；而非线性规划的最优解(如果最优解存在)则可能在其可行域的任意一点达到.

MATLAB中非线性规划的数学模型写成以下形式：

$$\min f(\boldsymbol{x})$$

$$\text{s. t.}\begin{cases}\boldsymbol{Ax}\leqslant\boldsymbol{B}\\ \text{Aeq}\cdot\boldsymbol{x}=\text{Beq}\\ C(\boldsymbol{x})\leqslant 0\\ \text{Ceq}(\boldsymbol{x})=0\end{cases}\tag{4.5.3}$$

其中 $f(x)$ 是标量函数，A、B、Aeq，Beq 是相应维数的矩阵和向量，$C(x)$、$\text{Ceq}(x)$ 是非线性向量函数.

MATLAB中的命令是

X＝FMINCON(FUN，X_0，A，B，Aeq，Beq，LB，UB，
NONLCON，OPTIONS)

它的返回值是向量 $\boldsymbol{x}$，其中FUN是用M文件定义的函数 $f(x)$；$\boldsymbol{x}_0$ 是 $\boldsymbol{x}$ 的初始值；$\boldsymbol{A}$，$\boldsymbol{B}$，Aeq，Beq定义了线性约束 $\boldsymbol{A}*\boldsymbol{x}\leqslant\boldsymbol{B}$，$\text{Aeq}*\boldsymbol{x}\leqslant\text{Beq}$，如果没有等式约束，则 $\boldsymbol{A}$=[]，$\boldsymbol{B}$=[]，Aeq=[]，Beq=[]；LB和UB是变量 $\boldsymbol{x}$ 的下界和上界，如果上界和下界没有约束，则LB=[]，UB=[]，如果 $\boldsymbol{x}$ 无下界，则LB=－inf，如果 $\boldsymbol{x}$ 无上界，则UB=inf；NONLCON是用M文件定义的非线性向量函数 $C(x)$；$\text{Ceq}(\boldsymbol{x})$；OPTIONS定义了优化参数，可以使用MATLAB缺省的参数设置.

例2 求解下列非线性规划问题：

$$\begin{cases}\min f(x)=x_1^2+x_2^2+8\\ x_1^2-x_2\geqslant 0\\ -x_1-x_2^2+2=0\\ x_1,\ x_2\geqslant 0\end{cases}$$

(1) 编写M文件fun1.m和M文件fun2.m.

```
function f=fun1(x);
f=x(1)^2+x(2)^2+8;
function [g, h]=fun2(x);
g=-x(1)^2+x(2);
h=-x(1)-x(2)^2+2; %等式约束
```

(2) 在MATLAB的命令窗口依次输入下列内容：

```
options=optimset;
[x, y]=fmincon('fun1', rand(2, 1), [], [], [], [], zeros(2, 1), [], ...
'fun2', options)
```

就可以求得当 $x_1=1$，$x_2=1$ 时的最小值 $y=10$.

例 3　飞行管理问题.

在约 10 000 m 高空的某边长 160 km 的正方形区域内，经常有若干架飞机作水平飞行. 区域内每架飞机的位置和速度向量均由计算机记录其数据，以便进行飞行管理. 当一架欲进入该区域的飞机到达区域边缘时，记录其数据后，要立即计算并判断是否会与区域内的飞机发生碰撞. 如果会碰撞，则应计算如何调整各架飞机(包括新进入的)的飞行方向角，以避免碰撞. 现假定条件如下：

(1) 不碰撞的标准为任意两架飞机的距离大于 8 km；

(2) 飞机飞行方向角调整的幅度不应超过 30°；

(3) 所有飞机飞行速度均为每小时 800 km；

(4) 进入该区域的飞机在到达区域边缘时，与区域内飞机的距离应在 60 km 以上；

(5) 最多需考虑 6 架飞机；

(6) 不必考虑飞机离开此区域后的状况.

请你对这个避免碰撞的飞行管理问题建立数学模型，列出计算步骤，对以下数据进行计算(方向角误差不超过 0.01°)，要求飞机飞行方向角调整的幅度尽量小.

设该区域 4 个顶点的坐标为(0, 0)，(160, 0)，(160, 160)，(0, 160). 记录数据如下：

飞机编号	横坐标 x	纵坐标 y	方向角/(°)
1	150	140	243
2	85	85	236
3	150	155	220.5
4	145	50	159
5	130	150	230
新进入	0	0	52

注：方向角指飞行方向与 x 轴正向的夹角.

解

$$(x_i(t)-x_j(t))^2+(y_i(t)-y_j(t))^2>64$$
$$1\leqslant i\leqslant n-1,\ i+1\leqslant j\leqslant n,\ 0\leqslant t\leqslant \min\{T_i, T_j\}$$

其中 n 为飞机的总架数，$(x_i(t), y_i(t))$为 t 时刻第 i 架飞机的坐标，T_i，T_j 分别表示第 i，j 架飞机飞出正方形区域边界的时刻. 这里：

$$x_i(t)=x_i(0)+vt\ \cos\theta_i$$
$$y_i(t)=y_i(0)+vt\ \sin\theta_i\ (i=1, 2, \cdots, n)$$

$$\theta_i = \theta_i^0 + \Delta\theta_i \mid \Delta\theta_i \mid \leqslant \frac{\pi}{6}(i = 1, 2, \cdots, n)$$

其中 v 为飞机的速度，θ_i^0，θ_i 分别为第 i 架飞机的初始方向角和调整后的方向角.

令：$l_{i,j}=(x_i(t)-x_j(t))^2+(y_i(t)-y_j(t))^2-64=at^2+bt+c$

其中，$a=4v^2\sin^2\dfrac{\theta_i-\theta_j}{2}$

$$b = 2v[(x_i(0)-x_j(0))+(y_i(0)-y_j(0))(\sin\theta_i-\sin\theta_j)]$$

$$c = (x_i(0)-x_j(0))^2+(y_i(0)-y_j(0))^2-64$$

则两架飞机不碰撞的条件是 $b^2-4ac<0$.

例 4　钢管订购和运输问题.

要铺设一条 $A_1 \to A_2 \to \cdots \to A_{15}$ 的输送天然气的主管道，如图 4-2 所示. 经筛选后可以生产这种主管道钢管的钢厂有 S_1，S_2，…，S_7. 图中粗线表示铁路，单细线表示公路，双细线表示要铺设的管道(假设沿管道或者原来有公路，或者建有施工公路)，圆圈表示火车站，每段铁路、公路和管道旁的阿拉伯数字表示里程(单位 km).

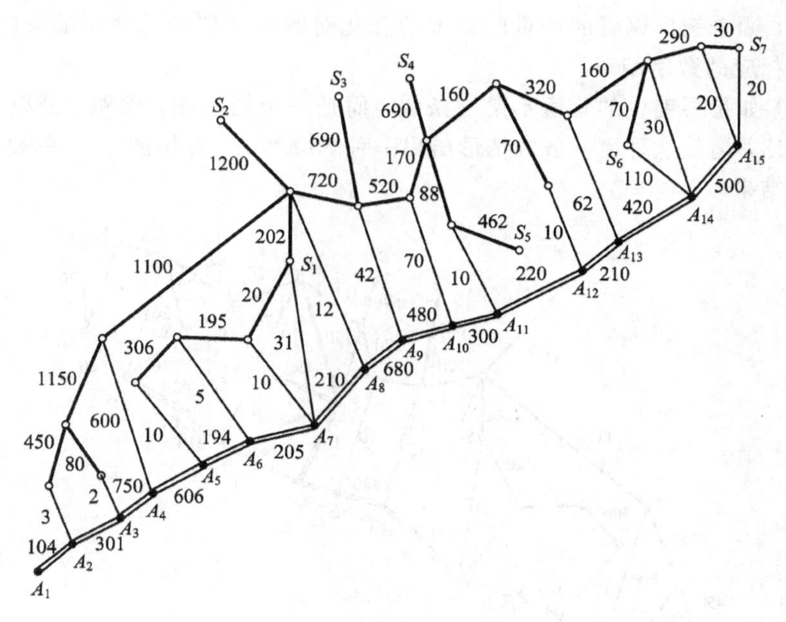

图　4-2

为方便计，1 km 主管道钢管称为 1 单位钢管. 一个钢厂如果承担制造这种钢管，至少需要生产 500 个单位. 钢厂 S_i 在指定期限内能生产该钢管的最大数量为 s_i 个单位，钢管出厂销售价为 1 单位钢管 p_i 万元，如下表：

i	1	2	3	4	5	6	7
s_i	800	800	1000	2000	2000	2000	3000
p_i	160	155	155	160	155	150	160

1 单位钢管的铁路运输价如下表：

里程/km	≤300	301～350	351～400	401～450	451～500
运输价/万元	20	23	26	29	32
里程/km	501～600	601～700	701～800	801～900	901～1000
运输价/万元	37	44	50	55	60

1000 km 以上每增加 1～100 km 运输价增加 5 万元. 公路运输费用为 1 单位钢管每公里 0.1 万元(不足整公里部分按整公里计算). 钢管可由铁路、公路运往铺设地点(不只是运到点 A_1，A_2，…，A_{15}，而是管道全线).

(1) 请制订一个主管道钢管的订购和运输计划，使总费用最小(给出总费用).

(2) 请就模型分析，哪个钢厂钢管的销售价的变化对购运计划和总费用影响最大，哪个钢厂钢管的产量的上限的变化对购运计划和总费用的影响最大，并给出相应的数字结果.

(3) 如果要铺设的管道不是一条线，而是一个树形图，铁路、公路和管道构成网络，请就这种更一般的情形给出一种解决办法，并按图 4－3 的要求给出模型和结果.

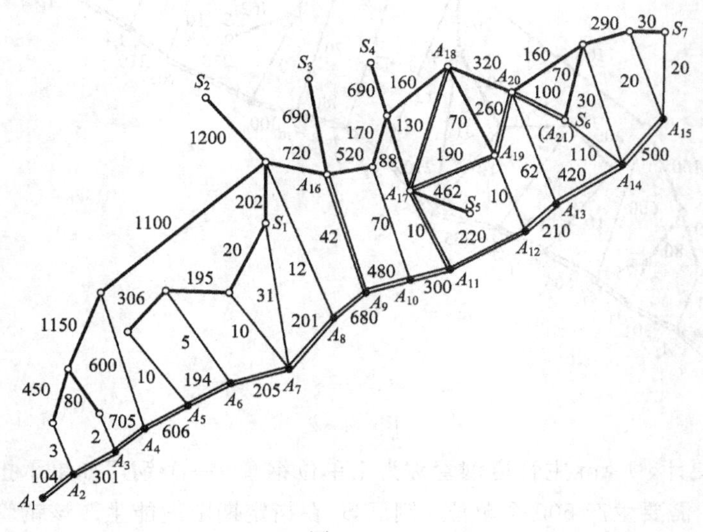

图 4－3

解

(1) 基本假设.

① 沿铺设的主管道已有公路或者有施工公路.

② 在主管道上，每公里卸 1 单位的钢管.

③ 公路运输费用为 1 单位钢管每公里 0.1 万元(不足整公里部分按整公里计算).

④ 在计算总费用时，只考虑运输费和购买钢管的费用，而不考虑其他费用.

⑤ 在计算钢厂的产量对购运计划的影响时，只考虑钢厂的产量足够满足需要的情况，即钢厂的产量不受限制.

⑥ 假设钢管在铁路运输路程超过 1000 km 时，铁路每增加 1～100 km，1 单位钢管的运输价增加 5 万元.

(2) 符号说明.

S_i：第 i 个钢厂；($i=1, 2, \cdots, 7$)

s_i：第 i 个钢厂的最大产量；($i=1, 2, \cdots, 7$)

A_j：输送管道(主管道)上的第 j 个点；($j=1, 2, \cdots, 15$)

p_i：第 i 个钢厂 1 单位钢管的销售价；($i=1, 2, \cdots, 7$)

x_{ij}：钢厂 S_i 向点 A_j 运输的钢管量；($i=1, 2, \cdots, 7$；$j=1, 2, \cdots, 15$)

t_j：在点 A_j 与点 A_{j+1} 之间的公路上，运输点 A_j 向点 A_{j+1} 方向铺设的钢管量；($j=1, 2, 3, \cdots, 14$；$t_1=0$)

a_{ij}：1 单位钢管从钢厂 S_i 运到结点 A_j 的最少总费用，即公路运费、铁路运费和钢管销售价之和；($i=1, 2, \cdots, 7$；$j=1, 2, \cdots, 15$)

b_j：与点 A_j 相连的公路和铁路的相交点；($j=2, 3, \cdots, 15$)

$A_{j,\,j+1}$：相邻点 A_j 与 A_{j+1} 之间的距离. ($j=1, 2, \cdots, 14$)

(3) 模型的建立.

问题是讨论如何调整主管道钢管的订购和运输方案使总费用最小. 由题意可知，钢管从钢厂 S_i 到运输结点 A_j 的费用 a_{ij} 包括钢管的销售价、钢管的铁路运输费用和钢管的公路运输费用. 在费用 a_{ij} 最小时，对钢管的订购和运输进行分配，可得出本问题的最佳方案.

① 求钢管从钢厂 S_i 运到运输点 A_j 的最小费用.

将图 4-2 转换为一系列以单位钢管的运输费用为权的赋权图.

由于钢管从钢厂 S_i 运到运输点 A_j 要通过铁路和公路运输，而铁路运输费用是分段函数，与全程运输总距离有关. 又由于钢厂 S_i 直接与铁路相连，所以可先求出钢厂 S_i 到铁路与公路相交点 b_j 的最短路径，如图 4-4 所示.

依据钢管的铁路运价表，算出钢厂 S_i 到铁路与公路相交点 b_j 的最小铁路运输费用，并把费用作为边权赋给从钢厂 S_i 到 b_j 的边. 再将与 b_j 相连的公路、

运输点 A_i 及其与之相连的要铺设管道的线路(也是公路)添加到图上，根据单位钢管在公路上的运价规定，得出每一段公路的运费，并把此费用作为边权赋给相应的边. 以 S_1 为例得钢管从钢厂 S_1 运到各运输点 A_j 的铁路运输与公路运输费用权值图如图 4-5 所示.

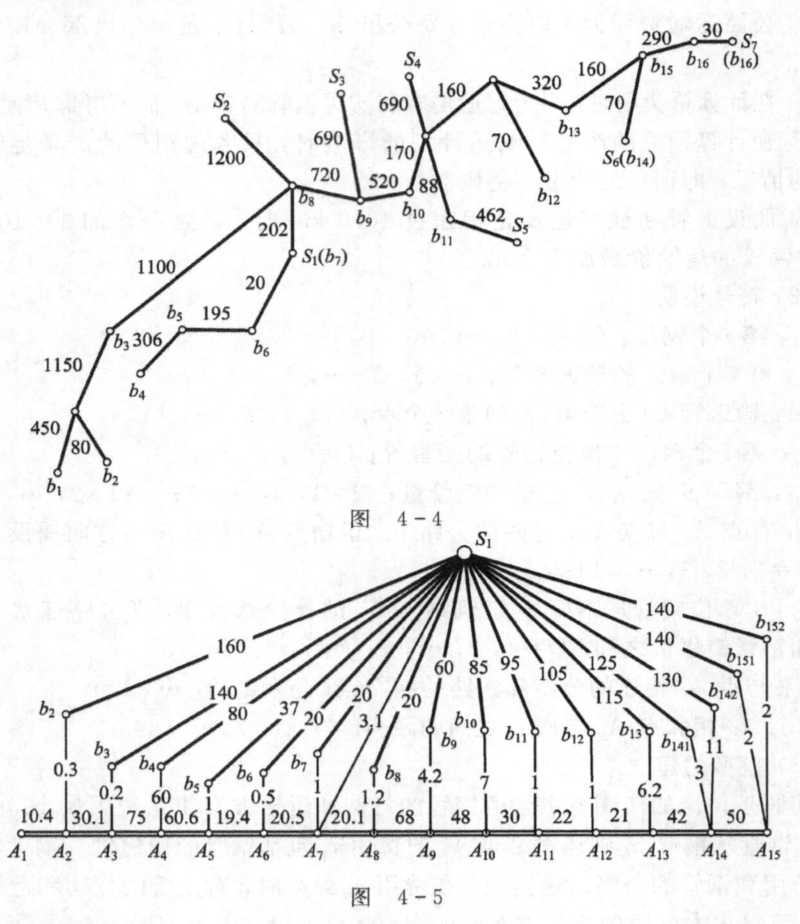

图 4-4

图 4-5

② 计算单位钢管从 S_1 到 A_j 的最少运输费用.

根据图 4-5，借助软件求出单位钢管从 S_1 到 A_j 的最少运输费用依次为：170.7，160.3，140.2，98.6，38，20.5，3.1，21.2，64.2，92，96，106，121.2，128，142(单位：万元). 加上单位钢管的销售价 p_i，得出从钢厂 S_1 购买单位钢管运输到点 A_j 的最小费用 a_{ij} 依次为：330.3，320.3，300.2，258.6，198，180.5，163.1，181.2，224.2，252，256，266，281.2，288，302(单位：万元).

同理，可用同样的方法求出钢厂 S_2、S_3、S_4、S_5、S_6、S_7 到点 A_j 的最小费用，从而得出钢厂 S_i 到点 A_j 的最小总费用(单位：万元)如表 4-15 所示.

表 4-15

A_j / a_{ij} / S_i	A_1	A_2	A_3	A_4	A_5	A_6	A_7	A_8	A_9	A_{10}	A_{11}	A_{12}	A_{13}	A_{14}	A_{15}
S_1	330.7	320.3	300.2	258.6	198	180.5	163.1	181.2	224.2	252	256	266	281.2	288	302
S_2	370.7	360.3	345.2	326.6	266	250.5	241	226.2	269.2	297	301	311	326.2	333	347
S_3	385.7	375.3	355.2	336.6	276	260.5	251	241.2	203.2	237	241	251	266.2	273	287
S_4	420.7	410.3	395.2	376.6	316	300.5	291	276.2	244.2	222	211	221	236.2	243	257
S_5	410.7	400.3	380.2	361.6	301	285.5	276	266.2	234.2	212	188	206	226.2	228	242
S_6	415.7	405.3	385.2	366.6	306	290.5	281	271.2	234.2	212	201	195	176.2	161	178
S_7	435.7	425.3	405.2	386.6	326	310.5	301	291.2	259.2	236	226	216	198.2	186	162

运输总费用可分为两部分：

运输总费用＝钢厂到各点的运输费用＋铺设费用

• 运输费用：若运输点 A_j 向钢厂 S_i 订购 x_{ij} 单位钢管，则钢管从钢厂 S_i 运到运输点 A_j 所需的费用为 $a_{ij}x_{ij}$. 由于钢管运到 A_1 必须经过 A_2，所以可不考虑 A_1，那么所有钢管从各钢厂运到各运输点上的总费用为：

$$\sum_{j=2}^{15}\sum_{i=1}^{7}x_{ij}a_{ij}$$

• 铺设费用：当钢管从钢厂 S_i 运到点 A_j 后，钢管就要向运输点 A_j 的两边 A_jA_{j+1} 段和 $A_{j-1}A_j$ 段运输（铺设）管道. 设 A_j 向 A_jA_{j+1} 段铺设的管道长度为 y_j，则 A_j 向 A_jA_{j+1} 段的运输费用为

$$0.1\times(1+2+\cdots+y_j)=\frac{t_j(t_j+1)}{20}\quad(\text{万元})$$

由于相邻运输点 A_j 与 A_{j+1} 之间的距离为 $A_{j,\,j+1}$，那么 A_{j+1} 向 A_jA_{j+1} 段铺设的管道长为 $A_{j,\,j+1}-t_j$，所对应的铺设费用为

$$\frac{(A_{j,\,j+1}-t_j+1)(A_{j,\,j+1}-t_j)}{20}\quad(\text{万元})$$

所以，主管道上的铺设费用为：

$$\sum_{j=1}^{14}\left(\frac{t_j(t_j+1)}{20}+\frac{(A_{j,\,j+1}-t_j+1)(A_{j,\,j+1}-t_j)}{20}\right)$$

总费用为：

$$f=\sum_{i=1}^{7}\sum_{j=2}^{15}x_{ij}\cdot a_{ij}+\sum_{j=1}^{14}\left(\frac{t_j(t_j+1)}{20}+\frac{(A_{j,\,j+1}-t_j+1)(A_{j,\,j+1}-t_j)}{20}\right)$$

又因为一个钢厂如果承担制造钢管任务，至少需要生产 500 个单位，钢厂

S_i 在指定期限内最大生产量为 s_i 个单位，故

$$500 \leqslant \sum_{j=2}^{15} x_{ij} \leqslant s_i \text{ 或} \sum_{j=2}^{15} x_{ij} = 0$$

因此本问题可建立如下的非线性规划模型：

$$\min f = \sum_{j=1}^{14}\left[\frac{t_j(t_j+1)}{20} + \frac{(A_{j,\,j+1}-t_j)(A_{j,\,j+1}+1-t_j)}{20}\right] + \sum_{j=2}^{15}\sum_{i=1}^{7} x_{ij} \cdot a_{ij}$$

$$\text{s. t.}\begin{cases} \sum_{i=1}^{7} x_{ij} = n_j (j = 2,\ 3,\ \cdots,\ 15) \\ 500 \leqslant \sum_{j=2}^{15} x_{ij} \leqslant s_i \text{ 或} \sum_{j=2}^{15} x_{ij} = 0 \\ x_{ij} \geqslant 0 (i = 1,\ \cdots,\ 7;\ j = 2,\ \cdots,\ 15) \\ 0 \leqslant t_j \leqslant A_{j,\,j+1} \end{cases}$$

(4) 模型求解.

由于 MATLAB 不能直接处理约束条件：

$$500 \leqslant \sum_{j=2}^{15} x_{ij} \leqslant s_i \text{ 或} \sum_{j=2}^{15} x_{ij} = 0$$

所以我们可先将此条件改为 $\sum_{j=2}^{15} x_{ij} \leqslant s_i$，于是得到如下模型：

$$\min f = \sum_{j=1}^{14}\left[\frac{t_j(t_j+1)}{20} + \frac{(A_{j,\,j+1}-t_j)(A_{j,\,j+1}+1-t_j)}{20}\right] + \sum_{j=2}^{15}\sum_{i=1}^{7} x_{ij} \cdot a_{ij}$$

$$\text{s. t.}\begin{cases} \sum_{i=1}^{7} x_{ij} = n_j (j = 2,\ 3,\ \cdots,\ 15) \\ \sum_{j=2}^{15} x_{ij} \leqslant s_i \\ x_{ij} \geqslant 0 (i = 1,\ \cdots,\ 7;\ j = 2,\ \cdots,\ 15) \\ 0 \leqslant t_j \leqslant A_{j,\,j+1} \end{cases}$$

用 MATLAB 求解，分析结果后发现购运方案中钢厂 S_7 的生产量不足 500 单位，下面我们采用不让钢厂 S_7 生产和要求钢厂 S_7 的产量不小于 500 个单位两种方法计算：

① 不让钢厂 S_7 生产的情形下，其计算结果为：

f_1 = 1 278 632(万元)(此时每个钢厂的产量都满足条件)

② 要求钢厂 S_7 的产量不小于 500 个单位的情形下，其计算结果为：

$f_2=1\ 279\ 664$（万元）（此时每个钢厂的产量都满足条件）

比较这两种情况，得最优解为

$$\min f=\min(f_1, f_2)=f_1=1\ 278\ 632(\text{万元})$$

具体的购运计划如表 4-16 所示.

表 4-16

S_i	订购量	A_2	A_3	A_4	A_5	A_6	A_7	A_8	A_9	A_{10}	A_{11}	A_{12}	A_{13}	A_{14}	A_{15}
S_1	800	0	201	133	200	266	0	0	0	0	0	0	0	0	0
S_2	800	179	11	14	295	0	0	300	0	0	0	0	0	0	0
S_3	1000	139	11	186	0	0	0	664	0	0	0	0	0	0	0
S_4	0	0	0	0	0	0	0	0	0	0	0	0	0	0	0
S_5	1015	0	358	242	0	0	0	0	0	0	415	0	0	0	0
S_6	1556	0	0	0	0	0	0	0	0	0	351	86	333	621	165
S_7	0	0	0	0	0	0	0	0	0	0	0	0	0	0	0

习 题 四

1. 某公司在一月初有现金 400 000 元，这些现金如存入银行可以获得适当的利息. 现有三种存款方式可供选择：一月期存款（每月可得 1% 的利息），三月期存款（每三个月可得 4% 的利息），六月期存款（每六个月可得 9% 的利息），一月期存款可在每个月存入，三月期存款可在一月与三月存入，六月期存款只可在一月存入，到期存款必须取出（但可重新存入）. 预计七个月中每个月将要使用的现金为 75 000 元、−10 000 元、−20 000 元、80 000 元、50 000 元、−15 000 元与 60 000 元（负数为收入），此外，为了应付不测每个月还必须留出 100 000 元现金作为机动. 现要在满足上述条件的前提下找到一种最优存款方案（每个月对不同存款方式各存多少金额）以便使六个月的利息总额最大.

2. 佐治亚理工学院位于市内，距离亚特兰大市中心不到 1 英里，共有教职工和学生总数 16 000 人，拥有个人汽车的约有 14 000 人，但学院现有停车位仅 9988 个，供不应求. 为了限制停车数量和维持正常的经费开支，实行停车许可证和年度收费政策. 另外，这 9988 个停车位包括最近新建的两个停车平台的 1500 个停车位，平均每个停车位的建设费用高达 4000 美元. 为了逐步付清这项工程的贷款，新建的学生中心停车平台单独设了较高的收费，除了原有的每年 100 美元的费用，另加收使用费每天 1.50 美元. 但这项收费引起了各方面，特别是学生的极大不满．有些学生宁愿把车停在1英里以外，然后步行，或者乘校车，也不愿付这1.50美元．结果是全校停车位不足，而学生中心的停车平台却远远没有停满，致使学校的停车和交通经费预算短缺100 000美元以上，而且导致校外乱停车，使校园北部居民抱怨很大．与停车及运输有关的情况，归纳起来主要有如下一些数据．

(1) 目前学校人员组成，见表4-17.

表 4-17 单位：人

住校生	走读生	教师	职工	合计
4000	8000	1600	2400	16 000

(2) 各类人员拥有个人汽车情况，见表4-18.

表 4-18

	住校生	走读生	教师	职工
拥有个人汽车	77%	91%	89%	97%
把车停在学校的	30%	75%	84%	97%

(3) 停车位类型及收费情况，见表4-19.

表 4-19

类　型	数量/个	条件（每个车位全年收费100美元）
零散无限制车位	6600	只要有停车许可证(学生5500个，教职工1100个)
短期按天收费车位	1328	若有停车许可证，每天收费1.5美元 若没有停车许可证，每天收费3.0美元
钥匙卡车位	800	有钥匙卡，额外收费每年50美元
预定车位	600	专供某人使用，额外收费每年100美元
受限制车位	500	供家庭住宅、体育协会等使用
临时来访车位	100	免费使用
残疾人车位	60	免费使用
合计	9988	

(4) 学校全年停车与运输资金来源包括：年度停车注册许可费115.5万美元，钥匙卡车场收费3.5万美元(每车每年额外收费50美元)；特留车位6.0万美元(每车每年额外收费100美元)；违章收费25万美元；学生中心停车平台收费16万美元；一些零散收费6万美元，以及校车收费35万美元.

(5) 学校全年停车与运输总花费包括：94.6 万美元停车场费用；72.5 万美元停车运作费用；35 万美元校车运输费用. 如何在考虑各方面因素的基础上，重新制定校园停车政策，解决目前存在的问题并有利于长期的发展.

3. 某钻井队要从以下 10 个可供选择的井位中确定 5 个钻井探油，使总的钻探费用为最小. 设 10 个井位的代号依次为 s_1，s_2，…，s_{10}，相应的钻探费用为 c_1，c_2，…，c_{10}，并且井位选择上要满足下列限制条件：

(1) 或选择 s_1 和 s_7，或选择 s_9；

(2) 选择了 s_3 或 s_4 就不能选 s_5，或反过来也一样；

(3) 在 s_5，s_6，s_7，s_8 中最多只能选两个.

试建立这个问题的整数规划模型.

4. 食油厂精炼两种类型的原料油——硬质油和软质油，并将精制油混合得到一种食油产品. 硬质原料油来自两个产地：产地 1 和产地 2，而软质原料油来自另外三个产地：产地 3，产地 4 和产地 5. 据预测，这 5 种原料油的价格从一至六月份分别为表 4-20 所示，产品油售价 200 元/吨. 硬质油和软质油需要由不同的生产线来精炼. 硬质油生产线的每月最大处理能力为 200 吨，软质油生产线最大处理能力为 250 吨/月. 五种原料油都备有贮罐，每个贮罐的容量均为 1000 吨，每吨原料每月的存贮费用为 5 元. 而各种精制油以及产品无油罐可存贮. 精炼油的加工费用可略去不计. 产品的销售没有任何问题. 食油产品的硬度有一定的技术要求，它取决于各种原料油的硬度以及混合比例. 食油产品的硬度与各种成分的硬度以及所占比例呈线性关系. 根据技术要求，食油产品的硬度必须不小于 3.0 而不大于 6.0. 各种原料油的硬度如表 4-21 所示(精制过程不会影响硬度). 假设在一月初，每种原料油都有 500 吨存贮而要求在六月底仍保持这样的贮备.

表 4-20 单位：元/吨

月份	硬质 1	硬质 2	软质 3	软质 4	软质 5
一月	110	120	130	110	115
二月	130	130	110	90	115
三月	110	140	130	100	95
四月	120	110	120	120	125
五月	100	120	150	110	105
六月	90	110	140	80	135

表 4－21

硬质 1	硬质 2	软质 3	软质 4	软质 5
8.8	6.1	2.0	4.2	5.0

• 问题 1：根据表 4－20 预测的原料油价格，编制各月份各种原料油采购量、耗用量及库存量计划，使本年内的利润最大.

• 问题 2：考虑原料油价格上涨对利润的影响. 据市场预测分析，如果二月份硬质原料油价格比表 4－20 中的数字上涨 $x\%$，则软质油在二月份的价格将比表 4－20 中的数字上涨 $2x\%$. 相应地，三月份，硬质原料油将上涨 $2x\%$，软质原料油将上涨 $4x\%$，依此类推至六月份. 试分析 x 从 1 到 20 的各种情况下，利润将如何变化. 附加下列条件后，再求解新的问题：

(1) 每一个月所用的原料油不多于三种.

(2) 如果在某一个月用一种原料油，那么这种油不能少于20吨.

(3) 如果在一个月中用了硬质油 1 或硬质油 2，则在这个月中就必须用软质油 5.

5. 一个小广播电台要制订计划如何最优分配播放音乐、新闻和广告的时间. 根据规定，这个广播电台每天只允许广播 12 小时. 该广播电台的收益情况如下：播放广告每分钟可收入 250 元，播放新闻每分钟可收入 35 元，播放音乐每分钟可收入 20 元. 根据法律规定，广告时间的总和最多只允许占广播时间的 20%；另外，每小时广播时间中必须至少有 5 分钟是新闻时间. 请问：每天 12 小时的广播时间应该如何分配为好？假定：

• 第一优先等级：满足法律规定(广告时间的上限，新闻时间的下限，每天 12 小时的广播时间的限制).

• 第二优先等级：电台每天获得的总收益最大.

6. 某工厂向用户提供发动机，按合同规定，其交货数量和日期是：第一季度末交 40 台，第二季度末交 60 台，第三季度末交 80 台. 工厂的最大生产能力为每季度生产 100 台，每季度的生产费用是 $f(x)=50x+0.2x^2$(元)，此处 x 为该季度生产发动机的台数. 若工厂生产的多，多余的发动机可移到下季度向用户交货，这样，工厂就需支付存贮费，每台发动机每季度的存贮费为 4 元. 问该厂每季应生产多少台发动机，才能既满足交货合同，又使工厂所花费的费用最少(假定第一季度开始时发动机无存货).

第五章　微分方程模型

微分方程模型是应用十分广泛的数学模型之一，除了传统的在几何、物理、力学等方面的应用之外，微分方程的应用现已深入到自然科学、工程技术及社会科学的众多学科之中．建立微分方程模型解决实际问题大体上可以按以下几步进行：

(1) 根据实际要求确定要研究的量(自变量、未知函数、必要的参数等)并确定坐标系；

(2) 找出这些量所满足的基本规律(物理的、几何的、化学的或生物学的等等)；

(3) 运用这些规律列出方程和定解条件．

常见的列微分方程的方法有下述几种：

(1) 按规律直接列方程．此方法主要是利用各学科中已知的定理或定律来建立方程，如力学中的牛顿第二运动定律、万有引力定律，热学中的牛顿冷却定律、傅立叶传热定律，弹性变形中的虎克定律，流体力学中的托里拆里定律、阿基米德原理，电学中的基尔霍夫定律，放射性问题中的衰变率，以及生物学、经济学、人口问题中的增长率等．

(2) 微元分析法与任意区域上取积分的方法．自然界中也有许多现象所满足的规律是通过变量的微元之间的关系式来表达的．对于这类问题，我们不能直接列出自变量和未知函数及其变化率之间的关系式，而是通过微元分析法，利用已知的规律建立一些变量(自变量与未知函数)的微元之间的关系式，然后再通过取极限的方法，或等价地通过任意区域上取积分的方法来建立微分方程．

(3) 模拟近似法．在生物、经济等学科中，许多现象所满足的规律并不很清楚而且相当复杂，因而需要根据实际资料或大量的实验数据提出各种假设．在一定的假设下，给出实际现象所满足的规律，然后利用适当的数学方法列出微分方程．这个过程往往是近似的，因此用此法建立微分方程模型后，要分析其解的有关性质，在此基础上同实际情况对比，看所建立的模型是否符合实际，必要时要对假设或模型进行修改.

在实际的微分方程建模过程中，往往是综合应用上述方法. 不论应用哪种方法，通常要根据实际情况做出一定的假设与简化，并要把模型的理论或计算结果与实际情况进行对照验证，以修改模型使之更准确地描述实际问题并进而达到预测预报的目的.

建立了微分方程模型后，通过求解这类模型可以得到变量在动态过程每个瞬时的性态，但有些模型要了解的不是与时间有关的迁移性态，而是要研究在某种意义下与时间无关的平衡性态，或研究当时间充分大之后动态过程的变化趋势. 要解决这类问题，就要用到微分方程的定性理论.

微分方程的定性理论是微分方程的重要组成部分. 作为具有很强的应用背景的微分方程，所描述的是物质系统的运动规律. 从物理过程提出的微分方程，人们只可能考虑到影响该过程的主要因素，而不得不忽略那些看起来比较次要的因素，这些次要因素即干扰因素. 这种干扰因素可以瞬时地起作用，也可以持续地起作用. 从数学上来看，前者引起初值条件的变化，而后者引起微分方程本身的变化. 因此，研究初值条件或微分方程本身的微小变化是否只引起对应解的微小变化就具有了重要的理论和实际意义，这就是微分方程的稳定性问题.

以下几节将给出一些重要的微分方程模型和稳定性模型，而在本章的最后一节，即5.9节中将专门介绍稳定性的一些基本知识.

5.1 扫雪时间模型

一个冬天的早晨开始降雪，且降雪以恒定的速率持续了一整天. 一台扫雪机从上午8点开始在公路上扫雪，到9点前进了2千米，到10点前进了3千米. 假定扫雪机每小时扫去积雪的体积为常数，则是何时开始下雪的?

1. 问题分析与模型建立

分析题目，可得如下主要信息：

(1) 雪以恒定的速率下降；

(2) 扫雪机每小时扫去积雪的体积为常数；

(3) 扫雪机从8点到9点前进了2千米，到10点前进了3千米.

上述主要信息用数学语言表示如下：

设 $h(t)$ 为开始下雪起到 t 时刻时的积雪深度，则由(1)得 $\frac{\mathrm{d}h(t)}{\mathrm{d}t}=C$(常数)；

设 $x(t)$ 为扫雪机从下雪开始起到 t 时刻走过的距离，那么根据(2)可得：$\frac{\mathrm{d}x(t)}{\mathrm{d}t}=\frac{k}{h}$，$k$ 为比例常数. 以 T 表示下雪开始的时刻，则根据(3)有：

$$t=T, x=0$$
$$t=T+1, x=2$$
$$t=T+2, x=3$$

于是我们可得问题的数学模型为：

$$\begin{cases}\frac{\mathrm{d}h(t)}{\mathrm{d}t}=C\\ \frac{\mathrm{d}x(t)}{\mathrm{d}t}=\frac{k}{h}\\ x(T)=0\\ x(T+1)=2\\ x(T+2)=3\end{cases} \tag{5.1.1}$$

2. 模型求解

根据以上分析，只要找出 $x(t)$ 与 t 的函数关系，就可以利用 $x(T)$ 求出 T，进而，由 T 就可求出开始下雪的时间.

由 $\frac{\mathrm{d}h}{\mathrm{d}t}=C$ 可得 $h=Ct+C_1$. 因 $t=0$ 时 $h=0$，故 $C_1=0$，从而 $h=Ct$. 将其代入 $\frac{\mathrm{d}x}{\mathrm{d}t}=\frac{k}{h}$ 得 $\frac{\mathrm{d}x}{\mathrm{d}t}=\frac{A}{t}\left(A=\frac{k}{C}，为常数\right)$. 由分离变量法得：

$$x=A\ln t+B \quad (B\text{ 为任意常数}) \tag{5.1.2}$$

将 $x(T)=0$，$x(T+1)=2$，$x(T+2)=3$ 代入式(5.1.2)得：

$$\begin{cases}0=A\ln T+B\\ 2=A\ln(T+1)+B\\ 3=A\ln(T+2)+B\end{cases}$$

从上面三式消去 A，B 得：

$$\left(\frac{T+2}{T+1}\right)^2=\frac{T+1}{T}$$

即

$$T^2+T-1=0$$

解此一元二次方程，得 $T=\frac{\sqrt{5}-1}{2}\approx0.681$ 小时≈37 分钟 5 秒. 因此，扫雪机开始工作的时间离下雪的时间约为 37 分钟 5 秒. 由于扫雪机是上午 8 点开始工作的，故是上午 7 点 22 分 55 秒开始下雪的，如图 5－1 所示.

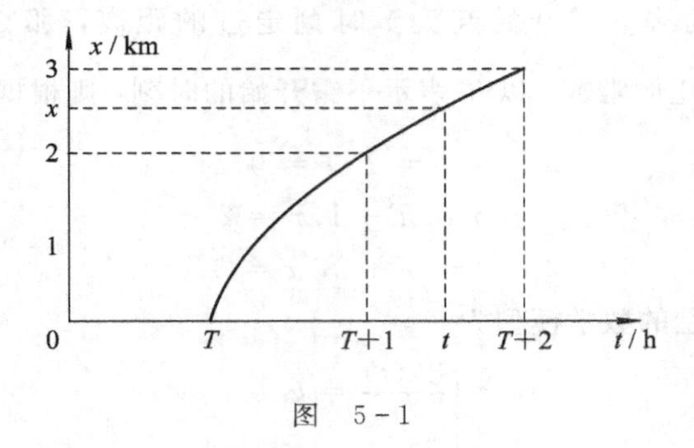

图 5-1

5.2 交通流量模型

交通问题长期以来一直是困扰人们的社会问题之一．尽管可以通过扩建公路或建立交桥、高架桥、地铁的方法来有效地缓解交通，但对运用科学分析的方法来研究和处理交通问题依然不能有任何轻视．为此，这里将介绍有关交通流的数学模型，为了简单起见，仅研究单向车道上车流的情况．

1．问题分析与假设

假设车辆沿一条无穷长且同一方向的单轨道运动，公路沿途没有岔路口及其他入口或出口，单车道内不允许超车，以 x 轴表示公路，x 轴正向为车辆运行方向．对于每一时刻 t 及每一点 x，引入以下三个函数来描述车流：

流量 $q(x, t)$，表示 t 时刻单位时间内通过点 x 的车辆数；

密度 $\rho(x, t)$，表示 t 时刻点 x 处单位长度内的车辆数；

速度 $u(x, t)$，表示 t 时刻通过点 x 的车流速度．

这三个函数之间存在密切的关系：单位时间内通过某点 x 处的车辆数等于单位长度内的车辆数与车流速度的乘积，即

$$q(x, t) = u(x, t) \cdot \rho(x, t); \quad q(x, 0) = 0$$

这个等式称为车辆变量的基本关系．为了便于研究交通流的规律，根据对公路交通的观察和了解，作如下简化假设：

(1) 汽车速度仅依赖于车流密度，即 $u=u(\rho)$，由于车流密度的增加不会导致车速的加快，从而有 $\frac{du}{d\rho}=u'(\rho)\leqslant 0$；

(2) 当路上车辆很少时，汽车将以其可能的最大速度行驶，设此时的车辆密度为 ρ_c，故有 $u(\rho_c)=u_m$，称 ρ_c 为临界密度；

(3) 当密度达到 ρ_m（道路拥挤以致于堵塞时的密度）时，汽车将停止不动，

此时 $u(\rho_m)=0$，ρ_m 是车几乎发生碰撞时的密度，且有 $\rho_m\leqslant L^{-1}$，其中 L 是汽车的平均长度.

在前面的假设下，根据车流基本关系式有：

$$q=\rho u=\rho u(\rho)$$

该关系式给出了车流与密度的关系. 根据经验，如果路上没有汽车（即 $\rho=0$），则流量 $q=0$；如果密度 $\rho=\rho_m$，则汽车将停止不动，此时有 $u(\rho_m)=0$. 对于其他的密度 $\rho(0\leqslant\rho\leqslant\rho_m)$，$q$ 一定是正的. 因此，它一定在某个密度上达到最大值. 进一步观察还可以发现，当 ρ 较小时，随 ρ 的增大，q 也增大；当 ρ 较大时，q 将随 ρ 的增大而减小. 综合以上分析，可得流量与密度之间的关系如图 5-2 所示. 在交通流模型中，流量与密度关系常用二次函数表述，即

$$q=u_m\rho\left(1-\frac{\rho}{\rho_m}\right) \tag{5.2.1}$$

又由式(5.2.1)可得 $u=u_m\left(1-\frac{\rho}{\rho_m}\right)$，显然 q 的最大点位于 $\rho^*=0.5\rho_m$ 处.

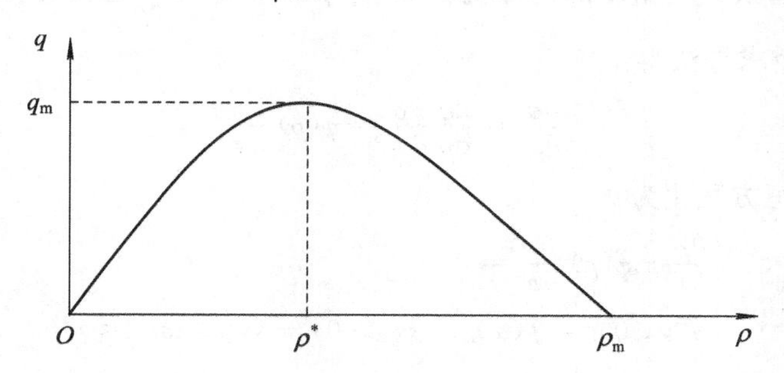

图 5-2　流量-密度曲线图

2. 连续交通流模型

为了用交通流变量 q，ρ，u 描述交通流的动态，也就是建立交通流的模型，我们试图用微分方程来描述它们之间的关系. 为此，设 $q(x, t)$，$\rho(x, t)$，$u(x, t)$关于(x, t)都是连续可微的.

考虑 x 轴的任意区间$[a, b]$和任意时刻 t，单位时间内通过 a，b 点的流量分别为 $q(a, t)$和 $q(b, t)$，因为 t 时刻在区间$[a, b]$内的车辆数为 $\int_a^b\rho(x, t)\,dx$，其变化率为 $\frac{d}{dt}\int_a^b\rho(x, t)\,dx$，在公路没有岔路的假设条件下，区间$[a, b]$内的车辆数守恒，于是

$$q(a, t)-q(b, t)=\frac{d}{dt}\int_a^b\rho(x, t)\,dx$$

这是积分形式的车辆守恒方程，它并不要求函数$\rho(x, t)$对x连续. 在q和p的解析假设下

$$q(a, t) - q(b, t) = -\int_a^b \frac{\partial q(x, t)}{\partial x}\,\mathrm{d}x$$

$$\frac{\mathrm{d}}{\mathrm{d}t}\int_a^b \rho(x, t)\,\mathrm{d}x = \int_a^b \frac{\partial \rho(x, t)}{\partial t}\,\mathrm{d}x$$

于是化守恒方程为：

$$\int_a^b \left(\frac{\partial \rho}{\partial t} + \frac{\partial q}{\partial x}\right)\mathrm{d}x = 0$$

由于区间$[a, b]$是任意的，故：

$$\left(\frac{\partial \rho}{\partial t} + \frac{\partial q}{\partial x}\right) = 0 \tag{5.2.2}$$

式(5.2.2)称为车辆守恒方程或连续交通流方程，这是一个偏微分方程. 如果把汽车速度看成是其密度的已知函数$q=q(\rho)$，则导数$\frac{\mathrm{d}q}{\mathrm{d}\rho}$也是已知函数，记作$\varphi(\rho)$，于是由求导法得：

$$\frac{\partial q}{\partial x} = \frac{\mathrm{d}q}{\mathrm{d}\rho}\frac{\partial \rho}{\partial x} = \varphi(\rho)\frac{\partial \rho}{\partial x}$$

于是车辆守恒方程化为：

$$\begin{cases} \dfrac{\partial \rho}{\partial t} + \varphi(\rho)\dfrac{\partial \rho}{\partial x} = 0 \\ \rho(x, 0) = f(x) \qquad (t > 0; -\infty < x < \infty) \\ \varphi(\rho) = \dfrac{\mathrm{d}q}{\mathrm{d}\rho} \end{cases} \tag{5.2.3}$$

其中$f(x)$为初始密度. 这是一阶拟线性偏微分方程，其解描述了任意时刻公路上各点处的车流分布状况，再由$q(\rho)$即可得到流量函数.

3. 连续交通流模型的分析

考虑方程(5.2.3)，利用拟线性偏微分方程的有关方法可求得其解为：

$$\begin{cases} \rho(x(t), t) = f(x_0) \\ x(t) = \varphi(f(x_0))t + x_0 \\ x_0 = x(0) \end{cases} \tag{5.2.4}$$

式(5.2.4)有着明显的几何意义，在$x-t$坐标系中，第二式表示一簇直线，它与x轴交点坐标为x_0，斜率为$k=[\varphi(f(x_0))]^{-1}$，当函数φ、f给定后，k随x_0改变，这簇直线称为方程(5.2.4)的特征线，如图 5-3 所示.

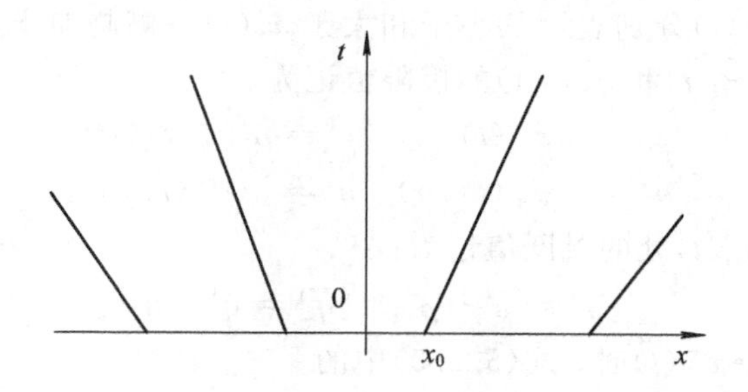

图 5-3　方程的特征线

式(5.2.4)表明，沿着每一条特征线 $x=x(t)$，车流密度 $\rho(x, t)$ 为常数 $f(x_0)$，当然在不同的特征线上 $f(x_0)$ 随 x_0 不同而不同.

从形式上看，只要流量函数 $q(\rho)$ 和初始密度 $f(x)$ 给定，式(5.2.3)的解就完全由式(5.2.4)所决定. 但实际上，利用特征线分析法可以得到：只有当密度函数 $f(x)$ 为减函数时才是这种情况，而当 $f(x)$ 为增函数时，方程(5.2.3)已不能反映此时的交通状况，因为此时交通实际上出现了阻塞，需要用其他方程来描述. 其实际意义是：当 $f(x)$ 为减函数时，沿车辆行驶的方向(即 x 轴正向)前面车流密度小，后而密度大，汽车可以加速行驶，这时交通流的几个函数的连续、可微的假设是成立的；而 $f(x)$ 为增函数则表明沿车辆行驶的方向后面车流密度小，前面密度大，这相当于前面出现了阻塞，于是后面的车速比前面大. 当速度快的汽车追上速度慢的汽车又不允许超车时，其速度就会突然停下来，并引起后面车辆的连锁反应，一辆接一辆地突然减速，车流速度 $u(x, t)$ 的突变像水波一样向后传播. 速度的突变必然导致密度 $\rho(x, t)$ 和流量 $q(x, t)$ 的突变，这意味着函数 $\rho(x, t)$ 和 $q(x, t)$ 在某些 (x, t) 处出现了间断，这时函数 $\rho(x, t)$ 和 $q(x, t)$ 连续、可微的假设不再成立，因而不能再用方程(5.2.4)描述车流的分布.

4. 间断交通流模型

当 $f(x)$ 为减函数时，根据实际情况，假定车流密度函数在 x 轴上的间断点是孤立的，即设在任一时刻 t，间断点(在 $x-t$ 平面上为间断线) $x=x_s(t)$ 在 x 轴上是孤立的，于是可以取积分区间 $[a, b]$，使 $a<x_s<b$，在 $[a, x_s)$，$(x_s, b]$ 内交通流方程的积分形式仍然成立. 于是有：

$$\begin{aligned} q(a, t)-q(b, t) &= \frac{\mathrm{d}}{\mathrm{d}t}\left[\int_a^{x_s(t)}\rho(x, t)\,\mathrm{d}x+\int_{x_s(t)}^b\rho(x, t)\,\mathrm{d}x\right] \\ &= \int_a^{x_s(t)}\frac{\partial\rho}{\partial t}\,\mathrm{d}x-\rho[x_s^-(t), t]\frac{\mathrm{d}x_s}{\mathrm{d}t} \\ &\quad+\int_{x_s(t)}^b\frac{\partial\rho}{\partial t}\,\mathrm{d}x-\rho[x_s^+(t), t]\frac{\mathrm{d}x_s}{\mathrm{d}t} \end{aligned} \tag{5.2.5}$$

其中 $x_s^-(t)$和 $x_s^+(t)$分别表示从小于和大于 $x_s(t)$一侧趋向 $x_s(t)$时的极限值. 在这种趋向下 $\rho(x,t)$和 $q(x,t)$的极限值记为

$$\rho^- = \rho(x_s^-(t),\ t) \quad \rho^+ = \rho(x_s^+(t),\ t)$$

$$q^- = q(x_s^-(t),\ t) \quad q^+ = q(x_s^+(t),\ t)$$

ρ和 q 在间断点 $x_s(t)$处的跳跃值记为:

$$[\rho] = \rho^+ - \rho^- \qquad [q] = q^+ - q^-$$

当 $a \to x_s^-(t)$, $b \to x_s^+(t)$时, 式(5.2.5)中的

$$\int_a^{x_s(t)} \frac{\partial \rho}{\partial t}\,\mathrm{d}x = 0, \quad \int_{x_s(t)}^b \frac{\partial \rho}{\partial t}\,\mathrm{d}x = 0 \tag{5.2.6}$$

这就是间断线 $x=x_s(t)$应满足的方程. 其中$[q]$和$[\rho]$可以用连续交通流方程解得的 q 和 ρ 在间断点处取极限值算出. 利用以上得到的方程可以分析红绿灯下的交通流情况, 这里不再作详细讨论.

5.3 人口预测和控制模型

关于人口问题模型的研究, 并不是现在才开始的, 绪论中已介绍了两种描述人口变化的模型, 即 Malthus 模型和 Logistic 模型, 这两个模型都是常微分方程模型, 它们有着根本的缺点, 即把群体中的每一个个体都视为同等地位, 这原则上只能用于低等动物, 而对人群来说, 必须考虑不同个体之间的差别, 特别是年龄因素的影响, 人口的数量不但和时间 t 有关, 还应和年龄有关, 同时, 出生率和死亡率等都明显地和年龄有关. 因此, 可以将人口按年龄分成若干组, 对每一组中的个体一视同仁来对待, 这就可以得到一个用常微分方程组来描述的模型. 但一个更合适的办法是考虑年龄的连续变化的影响, 这就推导出一个用偏微分方程来描述的模型.

1. 问题分析与模型建立

由于偏微分方程求解的困难, 在此仅考虑较简单的情形, 即考虑一个稳定社会的人口发展过程. 设人口的数量不仅和时间 t 有关, 还和年龄 p 有关, 用连续函数 $x(t,p)$来描述人口在任意给定时刻 t 按年龄 p 的分布密度, 其意义如下: 在时刻 t 年龄在$[p,\ p+\mathrm{d}p]$ 中的人口数等于 $x(t,p)\mathrm{d}p$, 因此在时刻 t 时的人口总数为:

$$x(t) = \int_0^A x(t,\ p)\ \mathrm{d}p$$

其中，$x(t)$就是前面绪论中提到的常微分方程模型中的$x(t)$，而积分上限A是人的最大寿命，即当$p\geqslant A$时$x(t, p)=0$. 记$d(t, p)$为时刻t年龄为p的人的死亡率，其含义是，在时刻t年龄在$[p, p+\mathrm{d}p]$内死亡的人数等于$d(t, p)x(t, p)\,\mathrm{d}p$.

为了得到$x(t, p)$满足的方程，注意到时间的增量与年龄的增量相等这一特点，于是有：在时刻$t+\mathrm{d}t$时年龄在$[p, p+\mathrm{d}p]$中的人数为$x(t+\mathrm{d}t, p)\,\mathrm{d}p$减去在时刻$t$时年龄在$[p-\mathrm{d}t, p+\mathrm{d}p-\mathrm{d}t]$中的人数$x(t, p-\mathrm{d}t)\,\mathrm{d}p$，应等于在时段$[t, t+\mathrm{d}t]$中，年龄在$[p-\mathrm{d}t, p+\mathrm{d}p-\mathrm{d}t]$中的死亡数$d(t, p-\mathrm{d}t)x(t, p-\mathrm{d}t)\,\mathrm{d}p\,\mathrm{d}t$，故

$$x(t+\mathrm{d}t, p)\,\mathrm{d}p-x(t, p-\mathrm{d}t)\,\mathrm{d}p=-d(t, p-\mathrm{d}t)x(t, p-\mathrm{d}t)\,\mathrm{d}p\,\mathrm{d}t$$

因此$x(t, p)$应满足方程

$$\frac{\partial x}{\partial t}+\frac{\partial x}{\partial p}=-d(t, p)x(t, p) \tag{5.3.1}$$

这是$x(t, p)$所满足的一阶偏微分方程. 下面给出$x(t, p)$应满足的定解条件：

（1）初始条件：设初始人口密度分布为$x_0(p)$，则

$$t=0, \quad x=x_0(p) \tag{5.3.2}$$

（2）边界条件：在推导方程时只考虑了死亡，没有考虑出生，而出生的婴儿数应该作为$p=0$时的边界条件. 为导出边界条件，记女性性别比函数为$k(t, p)$，即时刻t年龄在$[p, p+\mathrm{d}p]$中的女性人数为$k(t, p)x(t, p)\,\mathrm{d}p$，将这些女性在单位时间内平均每人的生育数记作$b(t, p)$，设育龄区间为$[p_1, p_2]$，则

$$x(t, 0)=\int_{p_1}^{p_2} b(t, p)k(t, p)x(t, p)\,\mathrm{d}p$$

令$b(t, p)=\beta(t)h(t, p)$，其中$h(t, p)$满足

$$\int_{p_1}^{p_2} h(t, p)\,\mathrm{d}p=1$$

于是

$$\beta(t)=\int_{p_1}^{p_2} b(t, p)\,\mathrm{d}p$$

$$x(t, 0)=\beta(t)\int_{p_1}^{p_2} h(t, p)k(t, p)x(t, p)\,\mathrm{d}p \tag{5.3.3}$$

由以上可知，$\beta(t)$的直接含义是时刻t平均每个育龄女性的生育数. 如果所有女性在她的育龄期内都保持这个生育数，则$\beta(t)$也表示平均每一个女性一生所生的总胎数. 称$h(t, p)$为生育模式，在稳定的环境下可以近似地认为它与t无关，这样h表示了在哪些年龄生育率高，哪些年龄生育率低. 为了做出合理的理论分析，人们常常取h为概率论中的Γ-分布，即

$$h(p)=\frac{(p-p_1)^{\alpha-1}\mathrm{e}^{-\frac{p-p_1}{\theta}}}{\theta^{\alpha}\Gamma(\alpha)}\quad (p>p_1)$$

并取 $\theta=2$，$\alpha=\frac{n}{2}$，这时可以看出生育率的最高峰为 p_1+n-2 附近. 这样，提高 p_1 意味着晚婚，而增加 n 意味着晚育.

定解问题式(5.3.1)、(5.3.2)和式(5.3.3)构成了人口问题的偏微分方程模型. 而模型中的生育率 $\beta(t)$ 和生育模式 $h(t, p)$ 则是可以用于控制人口发展过程的两种手段，$\beta(t)$ 可以控制生育的多少，$h(t, p)$ 可以控制生育的早晚和疏密. 我国的计划生育政策正是通过这两种手段实施的.

2. 模型的分析与讨论

这个模型的进步就是考虑了年龄的因素，能更精确地描述人口分布的年龄结构以及发展过程. 事实上，对式(5.3.1)关于 p 从 0 到 A 积分得

$$\begin{aligned}&x(t, 0)-\int_0^A d(t, \xi)x(t, \xi)\,\mathrm{d}\xi\\&=\int_{p_1}^{p_2} b(t, p)k(t, p)x(t, p)\,\mathrm{d}p-\int_0^A d(t, \xi)x(t, \xi)\,\mathrm{d}\xi\end{aligned}$$

记

$$B=\frac{\int_0^A b(t, \xi)k(t, \xi)x(t, \xi)\,\mathrm{d}\xi}{x(t)}$$

$$D=\frac{\int_0^A d(t, \xi)x(t, \xi)\,\mathrm{d}\xi}{x(t)}$$

于是得到

$$\frac{\mathrm{d}x(t)}{\mathrm{d}t}=(B-D)x(t)$$

又由初始条件式(5.3.2)得到

$$t=0,\quad x(0)=\int_0^A x(0, \xi)\,\mathrm{d}\xi$$

若设 B, D 与 t 无关，即是 Malthus 模型，可见上述模型是 Malthus 模型的推广.

如果考虑到竞争因素模型就更为困难，在此就不再讨论了.

5.4 传染病模型

随着人类文明的不断发展，卫生设施的改善和医疗水平的提高，以前曾经

肆虐全球的一些传染性疾病已经得到了有效的控制，但是，伴随着经济的增长，一些新的传染性疾病，如 2003 年时曾给世界人民带来深重灾难的 SARS 病毒和如今依然在世界范围蔓延的艾滋病毒，仍在危害着全人类的健康. 长期以来，建立传染病模型来描述传染病的传播过程，分析受感染人数的变化规律，预报传染病高潮的到来等，一直是各国专家学者关注的课题.

为考虑问题简单起见，下面假定在传染病传播期间所考察地区的总人数 N 不变，即不考虑自然生死，也不考虑迁移，并且时间以天为计量单位.

5.4.1　模型Ⅰ——SI 模型

1. 模型的假设条件

SI 模型有下面两个假设条件：

(1) 人群分为易感染者(Susceptible)和已感染者(Infective)两类(取两个单词的第一个字母，称之为 SI 模型). 以下简称为健康者和病人，t 时刻这两类人在总人数中所占的比例分别记作 $s(t)$ 和 $i(t)$.

(2) 每个病人每天有效接触的平均人数是常数 λ，λ 称为日接触率，当病人与健康者有效接触时，使健康者受感染变为病人.

2. 模型的建立与求解

根据假设，总人数为 N，每个病人每天可使 $\lambda s(t)$ 个健康者变为病人，因为病人人数为 $Ni(t)$，所以每天共有 $\lambda Ns(t)i(t)$ 个健康者被感染，于是 $\lambda Ns(t)i(t)$ 就是病人数 $Ni(t)$ 的增加率，即有

$$N\frac{\mathrm{d}i}{\mathrm{d}t}=\lambda Ns(t)i(t) \tag{5.4.1}$$

又因为

$$s(t)+i(t)=1 \tag{5.4.2}$$

再记初始时刻($t=0$)病人的比例为 i_0，则有

$$\begin{cases}\dfrac{\mathrm{d}i}{\mathrm{d}t}=\lambda i(1-i)\\ i(0)=i_0\end{cases} \tag{5.4.3}$$

方程(5.4.3)是 Logistic 模型，它的解为

$$i(t)=\frac{1}{1+\left(\dfrac{1}{i_0}-1\right)\mathrm{e}^{\lambda t}} \tag{5.4.4}$$

$i(t)\sim t$ 和 $\dfrac{\mathrm{d}i}{\mathrm{d}t}\sim i$ 的图形如图 5-4 所示.

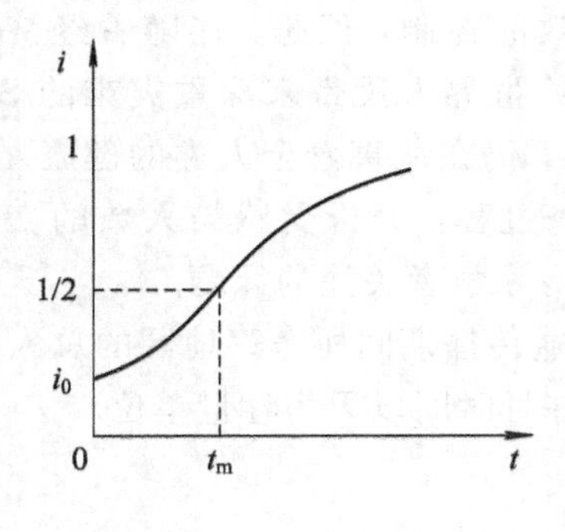

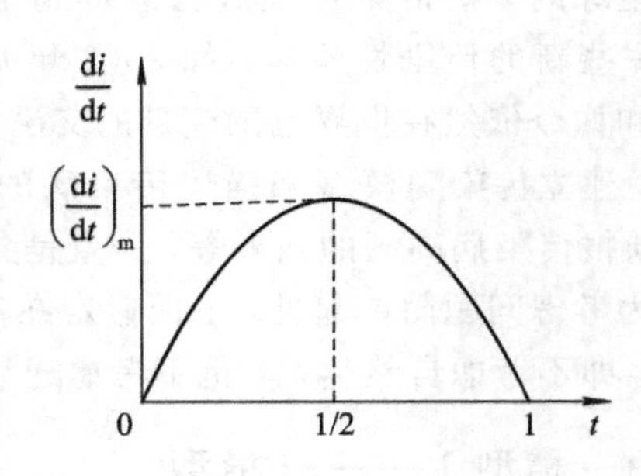

图 5-4

3. 模型的分析讨论

由式(5.4.3)、(5.4.4)及图 5-4 可知：

(1) 当 $i=\frac{1}{2}$时，$\frac{di}{dt}$达到最大值$\left(\frac{di}{dt}\right)_m$，这个时刻为

$$t_m = \lambda^{-1}\ln\left(\frac{1}{i_0}-1\right) \tag{5.4.5}$$

这时病人人数增加得最快，预示着传染病高潮的到来，是医疗卫生部门关注的时刻. t_m 与 λ 成反比，因为日接触率 λ 表示该地区的卫生水平，λ 越小卫生水平越高，所以改善保健设施，提高卫生水平可以推迟传染病高潮的到来.

(2) 当 $t\to\infty$时，$i\to 1$，即所有人终将被感染，全变为病人，这显然不符合实际情况，其原因是模型中没有考虑到病人可以治愈.

为了修正上述结果必须重新考虑模型的假设. 下面两个模型中我们讨论病人可以治愈的情况.

5.4.2 模型Ⅱ——SIS 模型

有些传染病如伤风、痢疾等愈后免疫力很低，可以假定无免疫性，于是病人被治愈后变为健康者，健康者还可以再被感染变为病人，我们就这种情况建立的模型称为 SIS 模型.

1. 模型的假设

SIS 模型的假设条件(1)、(2)与 SI 模型的假设相同，增加的条件(即条件(3))为：

(3) 病人每天被治愈的占病人总数的比例为 μ，称为日治愈率，病人治愈后成为仍可被感染的健康者，则$\frac{1}{\mu}$是这种传染病的平均传染期.

2. 模型的建立与求解

考虑到假设(3)，SI 模型的式(5.4.1)应修正为：

$$N\frac{\mathrm{d}i}{\mathrm{d}t}=\lambda Nsi-\mu Ni \tag{5.4.6}$$

式(5.4.2)不变，于是式(5.4.3)应改为：

$$\begin{cases}\dfrac{\mathrm{d}i}{\mathrm{d}t}=\lambda i(1-i)-\mu i\\ i(0)=i_0\end{cases} \tag{5.4.7}$$

方程(5.4.7)的解可表示为：

$$i(t)=\begin{cases}\left[\dfrac{\lambda}{\lambda-\mu}+\left(\dfrac{1}{i_0}-\dfrac{\lambda}{\lambda-\mu}\right)\mathrm{e}^{-(\lambda-\mu)t}\right]^{-1} & (\lambda\neq\mu)\\ \left(\lambda t+\dfrac{1}{i_0}\right)^{-1} & (\lambda=\mu)\end{cases} \tag{5.4.8}$$

3. 模型的分析讨论

定义

$$\sigma=\frac{\lambda}{\mu} \tag{5.4.9}$$

注意到 λ 和 $\dfrac{1}{\mu}$ 的含义可知，σ 是一个传染期内每个病人的有效接触的平均人数，称接触数，由式(5.4.8)和(5.4.9)容易得到，当 $t\to\infty$ 时，

$$i(\infty)=\begin{cases}1-\dfrac{1}{\sigma} & (\sigma>1)\\ 0 & (\sigma\leqslant 1)\end{cases} \tag{5.4.10}$$

根据式(5.2.8)～(5.2.10)可以画出 $i(t)\sim t$ 的图形如图 5－5 所示.

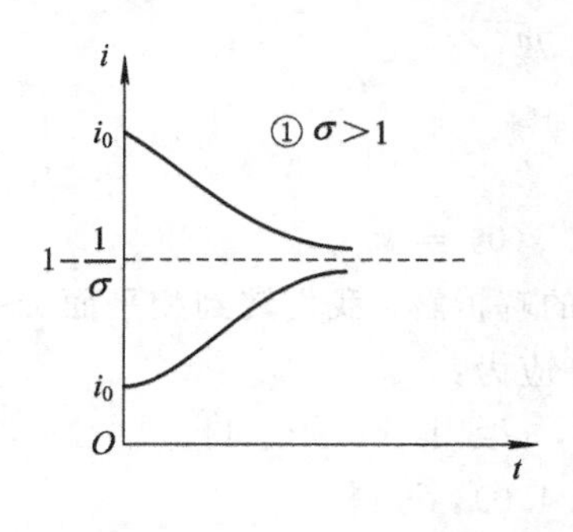

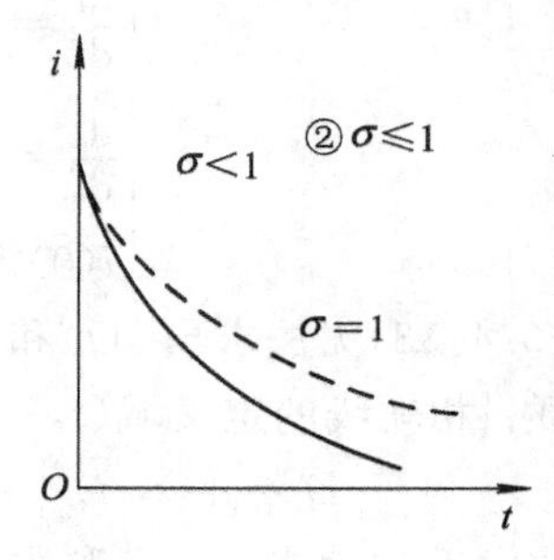

图　5－5

接触数 $\sigma=1$ 是一个阈值，当 $\sigma\leqslant 1$ 时病人比例 $i(t)$ 越来越小，最终趋于零，这是由于传染期内经有效接触从而使健康者变为病人的人数不超过原来病人人

数的缘故；当 $\sigma>1$ 时，$i(t)$ 的增减性取决于 $i(0)$ 的大小，但其极限值 $i(\infty)=1-\frac{1}{\sigma}$ 随 σ 的增加而增加.

SI 模型可视为本模型的特例.

5.4.3 模型Ⅲ——SIR 模型

1. 模型的假设

大多数传染病如天花、流感、肝炎、麻疹等治愈后均有很强的免疫力，所以治愈后的人既非健康者（易感染者）也不是病人（已感染者），他们已经退出传染系统. 这种情况下的模型假设条件为：

(1) 人群分为健康者、病人和病愈免疫的移出者（Removed）三种，称 SIR 模型. 三类人在总人数 N 中所占的比例分别为 $s(t)$、$i(t)$ 和 $r(t)$；

(2) 病人的日接触率为 λ，日治愈率为 μ，$\sigma=\lambda/\mu$.

2. 模型的建立与求解

由条件(1)，有

$$s(t)+i(t)+r(t)=1 \tag{5.4.11}$$

根据条件(2)，方程(5.4.6)仍成立. 对于病愈免疫的移出者而言，应有

$$N\frac{\mathrm{d}r}{\mathrm{d}t}=\mu Ni \tag{5.4.12}$$

再记初始时刻的健康者和病人的比例分别是 $s_0(>0)$ 和 $i_0(>0)$（不妨设移出者的初始值 $r_0=0$），则由式(5.4.6)、(5.4.11)和(5.4.12)，SIR 模型的方程可以写为：

$$\begin{cases}\dfrac{\mathrm{d}i}{\mathrm{d}t}=\lambda si-\mu i\\ \dfrac{\mathrm{d}s}{\mathrm{d}t}=-\lambda si\\ i(0)=i_0,\ s(0)=s_0\end{cases} \tag{5.4.13}$$

方程(5.4.13)无法求出 $s(t)$ 和 $i(t)$ 的解析解，我们转到相平面 $s\sim i$ 上来讨论解的性质. 相轨线的定义域 $(s,i)\in D$ 应为：

$$D=\{(s,i)\mid s\geqslant 0,\ i\geqslant 0,\ s+i\leqslant 1\} \tag{5.4.14}$$

在方程(5.4.13)中消去 $\mathrm{d}t$，并利用式(5.4.9)，可得

$$\begin{cases}\dfrac{\mathrm{d}i}{\mathrm{d}s}=\dfrac{1}{\sigma s}-1\\ i\mid_{s=s_0}=i_0\end{cases} \tag{5.4.15}$$

容易求出方程(5.4.15)的解为：

$$i=(s_0+i_0)-s+\frac{1}{\sigma}\ln\frac{s}{s_0} \tag{5.4.16}$$

则在定义域 D 内，相轨线如图 5-6 所示．图中箭头表示了随着时间 t 的增加 $s(t)$ 和 $i(t)$ 的变化趋向．

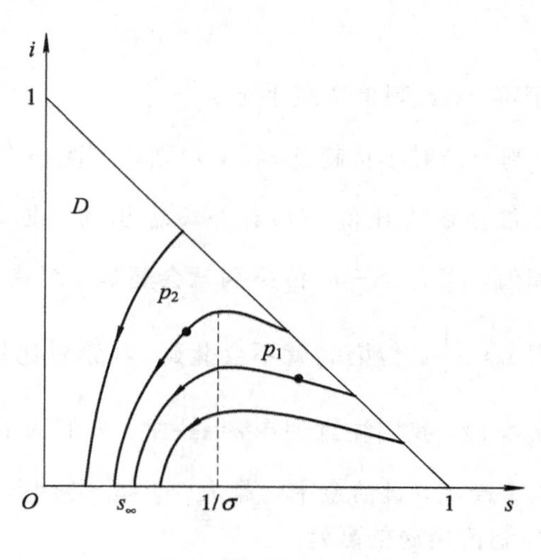

图　5-6

3．模型的分析讨论

下面根据式(5.4.13)、(5.4.16)和图 5-6 分析 $t\to\infty$ 时 $s(t)$、$i(t)$ 和 $r(t)$ 的变化情况(它们的极限值分别记作 s_∞，i_∞ 和 r_∞)．

(1) 首先，由式(5.4.13)，$\frac{\mathrm{d}s}{\mathrm{d}t}\leqslant 0$，而 $s(t)\geqslant 0$，故 s_∞ 存在；由式(5.4.12)知，$\frac{\mathrm{d}r}{\mathrm{d}t}\geqslant 0$，而 $r(t)\leqslant 1$，故 r_∞ 存在；再由式(5.4.11)知 i_∞ 存在．

其次，若 $i_\infty=\varepsilon>0$，则由式(5.4.12)，对于充分大的 t，有 $\frac{\mathrm{d}r}{\mathrm{d}t}>\mu\cdot\frac{\varepsilon}{2}$，这将导致 $r_\infty=\infty$，与 r_∞ 存在相矛盾．故不论初始条件 s_0，i_0 如何，病人终将消失，即

$$i_\infty=0 \tag{5.4.17}$$

从图 5-6 上看，不论相轨线从 p_1 或从 p_2 出发，它终将与 s 轴相交．

(2) 最终未被感染的健康者比例是 s_∞，在式(5.4.16)中令 $i=0$，得到 s_∞ 是方程

$$(s_0+i_0)-s_\infty+\frac{1}{\sigma}\ln\frac{s_\infty}{s_0}=0 \tag{5.4.18}$$

在$\left(0, \frac{1}{\sigma}\right)$内的单根，在图 5－6 中 s_∞ 是相轨线与 s 轴在$\left(0, \frac{1}{\sigma}\right)$内交点的横坐标.

(3) 若 $s_0 > \frac{1}{\sigma}$，则 $i(t)$先增加，当 $s=\frac{1}{\sigma}$时，$i(t)$达到最大值

$$i_m = s_0 + i_0 - \frac{1}{\sigma}(1 + \ln \sigma s_0)$$

然后 $i(t)$减小且趋于零，$s(t)$则单调减小至 s_∞.

(4) 若 $s_0 \leqslant \frac{1}{\sigma}$，则 $i(t)$减小且趋于零，$s(t)$则单调减小至 s_∞.

可以看出，如果仅当病人比例 $i(t)$有一段增长的时期才认为传染病在蔓延，那么$\frac{1}{\sigma}$是一个阈值，当 $s_0 > \frac{1}{\sigma}$时传染病就会蔓延. 而减小传染期接触数 σ，即提高阈值$\frac{1}{\sigma}$，使得 $s_0 \leqslant \frac{1}{\sigma}$，传染病就不会蔓延(健康者比例的初始值 s_0 是一定的，通常可认为 $s_0 \approx 1$)，我们注意到在 $\sigma=\frac{\lambda}{\mu}$中，人们的卫生水平越高，日接触率 λ 越小，医疗水平越高，日治愈率 μ 越大，于是 σ 越小，所以提高卫生水平和医疗水平有助于控制传染病的蔓延.

从另一方面看，$\sigma s=\lambda s \frac{1}{\mu}$是传染期内一个病人传染的健康者的平均数，称为交换数，其含义是一个病人被 σs 个健康者交换. 所以当 $s_0 \leqslant \frac{1}{\sigma}$，即 $\sigma s_0 \leqslant 1$ 时，必有 $\sigma s \leqslant 1$. 既然交换数不超过 1，病人比例 $i(t)$绝不会增加，传染病就不会蔓延.

我们看到在 SIR 模型中接触数 σ 是一个重要参数. σ 可以由实际数据估计，因为病人比例的初始值 i_0 通常很小，在式(5.4.18)中略去 i_0 可得

$$\sigma = \frac{\ln s_0 - \ln s_\infty}{s_0 - s_\infty} \tag{5.4.19}$$

于是当传染病结束而获得 s_0 和 s_∞ 以后，由式(5.4.19)能算出 σ. 另外，对血样作免疫检验也可以根据对检验无反应和有反应，估计出 s_0 和 s_∞，然后计算 σ.

4. 模型验证

本世纪初在印度孟买发生的一次瘟疫中几乎所有病人都死亡了. 死亡相当于移出传染系统，有关部门记录了每天移出者的人数，依此实际数据，Kermack 等人用这组数据对 SIR 模型作了验证.

首先，由方程(5.4.11)、(5.4.13)可以得到

$$s(t) = s_0 e^{-\sigma r(t)} \tag{5.4.20}$$

$$\frac{dr}{dt} = \mu(1 - r - s_0 e^{-\sigma r}) \tag{5.4.21}$$

当 $r \leqslant \frac{1}{\sigma}$ 时，取式(5.4.21)右端 $e^{-\sigma r}$ 泰勒展开的前 3 项，在初始值 $r_0 = 0$ 下的解为：

$$r(t) = \frac{1}{s_0 \sigma^2}\left[(s_0\sigma - 1) + \alpha\ \mathrm{th}\left(\frac{\alpha\mu t}{2} - \varphi\right)\right] \tag{5.4.22}$$

其中 $\alpha^2 = (s_0\sigma - 1)^2 + 2s_0 i_0 \sigma^2$，$\mathrm{th}\varphi = \frac{s_0\sigma - 1}{\alpha}$. 从式(5.4.22)容易算出

$$\frac{dr}{dt} = \frac{\alpha^2 \mu}{2 s_0 \sigma^2\ \mathrm{ch}^2\left(\frac{\alpha\mu t}{2} - \varphi\right)} \tag{5.4.23}$$

然后取定参数 s_0、σ 等，画出式(5.4.23)的图形，如图 5－7 中的曲线，实际数据在图中用圆点表示. 可以看出，理论曲线与实际数据吻合得相当不错.

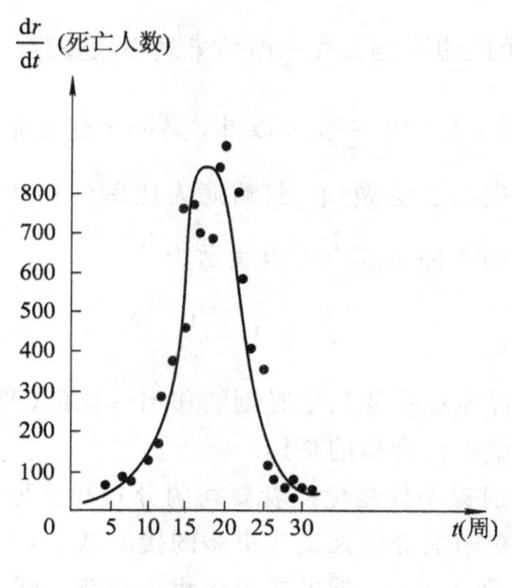

图　5－7

5. SIR 模型的应用

下面介绍 SIR 模型的两个应用.

1) 被传染比例的估计

在一次传染病的传播过程中，被传染人数的比例是健康者人数比例的初始值 s_0 与 $t \to \infty$ 的极限值 s_∞ 之差，记作 x，假定 i_0 很小，s_0 接近于 1，由式(5.4.18)可得

$$x+\frac{1}{\sigma}\ln\left(1-\frac{x}{s_0}\right)\approx 0 \tag{5.4.24}$$

取对数函数泰勒展开的前两项有

$$x\left(1-\frac{1}{s_0\sigma}-\frac{x}{2s_0^2\sigma}\right)\approx 0 \tag{5.4.25}$$

记 $s_0=\frac{1}{\sigma}+\delta$，$\delta$ 可视为该地区人口比例超过阈值$\frac{1}{\sigma}$的部分. 当 $\delta\ll\frac{1}{\sigma}$时式(5.4.25)给出

$$x\approx 2s_0\sigma\left(s_0-\frac{1}{\sigma}\right)\approx 2\delta \tag{5.4.26}$$

这个结果表明，被传染人数比例约为 δ 的 2 倍. 对一种传染病，当该地区的医疗和卫生水平不变，即 σ 不变时，这个比例就不会改变. 而当阈值$\frac{1}{\sigma}$提高时，δ 减小，于是这个比例就会降低.

2）*群体免疫和预防*

根据对 SIR 模型的分析，当 $s_0\leqslant\frac{1}{\sigma}$时传染病不会蔓延. 所以为制止蔓延，除了提高卫生和医疗水平，使阈值$\frac{1}{\sigma}$变大以外，另一个途径是降低 s_0，这可以通过如预防接种使群体免疫的办法做到. 忽略病人比例的初始值 i_0，有 $s_0=1-r_0$，于是传染病不会蔓延的条件 $s_0\leqslant\frac{1}{\sigma}$可以表示为：

$$r_0\geqslant 1-\frac{1}{\sigma} \tag{5.4.27}$$

这就是说，只要通过群体免疫使初始时刻的移出者比例(即免疫者比例)r_0 满足式(5.4.27)，就可以制止传染病的蔓延.

这种办法生效的前提条件是免疫者要均匀分布在全体人口中，实际上这是很难做到的，据估计在印度等国天花传染病的接触数 $\sigma\approx 5$，由式(5.4.27)知至少要有 4/5 的人接受免疫才行. 据世界卫生组织报告，即使花费大量资金提高 r_0，也因很难做到免疫者的均匀分布，使得天花直到 1977 年才在全世界根除. 而有些传染病的 σ 更高，根除就更加困难.

5.5 军备竞赛模型

甲乙两国互相敌对，为了保障各自的安全，彼此不断扩充军事实力，这就是军备竞赛问题. 1939 年，里查森(L. F. Rihardson)经过研究以后给出了关于

军备竞赛的数学模型，并用该模型分析了第一次世界大战前法俄联盟和德奥匈联盟之间军备竞赛的情况．下面介绍里查森的军备竞赛模型．

以 $x(t)$ 表示甲方的军事潜力或军备，$y(t)$ 表示乙方的军备．$t=0$ 为开始进行军备竞赛的时间．根据里查森的观点，影响 $x(t)$ 的变化率的因素有：

(1) 乙方的军备 $y(t)$ 越大，$\mathrm{d}x/\mathrm{d}t$ 越大；

(2) 甲方的经济实力的限制，$x(t)$ 越大，经济对 $x(t)$ 的制约越厉害；

(3) 双方的敌视程度，敌视或领土争端增大了扩充军备的固有潜力．

以上对甲方的分析同样适用于乙方，其中因素(1)、(2)可看成线性关系．于是得到里查森军备竞赛模型为：

$$\begin{cases} \dfrac{\mathrm{d}x}{\mathrm{d}t} = -\alpha x + ky + g \\ \dfrac{\mathrm{d}y}{\mathrm{d}t} = lx - \beta y + h \end{cases} \tag{5.5.1}$$

其中 α，β，k，l，g，h 为非负常数．

对于军备竞赛，人们主要关心的是竞赛的结局，即时间充分长以后 $x(t)$、$y(t)$ 的变化趋势，从数学上来看就是讨论方程的平衡点处的稳定情况．

根据微分方程稳定性理论，方程组的平衡点可以由方程组

$$\begin{cases} -\alpha x + ky + g = 0 \\ lx - \beta y + h = 0 \end{cases} \tag{5.5.2}$$

解出．易得平衡点为：

$$x_0 = \frac{kh + \beta g}{\alpha\beta - kl}$$

$$y_0 = \frac{lg + \alpha h}{\alpha\beta - kl}$$

方程的系数矩阵为 $\mathbf{A} = \begin{bmatrix} -\alpha & k \\ l & -\beta \end{bmatrix}$，则

$$p = -(\alpha + \beta), \quad q = |\mathbf{A}| = \alpha\beta - kl$$

因 α，β 非负，所以 $p<0$．于是根据稳定性准则，只要 $q>0$，也即 $\alpha\beta>kl$ 时，平衡点 (x_0, y_0) 是稳定的，否则是不稳定的．这就是说，经过足够长的时间以后，双方的军备将分别趋向有限值，军备竞赛是稳定的．

1．模型的定性解释

(1) 相互和解，双方裁军可达持久和平．

设 $g=h=0$，即双方没有仇恨，也无领土要求，则此时 $x(t)=y(t)=0$ 为方程组的平衡解，即如果 x，y，g，h 全为 0，则 $x(t)$、$y(t)$ 永远为 0．在现实中可理解为由于裁军和相互和解而达到持久和平．

(2) 未经和解的双方裁军不会持久.

假设在 $t=t_0$ 时，$x=y=0$，于是方程化为

$$\frac{dx}{dt}=g, \quad \frac{dy}{dt}=h$$

如果双方未和解，g，h 都是正数，则 x，y 不会保持为 0.

(3) 单方面裁军不会持久.

设乙国单方面裁军，即在 $t=t_0$ 时 $y=0$；此时方程组的第二式成为$\frac{dy}{dt}=lx+h$，如果 x 和 h 为正数，即乙国对甲国还有仇恨，且甲国有军备，则 y 不会保持为 0，因此单方面裁军决不会持久.

(4) 过分强调"防御"，将促使军备竞赛，引起战争.

如果方程组中的防御项占优势时，就会出现军备竞赛，此时方程组为

$$\begin{cases}\dfrac{dx}{dt}=ky\\ \dfrac{dy}{dt}=lx\end{cases} \quad (\text{此时忽略} -\alpha x+g, -\beta y+h) \qquad (5.5.3)$$

如果$|\mathbf{A}|$为正数，则 $x(t)$和 $y(t)$都将趋于无穷大，此无穷大可理解为战争.

2. 模型参数的估计

为了利用式($\alpha\beta>kl$)来判断军备竞赛是否会趋于稳定，需确定 α，β，k，l 的数值，这是一件困难的事情. 下面是里查森提出的一种方法.

1) k、l 的估计

设 $g=0$，$y=y_1$，$x(0)=0$，于是在 t 不太大时，方程组中的 αx 较小，忽略后可得$\frac{dx}{dt}=ky_1$，设 $x(\tau)=y_1$，则由上式得：$k^{-1}=\tau$，这说明 k^{-1} 是甲方军备从零到赶上乙方军备的时间.

例如德国从 1933 年开始重整军备，只用了约 3 年的时间就赶上了其邻国. 假设其增加军备的固有潜力 g 被约束效应抵消，则可认为其 $k^{-1}=3$ 年，即 $k=0.3$，l 可以类似估计，或合理假定它与国家经济实力成正比，这样若英国的经济实力是德国的 2 倍，则可估计 $l=0.6$.

2) α、β 的估计

设 $g=0$，$y=0$，则由方程组可得：

$$x(t)=x(0)e^{-\alpha t}$$

以 $t=\alpha^{-1}$代入上式可以算出：

$$x(\alpha^{-1})=x(0)e^{-1}$$

这表示 α^{-1}是在乙方无军备时甲方军备减少到原来的 1/e 所需的时间. 里查森

认为，这大概是一个国家议会的任期，对于任期 5 年的国家来说，$\alpha \approx 0.2$.

5.6　动物群体关系模型

在人口问题模型中，我们建立了人口数量增长的 Malthus 模型和 Logistic 模型，这两个模型虽然是针对人提出的，但它们实际上也适用于单种群的生物. 在自然界中，更多的生物是杂居在一起的，各种生物根据其生理特点、食物来源分成了不同的层次，各层次之间及同一层次的生物种群之间有着各种各样的联系，尤其是相互之间影响非常大的生物种群，需要放在一起进行讨论，这就是多种群生物群体关系模型. 我们这里以两动物种群为例进行建模和讨论.

以 $x(t)$、$y(t)$分别表示两种群在 t 时刻的数量，由于只考虑相互联系的两种群的数量，故我们假设每一种群的相对增长率仅与双方数量有关系，于是可以建立如下模型：

$$\begin{cases} \dfrac{1}{x}\dfrac{\mathrm{d}x}{\mathrm{d}t} = f_1(x) + g_1(y) \\ \dfrac{1}{x}\dfrac{\mathrm{d}y}{\mathrm{d}t} = f_2(x) + g_2(y) \end{cases} \tag{5.6.1}$$

其中，右端函数 $f_1(x)$、$g_2(y)$分别表示两种群各自的发展规律所引起的自身相对增长率；$g_1(y)$、$f_2(x)$分别表示另一种群对本种群的影响. 这四个函数都依赖于具体对象和环境.

如果 $f_1(x)$、$f_2(x)$、$g_1(y)$、$g_2(y)$都是线性函数，则得到相互作用的两种群的 Volterra 模型为：

$$\begin{cases} \dfrac{\mathrm{d}x}{\mathrm{d}t} = x(a_1 + b_1 x + c_1 y) \\ \dfrac{\mathrm{d}y}{\mathrm{d}t} = y(a_2 + b_2 x + c_2 y) \end{cases} \tag{5.6.2}$$

在以上模型中，a_1、a_2 分别是种群 x、y 的内禀增长率，即食物和环境不受限制的条件下的自然增长率，其正负由它们各自的食物来源而确定. 例如当 x 种群的食物是 y 种群以外的自然资源时，$a_1 \geqslant 0$；而当种群 x 仅以 y 种群的生物为食时，$a_1 \leqslant 0$. $b_1 x^2$ 和 $c_2 y^2$ 反映的是各种群内部的数量制约因素即种内竞争，故 $b_1 \leqslant 0$，$c_2 \leqslant 0$，$c_1 xy$、$b_2 xy$ 是两种群间的相互作用. c_1 和 b_2的正负号要根据这两种群之间相互作用的形式而定，一般分为以下三种情况.

(1) 互惠共存型：即两种群的存在都对对方有利，对对方的数量增长起促进作用，如蜜蜂与花，此时 $c_1 \geqslant 0$，$b_2 \geqslant 0$.

(2) 捕食与被捕食型：即种群 y 以种群 x 为食物来源(或相反)，此时种群 x 的存在对种群 y 的增长有利，而种群 y 的存在对 x 不利，如狼与兔子，此时 $c_1 \leqslant 0$，$b_2 \geqslant 0$.

(3) 相互竞争型：两种群或相互残杀，或竞争同一种食物资源，各自的存在对对方的增长都不利，因而 $c_1 \leqslant 0$，$b_2 \leqslant 0$.

当模型(5.6.2)的参数具体给出时，可用数值方法求近似解. 在只给出参数符号或变化范围时，我们可以用本节的自治系统稳定性理论研究各种群的变化趋势. 下面以相互竞争型为例，研究两种群数量的变化趋势，互惠共存型及捕食与被捕食型也可类似讨论.

1. 相互竞争的两种群模型的建立

假定两种群的数量符合 Logistic 规律，它们共同生活的环境对种群 x 的承载力为 N_1，对 y 的承载力为 N_2，它们的内禀增长率为 r_1，r_2. 由于相互竞争(食物、资源)，每一方的数量给对方的数量将造成不利影响. 因此相互竞争的两种群模型可以表示为：

$$\begin{cases} \dfrac{\mathrm{d}x}{\mathrm{d}t} = r_1 x\left(1 - \dfrac{x}{N_1} - \lambda_1 \dfrac{y}{N_2}\right) \\ \dfrac{\mathrm{d}y}{\mathrm{d}t} = r_2 y\left(1 - \lambda_2 \dfrac{x}{N_1} - \dfrac{y}{N_2}\right) \end{cases} \tag{5.6.3}$$

其中，λ_1、λ_2 表示消耗其中一方的资源对另一方的影响. 例如，$\lambda_1 > 1$ 表示在消耗供养 x 的资源中，y 的消耗多于 x，因而对增长的阻滞作用 y 大于 x，即 y 的竞争力强于 x. $\lambda_2 > 1$ 也是同样的道理.

一般地说，λ_1 与 λ_2 之间无确定关系，但比较常见和典型的一种情况是两个种群在消耗资源中对 x 增长的阻滞作用与对 y 增长的阻滞作用相同. 此时，因为单位数量的 x 和 y 消耗的供养 x 的食物之比为 $1:\lambda_1$，消耗的供养 y 的食物量之比为 $\lambda_2:1$，所谓阻滞作用相同，即 $1:\lambda_1 = \lambda_2:1$，所以这种情况可定量表示为 $\lambda_1\lambda_2 = 1$，即 λ_1、λ_2 互为倒数. 可以简单地理解为如果一个 y 消耗的食物是一个 x 的 $\lambda_1 = k$ 倍，则一个 x 消耗的食物是一个 y 的 $\lambda_2 = \dfrac{1}{k}$.

下面利用稳定性理论讨论两种群的结局，此时仍认为 λ_1、λ_2 相互独立.

2. 相互竞争的两种群模型的稳定性分析

令

$$f(x, y) = r_1 x\left(1 - \frac{x}{N_1} - \lambda_1 \frac{y}{N_2}\right) \tag{5.6.4}$$

$$g(x, y) = r_2 y\left(1 - \lambda_2 \frac{x}{N_1} - \frac{y}{N_2}\right) \tag{5.6.5}$$

由$\begin{cases} f(x, y)=0 \\ g(x, y)=0 \end{cases}$可解得如下四个平衡点：

$$P_1(N_1, 0),\quad P_2(0, N_2),\quad P_3\left(\frac{N_1(1-\lambda_1)}{1-\lambda_1\lambda_2}, \frac{N_2(1-\lambda_2)}{1-\lambda_1\lambda_2}\right),\quad P_4(0, 0)$$

因为仅当平衡点位于平面坐标系的第一象限时($x, y\geqslant 0$)才有意义，故对 P_3 要求 λ_1、λ_2 同时小于 1，或同时大于 1.

令

$$p=(f_x+g_y)\big|_{p_i}\quad (i=1, 2, 3, 4)$$

$$q=\left|\begin{matrix} f_x & f_y \\ g_x & g_y \end{matrix}\right|\Bigg|_{p_i}$$

利用四个平衡点 p、q 的结果，根据稳定性理论可获得种群竞争模型的平衡点及稳定性结果(见表 5-1).

表　5-1

平衡点	p	q	稳定性
$P_1(N_1, 0)$	$r_2(1-\lambda_2)-r_1$	$-r_1r_2(1-\lambda_2)$	$\lambda_1<1, \lambda_2>1$
$P_2(0, N_2)$	$r_1(1-\lambda_1)-r_2$	$r_1r_2(1-\lambda_1)$	$\lambda_1>1, \lambda_2<1$
$P_3\left[\frac{N_1(1-\lambda_1)}{1-\lambda_1\lambda_2}, -\frac{N_2(1-\lambda_2)}{1-\lambda_1\lambda_2}\right]$	$-\frac{r_1(1-\lambda_1)+r_2(1-\lambda_2)}{1-\lambda_1\lambda_2}$	$\frac{r_1r_2(1-\lambda_1)(1-\lambda_2)}{1-\lambda_1\lambda_2}$	$\lambda_1<1, \lambda_2<1$
$P_4(0, 0)$	r_1+r_2	r_1r_2	不稳定

3. 结果解释

根据 λ_1、λ_2 的意义，说明 P_1、P_2、P_3 在生态学上的意义如下：

(1) $\lambda_1<1$，$\lambda_2>1$ 时，$\lambda_1<1$ 表明在供养 x 的资源的竞争中 y 不如 x，$\lambda_2>1$ 表明在供养 y 的资源的竞争中 x 强于 y，于是种群 y 将灭绝，种群 x 趋向最大容量，即 $x(t)$、$y(t)$ 趋于平衡点 $P_1(N_1, 0)$.

(2) $\lambda_1>1$，$\lambda_2<1$ 时，情况与(1)正好相反.

(3) $\lambda_1>1$，$\lambda_2<1$ 时，因为在竞争 x 的资源中 y 不如 x，但在竞争 y 的资源中 x 不如 y，使双方可以达到一个共存的稳定的平衡状态 P_3. 这种情况比较少见.

4. 生态学中的竞争排斥原理

生态学中有关两竞争种群存在这样的原理：若两种群的单个成员消耗的资源差不多相同，而环境能承受的种群 x 的最大容量比 y 大，那么 P_1 终将灭亡. 下面用模型式(5.6.3)予以解释.

将式(5.6.3)改写为如下形式：

$$\begin{cases} \dfrac{\mathrm{d}x}{\mathrm{d}t} = r_1 x \left[1 - \dfrac{x + \lambda_1 \dfrac{N_1}{N_2} y}{N_1}\right] \\ \dfrac{\mathrm{d}y}{\mathrm{d}t} = r_2 y \left[1 - \dfrac{y + \lambda_2 \dfrac{N_2}{N_1} x}{N_2}\right] \end{cases}$$

竞争排斥原理的两个条件相当于$\lambda_1 \dfrac{N_1}{N_2}=1$，$\lambda_2 \dfrac{N_2}{N_1}=1$，$N_1>N_2$. 由这三个条件可得$\lambda_1<1$，$\lambda_2>1$. 此即$P_1$稳定而$y$灭绝的条件.

5.7 持续捕鱼方案

渔业资源是一种再生资源，再生资源要注意适度开发，不能为了一时的高产"竭泽而渔"，应该在持续稳产的前提下追求最高产量或最优的经济效益. 这是一类可再生资源管理与开发的模型，这类模型的建立一般先考虑在没有收获的情况下的资源自然增长模型，然后再考虑收获策略对资源增长情况的影响.

1. 无捕捞条件的模型

考虑某种鱼的种群的动态，为简单起见，假设：

(1) 鱼群生活在一个稳定的环境中，即其增长率与时间无关；

(2) 种群的每个个体是同素质的，即在种群增长的过程中每个个体的性别、年龄、体质等的差异可看成是等同的；

(3) 种群的增长是种群个体死亡与繁殖共同作用的结果；

(4) 种群总数随时间是连续变化的，而且充分光滑.

记时刻t渔场中鱼量为$x(t)$，在上面的假设下，类似于人口模型的建立，可以得到所满足的Logistic模型：

$$\frac{\mathrm{d}x}{\mathrm{d}t} = r\left(1 - \frac{x}{N}\right)x \tag{5.7.1}$$

其中r为鱼的自然增长率，N是环境容许的最大鱼量. 上式可以用分离变量法求得

$$x(t) = \frac{N}{1 + C\mathrm{e}^{-rt}}, \quad C = \frac{N - N_0}{N}, \quad N_0 = N(0)$$

2. 有捕捞的产量模型

建立一个在捕捞情况下渔场鱼量遵从的方程，分析鱼量稳定的条件，并且

在稳定的前提下，讨论如何控制捕捞使持续产量或经济效益达到最大. 设对鱼的捕捞是持续的，并假定单位时间内的捕鱼量与渔场鱼量成正比，即捕捞量 $h=Ex(t)$，其中 E 称为捕捞强度，用可以控制的参数如出海渔船数来度量.

根据以上假设，可以得到捕捞情况下，渔场鱼量满足的方程为：

$$\frac{\mathrm{d}x}{\mathrm{d}t}=r\left(1-\frac{x}{N}\right)x-Ex \tag{5.7.2}$$

这是一个一阶非线性方程，且是黎卡提型的，也称为 Scheafer 模型.

我们希望知道渔场的稳定鱼量和保持稳定的条件，即现在关心的问题是如何确定 E，使 E 达到最大的情况下鱼量保持稳定. 为此，我们利用微分方程稳定性理论讨论这个问题.

首先从方程中可求得其平衡点：令 $f(x)=r\left(1-\frac{x}{N}\right)x-Ex$，得平衡点为：

$$x_0=N\left(1-\frac{E}{r}\right),\quad x_1=0 \tag{5.7.3}$$

如图 5-8 所示.

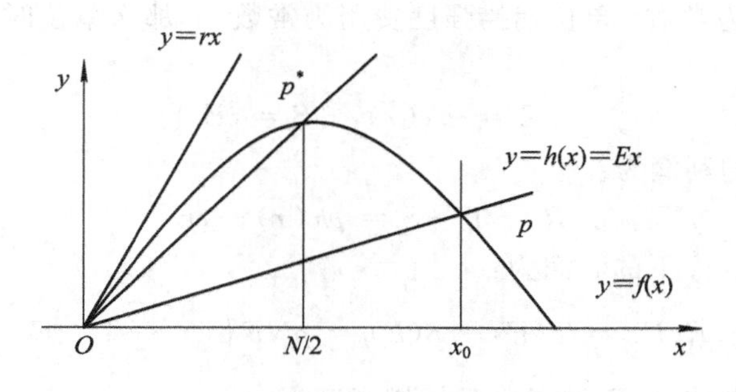

图　5-8

易求得 $f'(x_0)=E-r$，$f'(x_1)=r-E$. 根据微分方程稳定性理论知，$E<r$ 时 x_0 为稳定平衡点，x_1 是不稳定的平衡点；$E>r$，x_0 是不稳定平衡点，x_1 为稳定平衡点.

由上可知，只要 $E<r$，即捕捞强度小于鱼的增长率，就可使渔场鱼量稳定在 x_0，从而获得持续产量 $h(x_0)=Ex_0$，而当捕捞过度时，即 $E>r$ 时，渔场鱼量将减至 $x_1=0$，当然不能获得持续产量了.

进一步考虑在渔场鱼量稳定在 x_0 的前提下如何确定捕捞强度，使持续产量最大. 令

$$y=f(x)=rx\left(1-\frac{x}{N}\right),\quad h=Ex \tag{5.7.4}$$

下面在 $x-y$ 坐标系中讨论以上问题.

由于 $f'(0)=r$ 即 $y=f(x)$ 在原点切线为 $y=rx$，根据前面的讨论，只要捕鱼量函数 $y=h(x)$，斜率 $E<r$，渔场鱼量即可保持稳定. 从图 5-8 可以看出满足 $E<r$ 且使 E 最大的点在 p^* 点，即抛物曲线顶点. 此时 $E=\frac{h_{\max}}{\frac{N}{2}}=\frac{r}{2}$.

由此可知，保持渔场鱼量稳定且使单位时间的持续产量达到最大的捕捞强度为 $E_{\max}=\frac{r}{2}$，即捕捞强度控制在鱼自然增长率一半时，可获最大持续捕捞量，且此时最大持续产量为 $h_{\max}=\frac{rN}{4}$.

3. 经济效益模型

当今，对鱼类资源的开发和利用已经成为人类经济活动的一部分. 其目的不是追求最大的渔产量而是最大的经济收益. 因而一个自然的想法就是进一步分析经济学行为对鱼类资源开发利用的影响.

若经济效益用捕捞所得收入扣除开支后的利润来衡量，并且简单地假设鱼的销售单价 p 为常数. 单位捕捞强度费用为常数 c，那么单位时间的收入 T 和费用 S 分别为：

$$T=ph(x),\quad S=cE$$

单位时间产生的利润为：

$$R=T-S=ph(x)-cE$$

在稳定条件 $x=x_0$ 下的利润为：

$$R(E)=T(E)-S(E)=pNE\left(1-\frac{E}{r}\right)-cE \tag{5.7.5}$$

用微分法易求得使 $R(E)$ 达最大的捕捞强度为：

$$E_{\max}=\frac{r}{2}\left(1-\frac{c}{pN}\right) \tag{5.7.6}$$

最大利润下渔场的稳定鱼量 $x_{\max}$ 及单位时间的持续产量 $h_{\max}$ 为：

$$x_{\max}=\frac{N}{2}+\frac{c}{2p} \tag{5.7.7}$$

$$h_{\max}=rx_R\left(1-\frac{x_R}{N}\right)=\frac{rN}{4}\left(1-\frac{c^2}{p^2N^2}\right) \tag{5.7.8}$$

从以上结果容易看出，在最大效益原则下捕捞强度和持续产量都有所减少，而渔场稳定鱼量有所增加，并且减少或增加的比例随捕捞成本 c 的增长而变大，随售价 p 的增长而变小，这显然是符合实际情况的.

4. 捕捞过度的情况

上面的效益模型是以计划捕捞(或称为封闭捕捞)为基础的，即渔场由单独的经营者有计划地捕捞，可以追求最大利润．如果渔场向众多的盲目的经营者开放，比如在公海上无规则地捕捞，那么，即使只有微薄的利润，经营者也会蜂拥而去，这种情况称为盲目捕捞(或开放式捕捞)，这种捕捞方式将导致捕捞过度．下面讨论这种情况．

在式(5.7.5)中，令 $R(E)=0$，可得

$$E_s = r\left(1-\frac{c}{pN}\right) \tag{5.7.9}$$

当 $E<E_s$ 时利润 $R(E)>0$，盲目的经营者们会加大捕捞强度；若 $E>E_s$，利润 $R(E)<0$，他们则要减小强度，所以 E_s 是盲目捕捞下的临界强度．

由式(5.7.9)容易知道利润存在(即 $E_s>0$)的必要条件为：

$$p > \frac{c}{N} \tag{5.7.10}$$

即售价大于(相对于总量而言)成本，并且由式(5.7.9)可知，成本越低，售价越高，则 E_s 越大．并且可得盲目捕捞下的渔场稳定鱼量为：

$$x_s = \frac{c}{p} \tag{5.7.11}$$

x_s 完全由成本-价格比决定，随着价格的上升和成本的下降，x_s 将迅速减少，出现捕捞过度．比较式(5.7.6)和式(5.7.9)可知 $E_s=2E_{max}$，即盲目捕捞强度比最大效益下的捕捞强度大一倍．

5.8　战争模型

早在第一次世界大战期间，F. W. Lanchester 就提出了几个预测战争结局的数学模型，其中包括作战双方均为正规部队；作战双方均为游击队；作战的一方为正规部队，另一方为游击队．后来人们对这些模型作了改进和进一步的解释，用以分析历史上一些著名的战争，如第二次世界大战中的美日硫磺岛之战和 1975 年的越南战争．影响战争胜负的因素有很多，兵力的多少和战斗力的强弱是两个主要的因素．士兵的数量会随着战争的进行而减少，这种减少可能是因为阵亡、负伤与被俘，也可能是因为疾病与开小差，分别称之为战斗减员与非战斗减员．士兵的数量也可随着增援部队的到来而增加．从某种意义上来说，当战争结束时，如果一方的士兵人数减少为零，那么另一方就取得了胜利．

1. 一般战争模型

记甲乙双方士兵人数在 t 时刻分别为 $x(t)$ 和 $y(t)$，假设：

(1) 每一方的战斗减员率取决于双方的兵力和战斗力，甲乙双方的战斗减

员率分别用 $f(x, y)$ 和 $g(x, y)$ 表示；

(2) 双方的非战斗减员率（比如疾病或逃跑等）只与本方的兵力（即士兵人数）成正比，减员率系数分别为 α，β；

(3) 双方的增援率是给定的函数，分别用 $u(t)$ 和 $v(t)$ 表示.

由此可得 $x(t)$ 和 $y(t)$ 满足的微分方程组为：

$$\begin{cases} \dfrac{dx}{dt} = -f(x, y) - \alpha x + u(t) \\ \dfrac{dy}{dt} = -g(x, y) - \beta y + v(t) \end{cases} \tag{5.8.1}$$

下面针对不同的战争类型讨论战斗减员率的具体表示形式和影响战争结局的因素.

2. 正规战模型

设甲乙双方都用正规部队作战，模型假设如下：

(1) 双方士兵公开活动. 甲方士兵公开活动，处于乙方每个士兵的监视和杀伤范围之内. 一旦甲方某个士兵被杀伤，乙方的火力立即集中在其余士兵身上，所以甲方士兵的战斗减员仅与乙方士兵人数有关. 于是可得甲方士兵战斗减员率为 $ay(t)$，其中 a 表示乙方平均每个士兵的杀伤率（即单位时间的杀伤数）. a 可进一步分解为 $a=r_y p_y$，r_y 为乙方士兵的射击率（每个士兵单位时间的射击次数），p_y 表示每次射击的命中率. 同理，用 b 表示甲方士兵对乙方士兵的杀伤率，即 $b=r_x p_x$.

(2) 双方的非战斗减员率仅与本方兵力成正比. 减员率系数分别为 α，β.

(3) 设双方的兵力增援率为 $u(t)$ 和 $v(t)$.

由以上假设，系统(5.8.1)可改写为：

$$\begin{cases} \dfrac{dx}{dt} = -ay - \alpha x + u(t) \\ \dfrac{dy}{dt} = -bx - \beta y + v(t) \end{cases} \tag{5.8.2}$$

由于与战斗减员相比，非战斗减员这项很小，分析战争结局时可忽略不计，若再假设双方都没有增援，则方程组(5.8.2)又可改写为：

$$\begin{cases} \dfrac{dx}{dt} = -ay \\ \dfrac{dy}{dt} = -bx \\ x(0) = x_0 \\ y(0) = y_0 \end{cases} \tag{5.8.3}$$

其中 x_0，y_0 为双方战前的初始兵力.

由方程组(5.8.3)的前两式相除，得

$$\frac{\mathrm{d}y}{\mathrm{d}x}=\frac{bx}{ay}$$

若令 $k=ay_0^2-bx_0^2$，分离变量并积分得

$$k=ay^2-bx^2$$

当 $k=0$ 时，双方打成平局. 当 $k>0$ 时，乙方获胜. 当 $k<0$ 时，甲方获胜. 这样，乙方要想取得战斗胜利，就要使 $k>0$，即

$$ay_0^2-bx_0^2>0$$

考虑到假设(1)，上式可写为：

$$\frac{y_0^2}{x_0^2}>\frac{b}{a}=\frac{r_xp_x}{r_yp_y} \tag{5.8.4}$$

式(5.8.4)是乙方占优势的条件. 若交战双方都训练有素，且都处于良好的作战状态，则 r_x 与 r_y，p_x 与 p_y 相差不大，式(5.8.4)右边近似为1. 式(5.8.4)左边表明，初始兵力比例被平方地放大了，即双方初始兵力之比 $\frac{y_0}{x_0}$ 以平方的关系影响着战争的结局. 比如说，如果乙方的兵力增加到原来的2倍，甲方兵力不变，则影响着战争的结局的能力将增加4倍. 此时，甲方要想与乙方抗衡，需把其士兵的射击率增加到原来的4倍(其他值均不变). 由于这个原因正规战争模型称为平方律模型.

以上是研究双方之间兵力的变化关系. 下面将讨论每一方的兵力随时间的变化关系. 对式(5.8.3)两边关于 t 求导，得

$$\frac{\mathrm{d}^2x}{\mathrm{d}t^2}=-a\frac{\mathrm{d}y}{\mathrm{d}t}=abx$$

即

$$\frac{\mathrm{d}^2x}{\mathrm{d}t^2}-abx=0 \tag{5.8.5}$$

初始条件为

$$x(0)=x_0$$

$$\left.\frac{\mathrm{d}x}{\mathrm{d}t}\right|_{t=0}=-ay_0$$

解之得

$$x(t)=x_0\,\mathrm{ch}(\sqrt{ab}t)-\sqrt{\frac{a}{b}}y_0\,\mathrm{sh}(\sqrt{ab}t)$$

同理可求得 $y(t)$ 的表达式为

$$y(t) = y_0 \operatorname{ch}(\sqrt{ab}t) - \sqrt{\frac{a}{b}}x_0 \operatorname{sh}(\sqrt{ab}t)$$

3. 游击战模型

设甲乙双方都用游击部队作战，此时，正规战模型中的假设(1)应修改为：

(1) 乙方士兵看不见甲方士兵，甲方士兵在某个面积为 x_s 的区域内活动. 乙方士兵不是向甲方士兵射击，而是向该区域射击. 此时，甲方士兵的战斗减员不仅与乙方兵力有关，而且随着甲方兵力增加而增加. 因为在一个有限区域内，士兵人数越多，被杀伤的可能性越大. 可设甲方的战斗减员率为 $f=cxy$，其中 c 为乙方战斗效果系数，$c=r_y p_y=r_y \frac{s_{rx}}{s_x}$，其中 r_y 仍为射击率，命中率 p_y 为乙方一次射击的有效面积 s_{ry} 与甲方活动面积 s_x 之比.

游击战模型的假设(2)和(3)同正规战模型的假设(2)、(3).

类似地有 $g=dxy$，$d=r_x p_x=r_x \frac{s_{rx}}{s_y}$，于是在这个模型中方程组(5.8.1)应改写为：

$$\begin{cases} \dfrac{\mathrm{d}x}{\mathrm{d}t} = -cxy - \alpha x + u(t) \\ \dfrac{\mathrm{d}y}{\mathrm{d}t} = -dxy - \beta y + v(t) \end{cases} \tag{5.8.6}$$

忽略 αx 和 βy，并设 $u=v=0$，在初始条件下方程组(5.8.6)改写为：

$$\begin{cases} \dfrac{\mathrm{d}x}{\mathrm{d}t} = -cxy \\ \dfrac{\mathrm{d}y}{\mathrm{d}t} = -dxy \\ x(0) = x_0 \\ y(0) = y_0 \end{cases} \tag{5.8.7}$$

两式相除，得

$$\frac{\mathrm{d}y}{\mathrm{d}x} = \frac{d}{c} \tag{5.8.8}$$

令 $l=cy_0-dx_0$，上式可化为：

$$cy - dx = l \tag{5.8.9}$$

当 $l=0$，双方打成平局. 当 $l>0$ 时，乙方获胜. 当 $l<0$ 时，甲方获胜.

乙方获胜的条件可以表示为：

$$\frac{y_0}{x_0} > \frac{d}{c} = \frac{r_x s_{rx} s_x}{r_y s_{ry} s_y} \tag{5.8.10}$$

即初始兵力之比$\frac{y_0}{x_0}$以线性关系影响战斗的结局. 当双方的射击率与有效射击面积 s_y 一定时，增加活动面积与增加初始兵力 y_0 起着同样的作用. 这个模型又称为线性率模型.

4. 混合战模型

设甲方为游击队，乙方为正规部队.

借鉴上述正规战模型与游击战模型的思想，此时 $f(x, y)=cxy$，$g=bx$，在同样的条件下，系统(5.8.1)可改为：

$$\begin{cases} \frac{\mathrm{d}x}{\mathrm{d}t}=-cxy \\ \frac{\mathrm{d}y}{\mathrm{d}t}=-bx \\ x(0)=x_0 \\ y(0)=y_0 \end{cases} \tag{5.8.11}$$

令 $m=cy_0^2-2bx_0$，可得方程组(5.8.11)的相轨线为：

$$cy^2-2bx=m \tag{5.8.12}$$

经验表明，只有当兵力之比$\frac{y_0}{x_0}$远远大于 1 时，正规部队乙才能战胜游击队. 当 $m>0$ 时，乙方胜，此时，

$$\frac{y_0^2}{x_0^2}>\frac{2b}{cx_0}=\frac{2r_xp_xs_x}{r_ys_{ry}x_0} \tag{5.8.13}$$

一般来说，正规部队以火力强而见长，游击队以机动灵活、活动范围大而见长. 这可以通过一些具体数据进行计算.

不妨设 $x_0=100$，命中率 $p_x=0.1$，火力 $r_x=\frac{1}{2}r_y$，活动区域的面积 $s_x=10^6\ \mathrm{m}^2$，乙方有效射击面积 $s_{ry}=1\ \mathrm{m}^2$，则由式(5.8.13)，乙方取胜的条件为：

$$\frac{y_0^2}{x_0^2}>\frac{2\times 0.1\times 0.1\times 10^6}{2\times 1\times 100} \tag{5.8.14}$$

由于$\frac{y_0}{x_0}>10$，故乙方的兵力是甲方的 10 倍.

在越南战争中，美国人根据类似于上面的计算以及四五十年代发生在马来西亚、菲律宾、印尼、老挝等地的混合战争的实际情况估计出，正规部队一方要想取胜必须至少投入 8 倍于游击部队一方的兵力，而美国至多只能派出 6 倍于越南的兵力. 越南战争的结局是美国不得不接受和谈并撤军，越南人民取得最后的胜利.

5. 一个战争实例

J. H. Engel 用二次大战末期美日硫磺岛战役中的美军战地记录，对正规战争模型进行了验证，发现模型结果与实际数据吻合得很好. 硫磺岛位于东京以南 660 英里的海面上，是日军的重要空军基地. 美军在 1945 年 2 月开始进攻，激烈的战斗持续了一个月，双方伤亡惨重，日方守军 21 500 人全部阵亡或被俘，美方投入兵力 73 000 人，伤亡 20 265 人，战争进行到 28 天时美军宣布占领该岛，实际战斗到 36 天才停止. 美军的战地记录有按天统计的战斗减员和增援情况. 日军没有后援，战地记录则全部遗失.

用 $A(t)$ 和 $J(t)$ 分别表示美军和日军第 t 天的人数，忽略双方的非战斗减员，则

$$\begin{cases} \dfrac{\mathrm{d}A}{\mathrm{d}t} = -aJ(t) + u(t) \\ \dfrac{\mathrm{d}J}{\mathrm{d}t} = -bA(t) \\ A(0) = 0 \\ J(0) = 21\,500 \end{cases} \tag{5.8.15}$$

美军战地记录给出增援率 $u(t)$ 为：

$$u(t) = \begin{cases} 5400 & 0 \leqslant t < 1 \\ 6000 & 2 \leqslant t < 3 \\ 13\,000 & 5 \leqslant t < 6 \\ 0 & t \in [3,\ 4] \cup [6,\ 36] \end{cases} \tag{5.8.16}$$

并可由每天伤亡人数算出 $A(t)$，$t=1, 2, \cdots, 36$. 下面要利用这些实际数据代入式(5.8.15)，算出 $A(t)$ 的理论值，并与实际值比较.

利用给出的数据，对参数 a，b 进行估计. 对(6.8.15)式两边积分，并用求和来近似代替积分，有

$$A(t) = A(0) - a\sum_{\tau=1}^{t} J(\tau) + \sum_{\tau=1}^{t} u(\tau) \tag{5.8.17}$$

$$J(t) = J(0) - b\sum_{\tau=1}^{t} A(\tau) \tag{5.8.18}$$

为估计 b，在式(5.8.18)中取 $t=36$，因为 $J(36)=0$，且由 $A(t)$ 的实际数据可得

$$\sum_{\tau=1}^{36} A(\tau) = 2\,037\,000$$

于是从式(5.8.18)估计出 $b=0.0106$. 再把这个值代入式(5.8.18)即可算出

$J(t)$，$t=1, 2, \cdots, 36$. 然后从式(5.8.17)估计 a. 令 $t=36$，得

$$a=\frac{\sum_{\tau=1}^{36}u(\tau)-A(36)}{\sum_{\tau=1}^{36}J(\tau)} \tag{5.8.19}$$

其中分子是美军的总伤亡人数，为 20 265 人，分母可由已经算出的 $J(t)$得到，为 372 500 人，于是从式(5.8.19)有 $a=0.0544$. 把这个值代入式(5.8.17)得

$$A(t)=-0.0544\sum_{\tau=1}^{t}J(\tau)+\sum_{\tau=1}^{t}u(\tau) \tag{5.8.20}$$

由式(5.8.20)就能够算出美军人数 $A(t)$的理论值，与实际数据吻合得很好.

5.9　稳定性的基本知识

定义 5.1　称一个常微分方程(组)是自治的，如果方程(组)

$$\frac{\mathrm{d}X}{\mathrm{d}t}=F(X, t)=\begin{pmatrix} f_1(X, t) \\ \vdots \\ f_n(X, t) \end{pmatrix} \tag{5.9.1}$$

中的 $F(X, t)=F(X)$，即在 F 中不含时间变量 t. 否则称为非自治系统.

下面仅考虑自治系统，这样的系统也称为动力系统.

定义 5.2　系统

$$\frac{\mathrm{d}X}{\mathrm{d}t}=F(X) \tag{5.9.2}$$

的相空间是以$(x_1, \cdots, x_n)$为坐标的空间 R^n，特别地，当 $n=2$ 时，称相空间为相平面. 空间 R^n 中的点集$\{(x_1, \cdots, x_n) \mid x_i=x_i(t), i=1, 2, \cdots, n\}$ (其中 $x_i(t)$，$i=1, 2, \cdots, n$ 是满足式(5.9.2)的解)称为系统(5.9.2)的轨线，所有轨线在相空间中的分布图称为相图.

定义 5.3　相空间中满足 $F(X, 0)=0$ 的点 X_0 称为系统(5.9.2)的奇点(或平衡点). 奇点可以是孤立的，也可以是连续的点集. 判断系统何时有孤立奇点，有下述定理：

定理 5.1　设 $F(X)$是实解析函数，且 X_0 是式(5.9.2)的奇点，若 $F(X)$在 X_0 处的 Jacobian 矩阵 $J(X_0)=\left[\frac{\partial f_i}{\partial x_j}\right]$是非奇的，则 X_0 是系统的孤立奇点.

定义 5.4　设 X_0 是 式(5.9.2)的奇点，

(1) X_0 是稳定的，如果对于任意给定的 $\varepsilon>0$，存在一个 $\delta>0$，使得如果 $|X(0)-X_0|<\delta$，则 $|X(t)-X_0|<\varepsilon$ 对所有的 t 都成立；

(2) X_0 是渐近稳定的，如果它是稳定的，且$\lim\limits_{t\to\infty}|X(t)-X_0|=0$，这样，当系统的初始状态靠近于奇点 X_0，其轨线对所有的时间 t 仍然接近 X_0，则 X_0 是稳定的. 另一方面，如果 $t\to\infty$时这些轨线趋近于 X_0，则 X_0 是渐近稳定的.

定义 5.5 若奇点既不是稳定的又不是渐近稳定的，则称此奇点是不稳定的.

对于二阶系统，

$$\begin{cases}\dfrac{\mathrm{d}x}{\mathrm{d}t}=f(x,\ y)\\[2ex] \dfrac{\mathrm{d}y}{\mathrm{d}x}=g(x,\ y)\end{cases}\tag{5.9.3}$$

设$(x_0,\ y_0)$是方程组(5.9.3)的一个平衡点，利用坐标平移，容易将平衡点$(x_0,\ y_0)$移至坐标原点，故只需研究$(x_0,\ y_0)=(0,\ 0)$时的稳定性. 对于一般函数 f 和 g，其稳定性的讨论是困难的，下面利用 Taylor 展开仅讨论一阶近似方程组的稳定性问题.

设 $f(x,\ y)$，$g(x,\ y)$是连续可微的，$O(0,\ 0)$为系统(5.9.3)的平衡点，即

$$f(0,\ 0)=g(0,\ 0)=0$$

则由方程组(5.9.3)得

$$\begin{cases}\dfrac{\mathrm{d}x}{\mathrm{d}t}=f_x(0,\ 0)x+f_y(0,\ 0)y+o(\sqrt{x^2+y^2})\\[2ex] \dfrac{\mathrm{d}y}{\mathrm{d}t}=g_x(0,\ 0)x+g_y(0,\ 0)y+o(\sqrt{x^2+y^2})\end{cases}\tag{5.9.4}$$

可以证明，若由方程组(5.9.4)略去高次项得到的线性系统的平衡点是渐近稳定的，则非线性系统(5.9.4)的平衡点也是渐近稳定的. 这一事实在讨论非线性系统相轨线的性质时非常有用.

取方程组(5.9.4)的一阶近似方程组，并记 $f_x(0,\ 0)=a$，$f_y(0,\ 0)=b$，$g_x(0,\ 0)=c$，$g_y(0,\ 0)=d$，则有

$$\begin{cases}\dfrac{\mathrm{d}x}{\mathrm{d}t}=ax+by\\[2ex] \dfrac{\mathrm{d}y}{\mathrm{d}t}=cx+dy\end{cases}\tag{5.9.5}$$

令 $\boldsymbol{A}=\begin{pmatrix}a & b\\ c & d\end{pmatrix}$，并设 λ_1，λ_2 为 $\boldsymbol{A}$ 的特征值，再令 $p=a+d$，$q=ad-bc=|\boldsymbol{A}|$，记 $\Delta=p^2-4q$，则特征值与轨线性态关系如下：

(1) $\Delta>0$ 时，有三种情况：

① 若 $q>0$，则 λ_1，λ_2 同号，当 $p>0$ 时 $\lambda_1>\lambda_2>0$；当 $p<0$ 时 $\lambda_2<\lambda_1<0$.

记对应于 λ_1 和 λ_2 的特征向量为 $\bar{\boldsymbol{h}}_1$ 和 $\bar{\boldsymbol{h}}_2$，$\boldsymbol{X}(t)=\begin{pmatrix}x(t)\\y(t)\end{pmatrix}$，则

$$X(t)=c_1\mathrm{e}^{\lambda_1 t}\bar{\boldsymbol{h}}_1+c_2\mathrm{e}^{\lambda_2 t}\bar{\boldsymbol{h}}_2$$

当 $p>0$ 时，随 $t\to+\infty$，$|\boldsymbol{X}(t)|\to+\infty$，平衡点是不稳定的结点；

当 $p<0$ 时，随 $t\to+\infty$，$|\boldsymbol{X}(t)|\to 0$，平衡点是稳定的结点.

② 若 $q<0$，则 λ_1，λ_2 异号. 设 $\lambda_1<0$，$\lambda_2>0$，同①，有

$$\boldsymbol{X}(t)=c_1\mathrm{e}^{\lambda_1 t}\bar{\boldsymbol{h}}_1+c_2\mathrm{e}^{\lambda_2 t}\bar{\boldsymbol{h}}_2$$

当 $c_1=0$ 时，$\boldsymbol{X}(t)=c_2\mathrm{e}^{\lambda_2 t}\bar{\boldsymbol{h}}_2$，随 $t\to+\infty$，$|\boldsymbol{X}(t)|\to 0$；

当 $c_1\neq 0$ 时，随 $t\to+\infty$，$|\boldsymbol{X}(t)|\to+\infty$，此时平衡点为鞍点.

③ $q=0$ 时，$\lambda_1=q$，$\lambda_2=0$，此时平衡点是不稳定的.

(2) $\Delta=0$ 时，$\lambda_1=\lambda_2$；特征根为重根，此时有下述两种可能：

① 若 λ 有两个线性无关的特征向量，则 $p>0$ 时，平衡点为不稳定结点；$p<0$ 时，平衡点为稳定结点.

② 若 λ 只有一个特征向量 $\bar{\boldsymbol{h}}$，则 $p<0$ 时，平衡点为稳定结点；$p\geqslant 0$ 时，平衡点为不稳定结点.

(3) $\Delta<0$ 时，$\lambda_{1,2}=\alpha\pm\mathrm{i}\beta$，则 $\alpha<0$ 时平衡点为稳定结点；$\alpha=0$ 时解是周期解，平衡点为中心.

综上所述，只有在 $p<0$，且 $q>0$ 时，式(5.9.5)的平衡点才是渐近稳定的，从而式(5.9.4)的平衡点也是渐近稳定的；当式(5.9.5)有周期解时，式(5.9.4)的平衡点性态需另行讨论.

习 题 五

1. 在 5.3 节人口的预测和控制模型中，总和生育率 $\beta(t)$ 和生育模式 $h(r,t)$ 是两种控制人口增长的手段. 试说明我国目前的人口政策，如提倡一对夫妇只生一个孩子、晚婚晚育及生育第二胎的一些规定，可以怎样通过这两种手段加以实施.

2. 建立肿瘤生长模型. 通过大量医疗实践发现肿瘤细胞的生长有以下现象：当肿瘤细胞数目超过 10^{11} 个时才是临床可观察到的；在肿瘤生长初期，几乎每经过一定时间肿瘤细胞就增加一倍；由于各种生理条件限制，在肿瘤生长后期肿瘤细胞数目趋向某个稳定值.

(1) 比较 Logistic 模型与 Gompertz 模型：$\frac{\mathrm{d}n}{\mathrm{d}t}=-\lambda n\ln\frac{n}{N}$，其中 $n(t)$ 是细胞数，N 是极限值，λ 是参数.

(2) 说明上述两模型是 Usher 模型：$\frac{\mathrm{d}n}{\mathrm{d}t}=\frac{\lambda n}{\alpha}\left(1-\left(\frac{n}{N}\right)^{\alpha}\right)$的特例.

3. 对于 5.4 节的 SIR 模型，证明：

(1) 若 $s_0>\frac{1}{\sigma}$，则 $i(t)$先增加，在 $s=\frac{1}{\sigma}$处最大，然后减少并趋于零；$s(t)$单调减少至 s_∞.

(2) 若 $s_0<\frac{1}{\sigma}$，则 $i(t)$单调减少并趋于零，$s(t)$单调减少至 s_∞.

4. 在 5.6 节种群竞争模型中设 $\lambda_1\lambda_2=1(\lambda_1\neq\lambda_2)$，求平衡点并分析其稳定性.

5. 在人体注射葡萄糖溶液时，血液中葡萄糖浓度 $g(t)$的增长率与注射速率 r 成正比，与人体血液容积 V 成反比，而由于人体组织的吸收作用，$g(t)$的减少率与 $g(t)$本身成正比. 分别在以下几种假设下建立模型，并讨论稳定情况.

(1) 人体血液容积 V 不变；

(2) V 随着注入溶液而增加；

(3) 由于排泄等因素 V 的增加有极限值.

6. 在 5.8 节正规战争模型中，设乙方与甲方的战斗有效系数之比为$\frac{a}{b}=4$，初始兵力 x_0 和 y_0 相同.

(1) 乙方取胜时的剩余兵力是多少？乙方取胜的时间如何确定？

(2) 若甲方在战斗开始后有后备部队以不变的速率 r 增援，重新建立模型，讨论如何判断双方的胜负.

第六章　离 散 模 型

一般地说，确定性离散模型包括的范围很广，除差分方程模型外，用层次分析法、图论、对策论、网络流等数学工具都可以建立离散模型. 本章选择涉及数学知识不太深，并在实际中应用较广的层次分析法和图论法进行详细分析.

6.1　层 次 分 析 法

层次分析法(Analytic Hierarchy Process，简称 AHP)是美国运筹学家 T. L. Saaty 教授于 20 世纪 70 年代初期提出的一种多准则决策方法. 它是对一些较为复杂、较为模糊的问题作出决策的简易方法，特别适用于那些难于完全定量分析的问题.

6.1.1　层次分析法的基本原理与步骤

人们在进行社会的、经济的以及科学管理领域问题的系统分析中，面临的常常是一个由相互关联、相互制约的众多因素构成的复杂而又缺少定量数据的系统. 层次分析法为这类问题的决策和排序提供了一种简洁而实用的建模方法.

运用层次分析法建模，大体上可按下面四个步骤进行：

(1) 建立递阶层次结构模型；

(2) 构造出各层次中的所有判断矩阵；

(3) 层次单排序及一致性检验；

(4) 层次总排序及一致性检验.

下面分别说明这四个步骤的实现过程.

1. 递阶层次结构的建立与特点

应用 AHP 分析决策问题时，首先要把问题条理化、层次化，构造出一个有层次的结构模型．在这个模型下，复杂问题被分解为元素的组成部分，这些元素又按其属性及关系形成若干层次．上一层次的元素作为准则对下一层次的有关元素起支配作用．这些层次可以分为三类：最高层、中间层和最低层．

① 最高层：这一层次中只有一个元素，一般它是分析问题的预定目标或理想结果，因此也称为目标层．

② 中间层：这一层次中包含了为实现目标所涉及的中间环节，它可以由若干个层次组成，包括所需考虑的准则、子准则，因此也称为准则层．

③ 最低层：这一层次包括了为实现目标可供选择的各种措施、决策方案等，因此也称为措施层或方案层．

递阶层次结构中的层次数与问题的复杂程度及需要分析的详尽程度有关，一般地，层次数不受限制．每一层次中各元素所支配的元素一般不超过9个．这是因为支配的元素过多会给两两比较判断带来困难．

下面结合一个实例来说明递阶层次结构的建立．

例1 假期旅游有 P_1、P_2 和 P_3 共3个旅游胜地供人们选择，试确定一个最佳地点．

在此问题中，人们会根据诸如景色、费用、居住、饮食和旅途条件等一些准则去反复比较3个候选地点．可以建立如图6－1所示的层次结构模型．

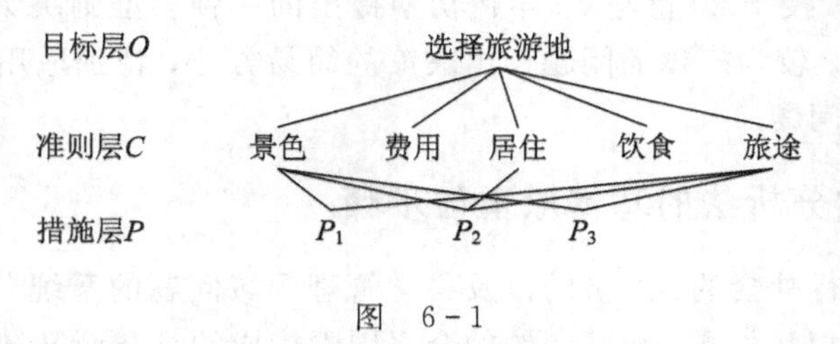

图 6－1

2．构造判断矩阵

层次结构反映了因素之间的关系，但准则层中的各准则在目标衡量中所占的比重并不一定相同，在决策者的心目中，它们各占有一定的比例．

在确定影响某因素的诸因子在该因素中所占的比重时，遇到的主要困难是这些比重常常不易定量化．此外，当影响某因素的因子较多，直接考虑各因子对该因素有多大程度的影响时，常常会因考虑不周全、顾此失彼而使决策者提出与实际认为的重要性程度不相一致的数据，甚至有可能提出一组隐含矛盾的数据．

设现在要比较 n 个因子 $X=\{x_1, \cdots, x_n\}$ 对某因素 Z 的影响大小，怎样比较才能提供可信的数据呢？Saaty 等人建议可以采取对因子进行两两比较，建立成对比较矩阵. 即每次取两个因子 x_i 和 x_j，以 a_{ij} 表示 x_i 和 x_j 对 Z 的影响大小之比，全部比较结果用矩阵 $\mathbf{A}=(a_{ij})_{n\times n}$ 表示，称 $\mathbf{A}$ 为 $Z-X$ 之间的成对比较判断矩阵(简称判断矩阵). 容易看出，若 x_i 与 x_j 对 Z 的影响之比为 a_{ij}，则 x_j 与 x_i 对 Z 的影响之比应为 $a_{ji}=\frac{1}{a_{ij}}$.

定义 6.1 若矩阵 $\mathbf{A}=(a_{ij})_{n\times n}$ 满足：

① $a_{ij}>0$；

② $a_{ji}=\frac{1}{a_{ij}}(i, j=1, 2, \cdots, n)$,

则称矩阵 $\mathbf{A}=(a_{ij})_{n\times n}$ 为正互反矩阵(易见 $a_{ii}=1(i=1, \cdots, n)$).

关于如何确定 a_{ij} 的值，Saaty 等建议引用数字 1～9 及其倒数作为标度. 表 6-1 列出了 1～9 标度的含义.

表 6-1

标　度	含　义
1	表示两个因素相比，具有相同重要性
3	表示两个因素相比，前者比后者稍重要
5	表示两个因素相比，前者比后者明显重要
7	表示两个因素相比，前者比后者强烈重要
9	表示两个因素相比，前者比后者极端重要
2，4，6，8	表示上述相邻判断的中间值
倒数	若因素 i 与因素 j 的重要性之比为 a_{ij}，则因素 j 与因素 i 的重要性之比为 $a_{ji}=\frac{1}{a_{ij}}$

从心理学观点来看，分级太多会超越人们的判断能力，既增加了作判断的难度，又容易因此而提供虚假数据. Saaty 等人还用实验方法比较了在各种不同标度下人们判断结果的正确性. 实验结果也表明，采用 1～9 标度最为合适.

最后应该指出，一般地，作 $n(n-1)/2$ 次两两判断是必要的. 有人认为把所有元素都和某个元素比较，即只作 $n-1$ 个比较就可以了. 这种做法的弊病在于，任何一个判断的失误均可导致不合理的排序，而个别判断的失误对于难以定量的系统往往是难以避免的. 进行 $n(n-1)/2$ 次比较可以提供更多的信息，通过各种不同角度的反复比较，从而导出一个合理的排序.

3. 层次单排序及一致性检验

判断矩阵 **A** 对应于最大特征值 λ_{max} 的特征向量 $\boldsymbol{W}$，经归一化后即为同一层次相应因素对于上一层次某因素相对重要性的排序权值，这一过程称为层次单排序.

上述构造成对比较判断矩阵的方法虽能减少其它因素的干扰，较客观地反映出一对因子影响力的差别，但综合全部比较结果时，其中难免包含一定程度的非一致性. 如果比较结果是前后完全一致的，则矩阵 **A** 的元素还应当满足：

$$a_{ij}a_{jk} = a_{ik} \quad (\forall i, j, k = 1, 2, \cdots, n) \tag{6.1.1}$$

定义 6.2 满足关系式(6.1.1)的正互反矩阵称为一致矩阵.

需要检验构造出来的(正互反)判断矩阵 **A** 是否严重地非一致，以便确定是否接受 **A**.

定理 6.1 正互反矩阵 **A** 的最大特征根 λ_{max} 必为正实数，其对应特征向量的所有分量均为正实数；**A** 的其余特征值的模均严格小于 λ_{max}.

定理 6.2 若 **A** 为一致矩阵，则

① **A** 必为正互反矩阵；

② **A** 的转置矩阵 $\boldsymbol{A}^{T}$ 也是一致矩阵；

③ **A** 的任意两行成比例，比例因子大于零，从而 $R(\boldsymbol{A})=1$(同样，**A** 的任意两列也成比例)；

④ **A** 的最大特征值 $\lambda_{max}=n$，其中 n 为矩阵 **A** 的阶，**A** 的其余特征根均为零；

⑤ 若 **A** 的最大特征值 λ_{max} 对应的特征向量为 $\boldsymbol{W}=(w_1, \cdots, w_n)^{T}$，则 $a_{ij}=\dfrac{w_i}{w_j}$，$\forall i, j=1, 2, \cdots, n$，即

$$\boldsymbol{A} = \begin{bmatrix} \dfrac{w_1}{w_1} & \dfrac{w_1}{w_2} & \cdots & \dfrac{w_1}{w_n} \\ \dfrac{w_2}{w_1} & \dfrac{w_2}{w_2} & \cdots & \dfrac{w_2}{w_n} \\ \vdots & \vdots & & \vdots \\ \dfrac{w_n}{w_1} & \dfrac{w_n}{w_2} & \cdots & \dfrac{w_n}{w_n} \end{bmatrix}$$

定理 6.3 n 阶正互反矩阵 **A** 为一致矩阵当且仅当其最大特征根 $\lambda_{max}=n$，且当正互反矩阵 **A** 非一致时，必有 $\lambda_{max}>n$.

根据定理 6.3，我们可以由 λ_{max} 是否等于 n 来检验判断矩阵 **A** 是否为一致矩阵. 由于特征根连续地依赖于 a_{ij}，故 λ_{max} 比 n 大得越多，**A** 的非一致性程度也

就越严重，λ_{max}对应的标准化特征向量也就越不能真实地反映出 $\boldsymbol{X}=\{x_1, \cdots, x_n\}$ 在对因素 Z 的影响中所占的比重. 因此对决策者提供的判断矩阵有必要作一致性检验，以决定是否能接受它.

对判断矩阵的一致性进行检验的步骤如下：

① 计算一致性指标 CI：

$$\mathrm{CI}=\frac{\lambda_{\max}-n}{n-1}$$

② 查找相应的平均随机一致性指标 RI. 对 $n=1, \cdots, 9$，Saaty 给出了 RI 的值，如表 6-2 所示.

表　6-2

n	1	2	3	4	5	6	7	8	9
RI	0	0	0.58	0.90	1.12	1.24	1.32	1.41	1.45

RI 的值是这样得到的，用随机方法构造 500 个样本矩阵：随机地从 1～9 及其倒数中抽取数字构造正互反矩阵，求得最大特征根的平均值 $\lambda'_{\max}$，并定义

$$\mathrm{RI}=\frac{\lambda'_{\max}-n}{n-1}$$

③ 计算一致性比例 CR：

$$\mathrm{CR}=\frac{\mathrm{CI}}{\mathrm{RI}}$$

当 $\mathrm{CR}<0.10$ 时，认为判断矩阵的一致性是可以接受的，否则应对判断矩阵作适当修正.

4. 层次总排序及一致性检验

上面我们得到的是一组元素对其上一层中某元素的权重向量. 我们最终要得到各元素，特别是最低层中各方案对于目标的排序权重，从而进行方案选择. 总排序权重是要自上而下地将单准则下的权重进行合成.

设上一层次（A 层）包含 $A_1, \cdots, A_m$ 共 m 个因素，它们的层次总排序权重分别为 $a_1, \cdots, a_m$. 又设其后的下一层次（B 层）包含 n 个因素 $B_1, \cdots, B_n$，它们关于 A_j 的层次单排序权重分别为 $b_{1j}, \cdots, b_{nj}$（当 B_i 与 A_j 无关联时，$b_{ij}=0$）. 现求 B 层中各因素关于总目标的权重，即求 B 层各因素的层次总排序权重 $b_1, \cdots, b_n$，计算按表 6-3 所示方式进行，即

$$b_i=\sum_{j=1}^{m} b_{ij} a_j \quad (i=1, \cdots, n)$$

表 6-3

A层 / B层	A_1 a_1	A_2 a_2	… …	A_m a_m	B层总排序权值
B_1	b_{11}	b_{12}	…	b_{1m}	$\sum_{j=1}^{m} b_{1j}a_j$
B_2	b_{21}	b_{22}	…	b_{2m}	$\sum_{j=1}^{m} b_{2j}a_j$
⋮	⋮	⋮		⋮	⋮
B_n	b_{n1}	b_{n2}	…	b_{nm}	$\sum_{j=1}^{m} b_{nj}a_j$

对层次总排序也需作一致性检验，检验仍像层次总排序那样由高层到低层逐层进行. 这是因为虽然各层次均已经过层次单排序的一致性检验，各成对比较判断矩阵都已具有较为满意的一致性. 但当综合考察时，各层次的非一致性仍有可能积累起来，引起最终分析结果较严重的非一致性.

设 B 层中与 A_j 相关的因素的成对比较判断矩阵在单排序中经一致性检验，求得单排序一致性指标为 $\mathrm{CI}(j)(j=1, \cdots, m)$，相应的平均随机一致性指标为 $\mathrm{RI}(j)$（$\mathrm{CI}(j)$、$\mathrm{RI}(j)$已在层次单排序时求得），则 B 层总排序随机一致性比例为：

$$\mathrm{CR}=\frac{\sum_{j=1}^{m}\mathrm{CI}(j)a_j}{\sum_{j=1}^{m}\mathrm{RI}(j)a_j}$$

当 $\mathrm{CR}<0.10$ 时，认为层次总排序结果具有较满意的一致性并接受该分析结果.

6.1.2 层次分析法的应用

在应用层次分析法研究问题时，遇到的主要困难有两个：

(1) 如何根据实际情况抽象出较为贴切的层次结构；

(2) 如何将某些定性的量作比较，接近实际以定量化处理.

层次分析法对人们的思维过程进行了加工整理，提出了一套系统分析问题的方法，为科学管理和决策提供了较有说服力的依据. 但层次分析法也有其局限性，主要表现在：

(1) 它在很大程度上依赖于人们的经验，主观因素的影响很大，它至多只能排除思维过程中的严重非一致性，却无法排除决策者个人可能存在的严重片面性.

(2) 比较、判断过程较为粗糙，不能用于精度要求较高的决策问题. AHP至多只能算是一种半定量(或定性与定量结合)的方法.

AHP 方法经过几十年的发展，许多学者针对 AHP 的缺点进行了改进和完善，形成了一些新理论和新方法，像群组决策、模糊决策和反馈系统理论等近几年来成为该领域的一个新热点.

在应用层次分析法时，建立层次结构模型是十分关键的一步，下面再分析一个实例，以便说明如何从实际问题中抽象出相应的层次结构.

例 2 学生挑选合适工作的问题. 经双方恳谈，已有三个单位表示愿意录用某毕业生，该生根据已有信息建立了一个层次结构模型，如图 6-2 所示.

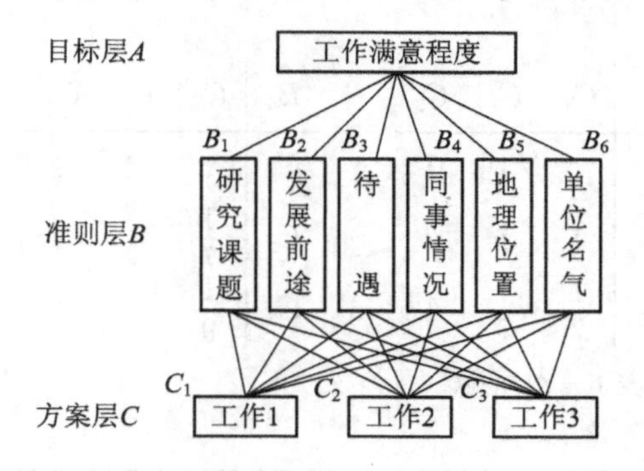

图 6-2

解 首先构造出各层次中的所有判断矩阵.

准则层:

A	B_1	B_2	B_3	B_4	B_5	B_6
B_1	1	1	1	4	1	$\frac{1}{2}$
B_2	1	1	2	4	1	$\frac{1}{2}$
B_3	1	$\frac{1}{2}$	1	5	3	$\frac{1}{2}$
B_4	$\frac{1}{4}$	$\frac{1}{4}$	$\frac{1}{5}$	1	$\frac{1}{3}$	$\frac{1}{3}$
B_5	1	1	$\frac{1}{3}$	3	1	1
B_6	2	2	2	3	3	1

方案层:

B_1	C_1	C_2	C_3
C_1	1	$\frac{1}{4}$	$\frac{1}{2}$
C_2	4	1	3
C_3	2	$\frac{1}{3}$	1

B_2	C_1	C_2	C_3
C_1	1	$\frac{1}{4}$	$\frac{1}{5}$
C_2	4	1	$\frac{1}{2}$
C_3	5	2	1

B_3	C_1	C_2	C_3
C_1	1	3	$\frac{1}{3}$
C_2	$\frac{1}{3}$	1	7
C_3	3	$\frac{1}{7}$	1

B_4	C_1	C_2	C_3
C_1	1	$\frac{1}{3}$	5
C_2	3	1	7
C_3	$\frac{1}{5}$	$\frac{1}{7}$	1

B_5	C_1	C_2	C_3
C_1	1	1	7
C_2	1	1	7
C_3	$\frac{1}{7}$	$\frac{1}{7}$	1

B_6	C_1	C_2	C_3
C_1	1	7	9
C_2	$\frac{1}{7}$	1	1
C_3	$\frac{1}{9}$	1	1

层次总排序如表 6-4 所示.

表 6-4

准则		研究课题	发展前途	待遇	同事情况	地理位置	单位名气	总排序权值
准则层权值		0.1507	0.1792	0.1886	0.0472	0.1464	0.2879	
方案层单排序权值	工作 1	0.1365	0.0974	0.2426	0.2790	0.4667	0.7986	0.3952
	工作 2	0.6250	0.3331	0.0879	0.6491	0.4667	0.1049	0.2996
	工作 3	0.2385	0.5695	0.6694	0.0719	0.0667	0.0965	0.3052

根据层次总排序权值，该毕业生最满意的工作为工作 1.

6.2 图论模型

图论的发展已有 200 多年的历史，它发源于 18 世纪普鲁士的柯尼斯堡七桥问题(Seven Bridges Problem). 18 世纪初普鲁士的柯尼斯堡，普雷格尔河流经此镇，奈发夫岛位于河中，共有 7 座桥横跨河上，把全镇连接起来. 当地居民热衷于一个难题：是否存在一条路线，可不重复地走遍七座桥(如图 6-3). 欧拉用点表示岛和陆地，两点之间的连线表示连接它们的桥，将河流、小岛和桥简化为一个网络，把七桥问题化成判断连通网络能否一笔画出的问题. 他不仅解决了此问题，且给出了连通网络可一笔画出的充要条件是它们是连通的，且奇顶点(通过此点弧的条数是奇数)的个数为 0 或 2.

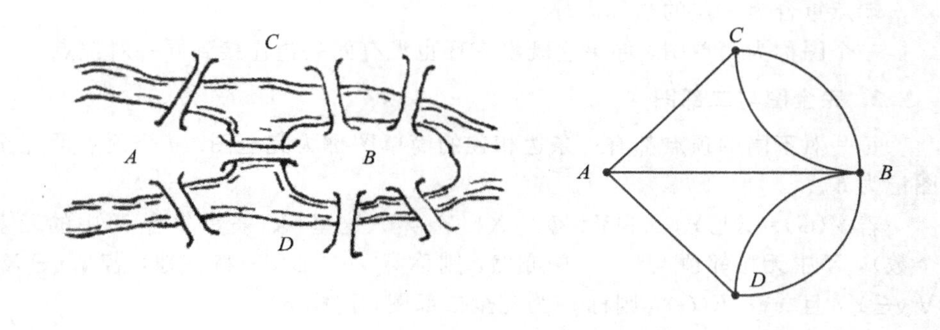

图 6-3

图论中所谓的“图”是指某类具体事物和这些事物之间的联系. 如果我们用点表示这些具体事物，用连接两点的线段(直的或曲的)表示两个事物的特定的联系，就得到了描述这个“图”的几何形象. 图论为任何一个包含了一种二元关系的离散系统提供了一个数学模型，借助于图论的概念、理论和方法，可以对该模型求解.

下面首先简要介绍图的一些基本概念.

6.2.1 图的基本概念

1. 无向图

一个无向图 G 是由一个非空有限集合 $V(G)$ 和 $V(G)$ 中某些元素的无序对集合 $E(G)$ 构成的二元组，记为 $G=(V(G), E(G))$. 其中 $V(G)=\{v_1, v_2, \cdots, v_n\}$ 称为图 G 的顶点集或节点集，$V(G)$ 中的每一个元素 $v_i(i=1, 2, \cdots, n)$ 称为该图的一个顶点；$E(G)=\{e_1, e_2, \cdots, e_m\}$ 称为图 G 的边集，$E(G)$ 中的每一个元素 e_k(即 $V(G)$ 中某两个元素 v_i、v_j 的无序对)记为 $e_k=(v_i, v_j)$ 或 $e_k=v_iv_j=v_jv_i$ $(k=1, 2, \cdots, m)$，被称为该图的一条从 v_i 到 v_j 的边.

当边 $e_k=v_iv_j$ 时，称 v_i、v_j 为边 e_k 的端点，并称 v_j 与 v_i 相邻；边 e_k 称为

与顶点 v_i、v_j 关联. 如果某两条边至少有一个公共端点，则称这两条边在图 G 中相邻.

边上赋权的无向图称为赋权无向图. 一个图称为有限图，如果它的顶点集和边集都有限. 图 G 的顶点数用符号 $|V|$ 或 $\nu(G)$ 表示，边数用 $|E|$ 或 $\varepsilon(G)$ 表示.

当讨论的图只有一个时，总是用 G 来表示这个图. 从而在图论符号中我们常略去字母 G，例如，分别用 V，E，ν 和 ε 代替 $V(G)$，$E(G)$，$\nu(G)$ 和 $\varepsilon(G)$.

端点重合为一点的边称为环.

一个图称为简单图，如果它既没有环也没有两条边连接到同一对顶点.

2. 完全图与二部图

每一对不同的顶点都有一条边相连的简单图称为完全图. n 个顶点的完全图记为 K_n.

若 $V(G)=X\cup Y$，$X\cap Y=\Phi$，$|X||Y|\neq 0$（这里 $|X|$ 表示集合 X 中的元素个数），X 中无相邻顶点对，Y 中亦然，则称 G 为二部图；特别地，若 $\forall x\in X$，$\forall y\in Y$，且 $xy\in E(G)$，则称 G 为完全二部图，记成 $K_{|X|,|Y|}$.

3. 子图

图 H 叫做图 G 的子图，记作 $H\subset G$，如果 $V(H)\subset V(G)$，$E(H)\subset E(G)$. 若 H 是 G 的子图，则 G 称为 H 的母图.

G 的生成子图是指满足 $V(H)=V(G)$ 的子图 H.

4. 顶点的度

设 $v\in V(G)$，G 中与 v 关联的边数（每个环算作两条边）称为 v 的度，记作 $d(v)$. 若 $d(v)$ 是奇数，则称 v 是奇顶点；若 $d(v)$ 是偶数，则称 v 是偶顶点. 关于顶点的度，我们有如下结果：

① $\sum\limits_{v\in V} d(v) = 2\varepsilon$；

② 任意一个图的奇顶点的个数是偶数.

5. 图的矩阵表示

这里我们介绍计算机上用来描述图的两种常用表示方法：邻接矩阵表示法和关联矩阵表示法. 在下面数据结构的讨论中，我们首先假设 $G=(V, \boldsymbol{E})$ 是一个简单有向图，$|V|=n$，$|E|=m$，并假设 V 中的顶点用自然数 1，2，…，n 表示或编号，$\boldsymbol{E}$ 中的弧用自然数 1，2，…，m 表示或编号. 对于有多重边或无向网络的情况，我们只是在讨论完简单有向图的表示方法之后，给出一些说明.

1）邻接矩阵表示法

邻接矩阵表示法是将图以邻接矩阵的形式存储在计算机中. 邻接矩阵表示了点与点之间的关系. 一个图 $G=(V, \boldsymbol{E})$ 的邻接矩阵 $\boldsymbol{A}=(a_{ij})_{n\times n}$，其中，

$$a_{ij}=\begin{cases}1 & (v_iv_j\in E)\\ 0 & (v_iv_j\notin E)\end{cases}$$

也就是说，如果两节点之间有一条弧，则邻接矩阵中对应的元素为 1；否则为 0. 可以看出，这种表示法非常简单、直接.

例 1　对于图 6-4 所示的图 G，可以用邻接矩阵表示为：

$$\begin{bmatrix}0 & 1 & 1 & 0 & 0\\ 0 & 0 & 0 & 1 & 0\\ 0 & 1 & 0 & 0 & 0\\ 0 & 0 & 1 & 0 & 1\\ 0 & 0 & 1 & 1 & 0\end{bmatrix}$$

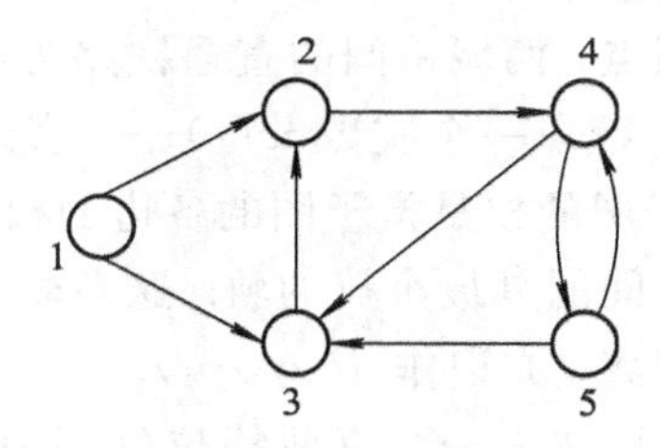

图 6-4

2）关联矩阵表示法

关联矩阵表示法是将图以关联矩阵(incidence matrix)的形式存储在计算机中. 赋权图 $G=(V, \boldsymbol{E})$ 的关联矩阵 $\boldsymbol{A}=(a_{ij})_{n\times n}$，其中，

$$a_{ij}=\begin{cases}W(v_iv_j) & (v_iv_j\in E)\\ \infty & (v_iv_j\notin E)\\ 0 & (i=j)\end{cases}$$

6. 轨与连通

若 $W=v_0e_1v_1e_2\cdots e_kv_k$，其中 $e_i\in E(G)$，$1\leqslant i\leqslant k$，$v_j\in V(G)$，$0\leqslant j\leqslant k$，e_i 与 v_{i-1}、v_i 关联，则称 W 是图 G 的一条道路，k 为路长，顶点 v_0 和 v_k 分别称为 W 的起点和终点，而 v_1，v_2，…，v_{k-1} 称为它的内部顶点.

若道路 W 的边互不相同，则称 W 为迹. 若道路 W 的顶点互不相同，则称 W 为轨.

称一条道路是闭的，如果它的起点和终点相同. 起点和终点重合的轨叫做圈(cycle).

若图 G 的两个顶点 u、v 间存在道路，则称 u 和 v 连通. u、v 间的最短轨的长叫做 u、v 间的距离，记作 $d(u, v)$. 若图 G 的任二顶点均连通，则称 G 是连通图. 显然有：

(1) 图 P 是一条轨的充要条件是 P 是连通的，且有两个一度的顶点，其余顶点的度为 2；

(2) 图 C 是一个圈的充要条件是 C 是各顶点的度均为 2 的连通图.

6.2.2 最短路径问题

1. 两个指定顶点之间的最短路径

问题如下：给出了一个连接若干个城镇的铁路网络，在这个网络的两个指定城镇间，找一条最短铁路线.

以各城镇为图 G 的顶点，两城镇间的直通铁路为图 G 相应两顶点间的边，得图 G. 对 G 的每一边 e，赋以一个实数 $w(e)$——直通铁路的长度，称为 e 的权，得到赋权图 G. G 的子图的权是指子图的各边的权和. 问题就是求赋权图 G 中指定的两个顶点 u_0、v_0 间的具最小权的轨. 这条轨叫做 u_0、v_0 间的最短路，它的权叫做 u_0、v_0 间的距离，亦记作 $d(u_0, v_0)$.

求最短路已有成熟的算法——迪克斯特拉(Dijkstra)算法，其基本思想是按距 u_0 从近到远为顺序，依次求得 u_0 到 G 的各顶点的最短路和距离，直至 v_0 (或直至 G 的所有顶点)，算法结束. 为避免重复并保留每一步的计算信息，采用了标号算法.

下面是该算法的具体内容.

① 令 $l(u_0)=0$，对 $v\neq u_0$，令 $l(v)=\infty$，$S_0=\{u_0\}$，$i=0$.

② 对每个 $v\in \bar{S}_i(\bar{S}_i=V\backslash S_i)$，用

$$\min_{u\in S_i}\{l(v),\ l(u)+w(uv)\}$$

代替 $l(v)$. 计算 $\min\limits_{v\in \bar{S}_i}\{l(v)\}$，把达到这个最小值的一个顶点记为 u_{i+1}，令

$$S_{i+1} = S_i \cup \{u_{i+1}\}$$

③ 若 $i=|V|-1$，停止；若 $i<|V|-1$，用 $i+1$ 代替 i，转②.

算法结束时，从 u_0 到各顶点 v 的距离由 v 的最后一次的标号 $l(v)$ 给出. 在 v 进入 S_i 之前的标号 $l(v)$ 叫 T 标号，v 进入 S_i 后的标号 $l(v)$ 叫 P 标号. 算法就是不断修改各项点的 T 标号，直至获得 P 标号. 若在算法运行过程中，将每一顶点获得 P 标号所由来的边在图上标明，则算法结束时，u_0 至各项点的最短

路径也在图上标示出来了.

例 2　某公司在六个城市 c_1, c_2, …, c_6 中有分公司，从 c_i 到 c_j 的直接航程票价记在下述矩阵的(i, j)位置上(∞表示无直接航路). 请帮助该公司设计一张城市 c_1 到其它城市间的票价最便宜的路线图.

$$\begin{bmatrix} 0 & 50 & \infty & 40 & 25 & 10 \\ 50 & 0 & 15 & 20 & \infty & 25 \\ \infty & 15 & 0 & 10 & 20 & \infty \\ 40 & 20 & 10 & 0 & 10 & 25 \\ 25 & \infty & 20 & 10 & 0 & 55 \\ 10 & 25 & \infty & 25 & 55 & 0 \end{bmatrix}$$

用矩阵 $\boldsymbol{a}_{n\times n}$($n$ 为顶点个数)存放各边权的邻接矩阵，行向量 pb(i)、index1、index2、$d(i)$分别用来存放 P 标号信息、标号顶点顺序、标号顶点索引、最短通路的值. 其中各分量含义如下：

$$\text{pb}(i)=\begin{cases} 1 & (\text{当第 } i \text{ 顶点已标号}) \\ 0 & (\text{当第 } i \text{ 顶点未标号}) \end{cases};$$

index1(i)：存在第 i 个进入永久标号集的顶点；

index2(i)：存放始点到第 i 点最短通路中第 i 顶点前一顶点的序号；

$d(i)$：存放由始点到第 i 点最短通路的值.

求第一个城市到其它城市的最短路径的 MATLAB 程序如下：

```
clear;
clc;
M=10000;
a(1, :)=[0, 50, M, 40, 25, 10];
a(2, :)=[zeros(1, 2), 15, 20, M, 25];
a(3, :)=[zeros(1, 3), 10, 20, M];
a(4, :)=[zeros(1, 4), 10, 25];
a(5, :)=[zeros(1, 5), 55];
a(6, :)=zeros(1, 6);
a=a+a';
pb(1:length(a))=0; pb(1)=1; index1=1; index2=ones(1, length(a));
d(1:length(a))=M; d(1)=0; temp=1;
while sum(pb)<length(a)
   tb=find(pb==0);
   d(tb)=min(d(tb), d(temp)+a(temp, tb));
   tmpb=find(d(tb)==min(d(tb)));
```

```
        temp=tb(tmpb(1));
        pb(temp)=1;
        index1=[index1, temp];
        index=index1(find(d(index1)==d(temp)-a(temp, index1)));
        if length(index)>=2
          index=index(1);
        end
        index2(temp)=index;
    end
    d, index1, index2
```

2. 每对顶点之间的最短路径

计算赋权图中各对顶点之间的最短路径，显然可以调用 Dijkstra 算法. 具体方法是：每次以不同的顶点作为起点，用 Dijkstra 算法求出从该起点到其余顶点的最短路径，反复执行 n 次这样的操作，就可得到从每一个顶点到其它顶点的最短路径. 这种算法的时间复杂度为 $O(n^3)$. 第二种解决这一问题的方法是由 Floyd R W 提出的算法，称之为 Floyd 算法.

假设图 G 权的邻接矩阵为 $\boldsymbol{A}_0$，且

$$\boldsymbol{A}_0 = \begin{bmatrix} a_{11} & a_{12} & \cdots & a_{1n} \\ a_{21} & a_{22} & \cdots & a_{2n} \\ \vdots & \vdots & & \vdots \\ a_{n1} & a_{n2} & \cdots & a_{nn} \end{bmatrix}$$

a_{ij} 用来存放各边的长度，其中：

$a_{ij}=0(i=1, 2, \cdots, n)$；

$a_{ij}=\infty$(i, j 之间没有边，在程序中以各边都不可能达到的充分大的数代替)；

$a_{ij}=w_{ij}$(w_{ij} 是 i, j 之间边的长度，$i, j=1, 2, \cdots, n$).

对于无向图，$\boldsymbol{A}_0$ 是对称矩阵，$a_{ij}=a_{ji}$.

Floyd 算法的基本思想是：递推产生一个矩阵序列 $\boldsymbol{A}_0$, $\boldsymbol{A}_1$, $\cdots$, $\boldsymbol{A}_k$, $\cdots$, $\boldsymbol{A}_n$，其中 $A_k(i, j)$ 表示从顶点 v_i 到顶点 v_j 的路径上所经过的顶点序号不大于 k 的最短路径长度.

计算时用迭代公式：

$$\boldsymbol{A}_k(i, j) = \min\{\boldsymbol{A}_{k-1}(i, j), \boldsymbol{A}_{k-1}(i, k) + \boldsymbol{A}_{k-1}(k, j)\}$$

k 是迭代次数，$i, j, k=1, 2, \cdots, n$.

最后，当 $k=n$ 时，$\boldsymbol{A}_n$ 即是各顶点之间的最短通路值.

例 3 用 Floyd 算法求解例 2.

矩阵 path 用来存放每对顶点之间最短路径上所经过的顶点的序号. Floyd 算法的 MATLAB 程序如下：

```
clear;
clc;
M=10000;
a(1,:)=[0, 50, M, 40, 25, 10];
a(2,:)=[zeros(1, 2), 15, 20, M, 25];
a(3,:)=[zeros(1, 3), 10, 20, M];
a(4,:)=[zeros(1, 4), 10, 25];
a(5,:)=[zeros(1, 5), 55];
a(6,:)=zeros(1, 6);
b=a+a'; path=zeros(length(b));
for k=1:6
  for i=1:6
   for j=1:6
      if b(i, j)>b(i, k)+b(k, j)
        b(i, j)=b(i, k)+b(k, j);
        path(i, j)=k;
      end
   end
  end
end
b, path
```

6.2.3 邮递员问题

定义 6.3 经过 G 的每条边的迹叫做 G 的 Euler 迹；封闭的 Euler 迹叫做 Euler 回路或 E 回路；含 Euler 回路的图叫做 Euler 图.

直观地讲，Euler 图就是从一顶点出发每边恰通过一次能回到出发点的那种图，即不重复地行遍所有的边再回到出发点.

定理 6.4 (1) G 是 Euler 图的充分必要条件是 G 连通且每顶点皆偶次.

(2) G 是 Euler 图的充分必要条件是 G 连通且 $G=\bigcup_{i=1}^{d} C_i$，C_i 是圈，$E(C_i)\cap E(C_j)=\Phi(i\neq j)$.

(3) G 中有 Euler 迹的充要条件是 G 连通且至多有两个奇次点.

1921 年，Fleury 给出了下面的求 Euler 回路的算法.

(1) $\forall v_0 \in V(G)$，令 $W_0 = v_0$.

(2) 假设迹 $W_i = v_0 e_1 v_1 \cdots e_i v_i$ 已经选定，那么按下述方法从 $E - \{e_1, \cdots, e_i\}$ 中选取边 e_{i+1}：

① e_{i+1} 和 v_i 相关联；

② 除非没有别的边可选择，否则 e_{i+1} 不是 $G_i = G - \{e_1, \cdots, e_i\}$ 的割边(所谓割边，是指一条删除后使连通图不再连通的边).

(3) 当第(2)步不能再执行时，算法停止.

邮递员问题可描述为：一位邮递员从邮局选好邮件去投递，然后返回邮局，当然他必须经过他负责投递的每条街道至少一次，为他设计一条投递路线，使得他的投递行程最短.

上述邮递员问题的数学模型是：在一个赋权连通图上求一个含所有边的回路，且使此回路的权最小.

显然，若此连通赋权图是 Euler 图，则可用 Fleury 算法求出 Euler 回路，此回路即为所求.

对于非 Euler 图，1973 年，Edmonds 和 Johnson 给出下面的解法：

设 G 是连通赋权图.

(1) 求 $V_0 = \{v \mid v \in V(G), d(v) = 1(\mathrm{mod}2)\}$.

(2) 对每对顶点 u，$v \in V_0$，求 $d(u, v)$($d(u, v)$是 u 与 v 的距离，可用 Floyd 算法求得).

(3) 构造完全赋权图 $K_{|V_0|}$，以 V_0 为顶点集，以 $d(u, v)$为边 uv 的权.

(4) 求 $K_{|V_0|}$ 中权之和最小的完美对集 M.

(5) 求 M 中边的端点之间的在 G 中的最短轨.

(6) 在(5)中求得的每条最短轨上的每条边添加一条等权的所谓"倍边"(即共端点且共权的边)，记其为 G'.

(7) 在(6)中得到的图 G' 上求 Euler 回路，此即为邮递员问题的解.

上述问题可推广为多邮递员问题，即：

邮局有 $k(k \geqslant 2)$位投递员，同时投递信件，全城街道都要投递，完成任务后返回邮局，如何分配投递路线，使得完成投递任务的时间最早？我们把这一问题记成 kPP.

kPP 的数学模型如下：

$G(V, E)$是连通图，$v_0 \in V(G)$，求 G 的回路 $C_1, \cdots, C_k$，使得

(1) $v_0 \in V(C_i)(i = 1, 2, \cdots, k)$；

(2) $\max\limits_{1 \leqslant i \leqslant k} \sum\limits_{e \in E(C_i)} w(e) = \min$；

(3) $\bigcup_{i=1}^{k} E(C_i) = E(G)$.

6.2.4　旅行商问题

定义 6.4　包含 G 的每个顶点的轨叫做 Hamilton(哈密顿)轨；封闭的 Hamilton 轨叫做 Hamilton 圈或 H 圈；含 Hamilton 圈的图叫做 Hamilton 图.

直观地讲，Hamilton 图就是从一顶点出发每顶点恰通过一次即能回到出发点的那种图，亦即不重复地行遍所有的顶点再回到出发点.

一名推销员准备前往若干城市推销产品，然后回到他的出发地. 如何为他设计一条最短的旅行路线(从驻地出发，恰好经过每个城市一次，最后返回驻地)? 这个问题称为旅行商问题. 用图论来描述就是在一个赋权完全图中，找出一个有最小权的 Hamilton 圈. 称这种圈为最优圈，与最短路问题及连线问题相反，目前还没有求解旅行商问题的有效算法. 所以希望有一个方法以获得相当好(但不一定最优)的解.

一个可行的方法是首先求一个 Hamilton 圈 C，然后适当修改 C 以得到具有较小权的另一个 Hamilton 圈. 修改的方法叫做改良圈算法. 设初始圈 $C=v_1 v_2 \cdots v_n v_1$.

(1) 对于 $1<i+1<j<n$ ，构造新的 Hamilton 圈：

$$C_{ij} = v_1 v_2 \cdots v_i v_j v_{j-1} v_{j-2} \cdots v_{i+1} v_{j+1} v_{j+2} \cdots v_n v_1$$

它是由 C 中删去边 $v_i v_{i+1}$ 和 $v_j v_{j+1}$，添加边 $v_i v_j$ 和 $v_{i+1} v_{j+1}$ 而得到的. 若

$$w(v_i v_j) + w(v_{i+1} v_{j+1}) < w(v_i v_{i+1}) + w(v_j v_{j+1})$$

则以 C_{ij} 代替 C，C_{ij} 叫做 C 的改良圈.

(2) 转回步骤(1)，继续改良，直至无法改进，此时停止.

用改良圈算法得到的结果几乎可以肯定不是最优的. 为了得到更高的精确度，可以选择不同的初始圈，重复进行几次算法，以求得较精确的结果.

这个算法的优劣程度有时能用 Kruskal 算法加以说明. 假设 C 是 G 中的最优圈，则对于任何顶点 v，$C-v$ 是在 $G-v$ 中的 Hamilton 轨，因而也是 $G-v$ 的生成树. 由此推知：若 T 是 $G-v$ 中的最优树，同时 e 和 f 是和 v 关联的两条边，并使得 $w(e)+w(f)$ 尽可能小，则 $w(T)+w(e)+w(f)$ 将是 $w(C)$ 的一个下界.

这里介绍的方法已被进一步发展. 圈的修改过程一次替换三条边比一次仅替换两条边更为有效.

例 4　从北京(Pe)乘飞机到东京(T)、纽约(N)、墨西哥城(M)、伦敦(L)、巴黎(Pa)五城市进行旅游，每城市恰去一次，最后再回北京，应如何安排旅游

路线，使旅程最短？

各城市之间的航线距离如表 6－5 所示.

表 6－5

	L	M	N	Pa	Pe	T
L		56	35	21	51	60
M	56		21	57	78	70
N	35	21		36	68	68
Pa	21	57	36		51	61
Pe	51	78	68	51		13
T	60	70	68	61	13	

解 该问题为典型的旅行商问题，可用 MATLAB 程序实现. 编写程序如下：

```
clc, clear
a(1, 2)=56; a(1, 3)=35; a(1, 4)=21; a(1, 5)=51; a(1, 6)=60;
a(2, 3)=21; a(2, 4)=57; a(2, 5)=78; a(2, 6)=70;
a(3, 4)=36; a(3, 5)=68; a(3, 6)=68;
a(4, 5)=51; a(4, 6)=61;
a(5, 6)=13;
a(6, :)=0;
a=a+a';
c1=[5 1:4 6];
L=length(c1);
flag=1;
while flag>0
   flag=0;
  for m=1:L-3
   for n=m+2:L-1
     if a(c1(m), c1(n))+a(c1(m+1), c1(n+1))<a(c1(m), c1(m+1))+a
(c1(n), c1(n+1))
        flag=1;
        c1(m+1:n)=c1(n:-1:m+1);
      end
   end
  end
end
```

```
sum1=0;
for i=1:L-1
   sum1=sum1+a(c1(i), c1(i+1));
end
circle=c1;
sum=sum1;
c1=[5 6 1:4]; %改变初始圈，该算法的最后一个顶点不动
flag=1;
while flag>0
     flag=0;
   for m=1:L-3
     for n=m+2:L-1
        if a(c1(m), c1(n))+a(c1(m+1), c1(n+1))<...
              a(c1(m), c1(m+1))+a(c1(n), c1(n+1))
           flag=1;
           c1(m+1:n)=c1(n:-1:m+1);
        end
     end
   end
end
sum1=0;
for i=1:L-1
   sum1=sum1+a(c1(i), c1(i+1));
end
if sum1<sum
   sum=sum1;
   circle=c1;
end
circle, sum
```

6.2.5　匹配及其应用

定义 6.5　若 $M\subset E(G)$，$\forall e_i$，$e_j\in M$，e_i 与 e_j 无公共端点($i\neq j$)，则称 M 为图 G 的一个对集；称 M 中的一条边的两个端点在对集 M 中相配；M 中的端点称为被 M 许配；G 中每个顶点皆被 M 许配时，M 称为完美对集；G 中已无使 $|M'|>|M|$ 的对集 M'，则 M 称为最大对集；若 G 中有一轨，其边交替地在对集 M 内外出现，则称此轨为 M 的交错轨．交错轨的起止顶点都未被许配时，

此交错轨称为可增广轨.

若把可增广轨上在 M 外的边纳入对集，把 M 内的边从对集中删除，则被许配的顶点数增加 2，对集中的“对儿”增加一个.

1957 年，贝尔热(Berge)得到最大对集的充要条件如下：

定理 6.5 M 是图 G 中的最大对集当且仅当 G 中无可增广轨 M.

1935 年，霍尔(Hall)得到下面的许配定理：

定理 6.6 G 为二分图，X 与 Y 是顶点集的划分，G 中存在把 X 中顶点皆许配的对集的充要条件是，$\forall S \subset X$，则 $|N(S)| \geqslant |S|$，其中 $N(S)$ 是 S 中顶点的邻集.

由上述定理可以得出：

推论 1：若 G 是 $k(k>0)$ 正则 2 分图，则 G 有完美对集.

所谓 k 正则图，即每顶点皆 k 度的图.

由此推论得出下面的婚配定理：

定理 6.7 每个姑娘都结识 $k(k \geqslant 1)$ 位小伙子，每个小伙子都结识 k 位姑娘，则每位姑娘都能和她认识的一个小伙子结婚，并且每位小伙子也能和他认识的一个姑娘结婚.

人员分派问题等实际问题可以化成对集来解决.

• 人员分派问题：工作人员 $x_1, x_2, \cdots, x_n$ 去做 n 件工作 $y_1, y_2, \cdots, y_n$，每人适合做其中一件或几件，问能否每人都有一份适合的工作？如果不能，最多几人可以有适合的工作？

这个问题的数学模型是：

G 是二分图，其顶点集划分为 $V(G)=X \cup Y$，$X_1=\{x_1, \cdots, x_n\}$，$Y_1=\{y_1, \cdots, y_n\}$，当且仅当 x_i 适合做工作 y_i 时，$x_i y_i \in E(G)$，求 G 中的最大对集.

解决这个问题可以利用 1965 年埃德门兹(Edmonds)提出的匈牙利算法.

• 匈牙利算法：

(1) 从 G 中任意取定一个初始对集 M.

(2) 若 M 把 X 中的顶点皆许配，停止，M 即完美对集；否则取 X 中未被 M 许配的一顶点 u，记 $S=\{u\}$，$T=\Phi$.

(3) 若 $N(S)=T$，停止，无完美对集；否则取 $y \in N(S)-T$.

(4) 若 y 是被 M 许配的，设 $yz \in M$，$S=S \cup \{z\}$，$T=T \cup \{y\}$，转(3)；否则，取可增广轨 $P(u, y)$，令 $M=(M-E(P)) \cup (E(P)-M)$，转(2).

把以上算法稍加修改就能够用来求二分图的最大对集.

• 最优分派问题：在人员分派问题中，工作人员适合做的各项工作当中，效益未必一致，我们需要制定一个分派方案，使公司总效益最大.

这个问题的数学模型是：在人员分派问题的模型中，图 G 的每边加了权 $w(x_iy_j)\geqslant 0$，表示 x_i 干 y_j 工作的效益，求加权图 G 上的权最大的完美对集.

解决这个问题可以用库恩—曼克莱斯(Kuhn-Munkres)算法. 为此，我们要引入可行顶点标号与相等子图的概念.

定义 6.6 若映射 $l: V(G)\to R$，满足 $\forall x\in X, y\in Y$，有

$$l(x)+l(y)\geqslant w(x, y)$$

则称 l 是二分图 G 的可行顶点标号. 令

$$E_l=\{xy \mid xy\in E(G), l(x)+l(y)=w(xy)\}$$

称以 E_l 为边集的 G 的生成子图为相等子图，记作 G_l.

可行顶点标号是存在的. 例如，

$$l(x)=\max_{y\in Y} w(xy)\quad (x\in X)$$

$$l(y)=0\quad (y\in Y)$$

定理 6.8 G_l 的完美对集即为 G 的权最大的完美对集.

- Kuhn-Munkres 算法：

(1) 选定初始可行顶点标号 l，确定 G_l，在 G_l 中选取一个对集 M.

(2) 若 X 中顶点皆被 M 许配，停止，M 即 G 的权最大的完美对集；否则，取 G_l 中未被 M 许配的顶点 u，令 $S=\{u\}$，$T=\Phi$.

(3) 若 $N_{G_l}(S)\supset T$，转(4)；若 $N_{G_l}(S)=T$，取

$$\alpha_l=\min_{x\in S, y\notin T}\{l(x)+l(y)-w(xy)\}$$

$$\bar{l}(v)=\begin{cases} l(v)-\alpha_l & (v\in S)\\ l(v)+\alpha_l & (v\in T)\\ l(v) & (\text{其它})\end{cases}$$

$$l=\bar{l},\quad G_l=G_{\bar{l}}$$

(4) 选 $N_{G_l}(S)-T$ 中一顶点 y，若 y 已被 M 许配，且 $yx\in M$，则 $S=S\cup\{z\}$，$T=T\cup\{y\}$，转(3)；否则，取 G_l 中一个 M 可增广轨 $P(u, y)$，令 $M=(M-E(P))\cup(E(P)-M)$转(2).

其中，$N_{G_l}(S)$是 G_l 中 S 的相邻顶点集.

习 题 六

1. 对于 n 阶成比例阵 $A=(a_{ij})$，设 $a_{ij}=\dfrac{w_i}{w_j}\varepsilon_{ij}$，$\varepsilon_{ij}=1+\delta_{ij}$，其中

$$w=(w_1, \cdots, w_n)^{\mathrm{T}}$$

是对应于最大特征根的特征向量，δ_{ij} 表示 a_{ij} 在一致性附近的扰动，若 δ_{ij} 为方差

δ^2 的随机变量，证明一致性指标 $CI \approx \frac{\delta^2}{2}$.

2. 为减少层次分析法中的主观成分，可请若干专家每人构造成对比较阵，试给出一种由若干个成对比较阵确定权向量的方法.

3. 图 6－5 是 5 位网球选手循赛的结果. 作为竞赛图，它是双向连通的吗？找出几条完全路径，用适当的方法排出 5 位选手的名次.

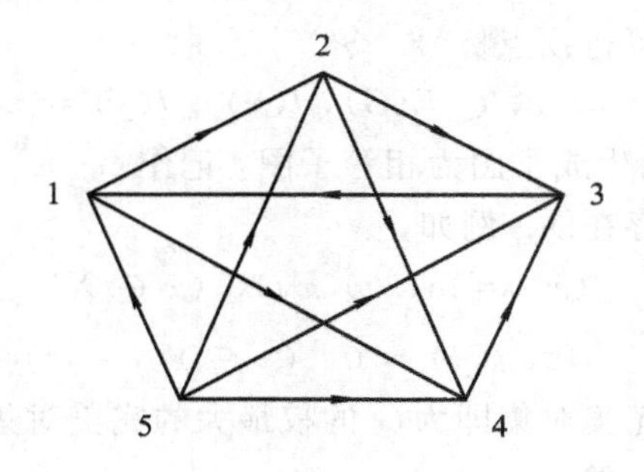

图　6－5

4. 奇数个席位的理事会由三派组成，议会表决实行过半数通过方案，证明在任一派都不能操纵表决的条件下，三派占有的席位不论多少，他们在表决中的权重都是一样的.

第七章 概 率 模 型

随机现象是现实世界广泛存在的一类现象．利用概率统计方法，建立随机性的数学模型，描述随机因素的影响，在科技、管理、经济等领域有着广泛的应用．本章主要介绍用随机变量和概率分布建立的简单随机模型——概率模型．

7.1 传送带的效率模型

1. 问题的提出

排列整齐的工作台旁，工人们生产同一种产品．工作台上方一条传送带在运转，传送带上有若干个钩子，工人们将产品挂在经过他上方的钩子上，产品被带走，如图 7-1 所示．当生产进入稳定状态后，每个工人生产出一种产品的时间不变，但他要挂产品的时刻却是随机的．考虑一下，如何描述这种传送带的效率．

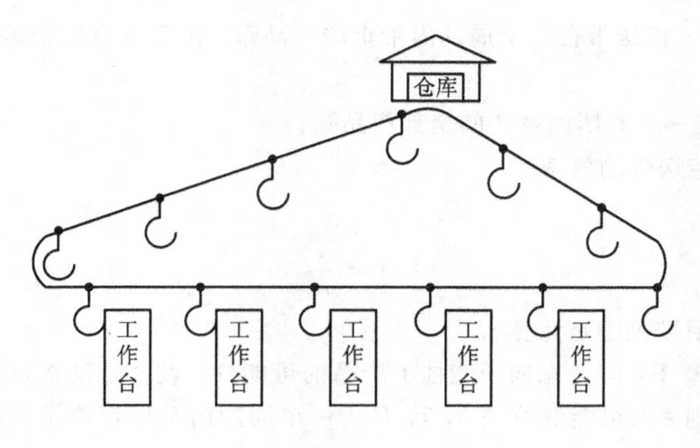

图 7-1

2. 模型的分析

工人在生产出一件产品后，要么恰有空钩子经过他的工作台，使他可将产品挂上带走，要么他将产品放下立即投入下一件产品的生产.

工人的生产周期(生产出一件产品的时间)虽然相同，但是由于各种随机因素的干扰，经过相当长的时间后，他们生产完一件产品的时刻可以认为是随机的，并且在一个生产周期内任一时刻的可能性是一致的. 因此，传送带长期运转的效率等于一个生产周期的效率，即等于它在一个周期内能带走的产品数与一个周期内生产的全部产品数之比. 即

$$传送带效率 = \frac{周期内带走的产品数}{周期内生产的产品数}$$

3. 模型的假设

(1) 车间共有 n 个工人，他们的生产是互相独立的，生产周期是常数，n 个工作台均匀排列；

(2) 生产已进入稳定状态，即每个工人生产出一件产品的时刻在一周期内是等可能的；

(3) 在一周期内有 m 个钩子通过每一工作台上方，钩子均匀排列，每个钩子至多只能挂上一件产品；

(4) 在任何时刻，每个工人都能且只能接触到一只钩子，于是在他生产出一件产品的瞬间，如果他能接触到的那只钩子是空的，则可将产品挂上带走；如果那只钩子非空，则他只能将这件产品放在地上，退出传送系统.

4. 建模与求解

设：s——传送带在一个周期内带走的产品数，由于含有随机因素，故 s 取期望值；

n——在一个周期内生产的全部产品数；

D——传送带的效率.

则：

$$D = \frac{s}{n}$$

因此，模型关键是计算 s.

先计算概率，即考虑钩子能挂上产品的可能性. 设 ξ 为某指定钩子能挂上的产品数，则 ξ 的可能取值是 0，1；P 为一个周期内某指定钩子能挂上产品的概率.

对于任一指定的工人来讲，由于在一个周期内他完成一件产品，而他把这

件产品挂上经过他上方的 m 个钩子中的任一个是等可能的.

因此，对于任一指定的钩子而言，它被任一指定的工人挂上产品的概率是 $\frac{1}{m}$，没有被指定的工人挂上产品的概率是 $1-\frac{1}{m}$.

又由于工人生产的独立性，故任一指定的钩子经过 n 个工作台的上方后都没有被挂上产品的概率是 $\left(1-\frac{1}{m}\right)^n$，能挂上产品的概率 $P=1-\left(1-\frac{1}{m}\right)^n$，从而 ξ 有分布律：

ξ	0	1
P	$\left(1-\frac{1}{m}\right)^n$	$1-\left(1-\frac{1}{m}\right)^n$

某指定钩子在一个周期内平均能挂上的产品数为：

$$E\xi = 0 \cdot p_1 + 1 \cdot p_2 = 1 - \left(1 - \frac{1}{m}\right)^n$$

因为传送带有 m 个钩子，所以传送带在一周期内送走的产品数的期望是：

$$s = m \cdot E\xi = m\left[1 - \left(1 - \frac{1}{m}\right)^n\right]$$

5. 问题的结果

$$D = \frac{s}{n} = \frac{m}{n}\left[1 - \left(1 - \frac{1}{m}\right)^n\right]$$

当 $m \gg n$ 时，利用公式

$$\left(1 - \frac{1}{m}\right)^n \approx 1 - \frac{n}{m} + \frac{n(n-1)}{2!m^2}$$

则传送带效率可化简为：

$$D \approx 1 - \frac{n-1}{2m}$$

即没有被带走的产品比例约为：

$$\frac{n-1}{2m}$$

特别地，当 $n=10$，$m=40$ 时，大约有 11%的产品未被带走.

思考题 若在传送带的每一只钩子旁边多放一个钩子，则此时的传送带效率如何?

7.2 报童问题模型

1. 问题的提出

报童每天清晨从报社购进报纸零售，晚上将没有卖掉的报纸退回. 设报纸每份的购进价为 b，零售价为 a，退回价为 c，应该自然地假设为 $a>b>c$. 这就是说，报童售出一份报纸赚 $a-b$，退回一份赔 $b-c$. 报童每天如果购进的报纸太少，不够卖的，会少赚钱；如果购进太多，卖不完，又要赔钱. 请你为报童筹划一下，他应如何确定每天购进报纸的数量，以获得最大的收入.

2. 问题的分析及假设

众所周知，应该根据需求量确定购进量. 需求量是随机的，假定报童已经通过自己的经验或其它的渠道掌握了需求量的随机规律，即在他的销售范围内每天报纸的需求量为 r 份的概率是 $f(r)(r=0, 1, 2, \cdots)$. 有了 $f(r)$ 和 a, b, c，就可以建立关于购进量的优化模型了.

假设每天的购进量为 n 份，因为需求量 r 是随机的，故 r 可以小于 n、等于 n 或大于 n，致使报童每天的收入也是随机的. 所以作为优化模型的目标函数，不能是报童每天的收入，而应该是他长期(几个月或一年)卖报的日平均收入. 从概率论大数定律的观点看，这相当于报童每天收入的期望值，以下简称平均收入.

3. 模型的建立及求解

记报童每天购进 n 份报纸时的平均收入为 $G(n)$，如果这天的需求量 $r\leqslant n$，则他售出 r 份，退回 $n-r$ 份；如果这天的需求量 $r>n$，则 n 份将全部售出. 考虑到需求量为 r 的概率是 $f(r)$，所以

$$G(n)=\sum_{r=0}^{n}[(a-b)r-(b-c)(n-r)]f(r)+\sum_{r=n+1}^{\infty}(a-b)nf(r) \tag{7.2.1}$$

问题归结为在 $f(r)$、a、b、c 已知时，求 n 使 $G(n)$ 最大.

通常需求量 r 的取值和购进量 n 都相当大，将 r 视为连续变量更便于分析和计算，这时概率 $f(r)$ 转化为概率密度函数 $p(r)$，式(7.2.1)变成

$$G(n)=\int_{0}^{n}[(a-b)r-(b-c)(n-r)]p(r)\,\mathrm{d}r+\int_{n}^{\infty}(a-b)np(r)\,\mathrm{d}r \tag{7.2.2}$$

计算

$$\frac{\mathrm{d}G}{\mathrm{d}n}=(a-b)np(n)-\int_0^n(b-c)p(r)\ \mathrm{d}r-(a-b)np(n)+\int_n^\infty(a-b)p(r)\ \mathrm{d}r$$
$$=-(b-c)\int_0^n p(r)\ \mathrm{d}r+(a-b)\int_n^\infty p(r)\ \mathrm{d}r$$

令$\frac{\mathrm{d}G}{\mathrm{d}n}=0$，得到

$$\frac{\int_0^n p(r)\ \mathrm{d}r}{\int_n^\infty p(r)\ \mathrm{d}r}=\frac{a-b}{b-c} \tag{7.2.3}$$

使报童日平均收入达到最大的购进量 n 应满足式(7.2.3). 因为 $\int_0^\infty p(r)\ \mathrm{d}r=1$，所以式(7.2.3)又可表示为：

$$\int_0^n p(r)\ \mathrm{d}r=\frac{a-b}{a-c} \tag{7.2.4}$$

根据需求量的概率密度函数 $p(r)$的图形很容易从式(7.2.3)确定购进量 n.

如图 7-2 所示，用 P_1，P_2 分别表示曲线 $p(r)$下的两块面积，则式(7.2.3)可记作

$$\frac{P_1}{P_2}=\frac{a-b}{b-c} \tag{7.2.5}$$

因为当购进 n 份报纸时，$P_1=\int_0^n p(r)\ \mathrm{d}r$ 是需求量 r 不超过 n 的概率，即卖不完的概率；$P_2=\int_n^\infty p(r)\ \mathrm{d}r$ 是需求量 r 超过 n 的概率，即卖完的概率，所以式(7.2.3)表明，购进的份数应该使卖不完和卖完的概率之比，恰好等于卖出一份赚的钱 $a-b$ 与退回一份赔的钱 $b-c$ 之比. 显然，当报童与报社签订的合同使报童每份赚钱和赔钱之比越大时，报童购进的份数就应该越多.

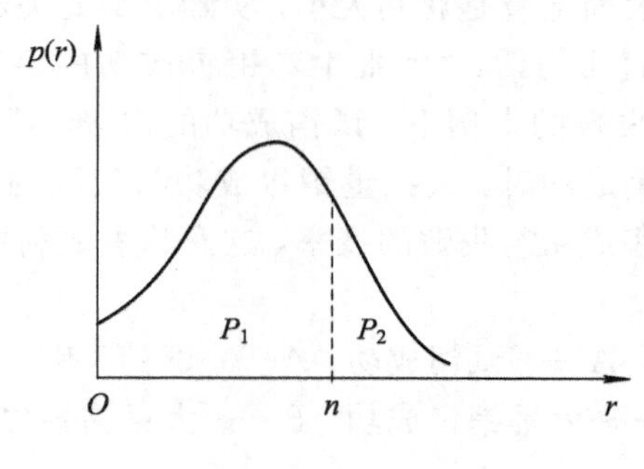

图　7-2

7.3 随机性决策模型

决策是人们在生活和工作中普遍存在的一种活动，是为解决当前或未来可能发生的问题选择最佳方案的一种过程. 比如，某人决定要到某地出差，而天气预报可能有寒流，考虑出差是否要带棉大衣，带上棉大衣无寒流是个累赘，若不带又可能遇上寒流而挨冻，到底带不带？这就要他做出决策. 小至个人生活，大至企业经营以及国家的政治经济问题，都需要决策. 在做出决策时，往往受某些随机性的因素影响，而决策者对于这些因素的了解不足，但是对各种因素发生的概率已知或者可估算出来，因此这种决策存在一定的风险，这就是所谓的风险型决策. 解决风险型决策问题最典型的方法是利用树形图法表示决策过程.

1. 问题的提出

天龙服装厂设计了一款新式女装准备推向全国. 如果直接大批量生产与销售，主观估计成功与失败的概率各为 0.5，其分别的获利为 1200 万元与－500 万元，如取消生产销售计划，则损失设计与准备费用 40 万元. 为稳妥起见，可先小批量生产试销，试销的投入需 45 万元. 据历史资料与专家估计，试销成功与失败的概率分别为 0.6 与 0.4，又据过去的情况，大批生产销售成功的事例中，试销成功的占 84%，大批生产销售失败的事例中，试销成功的占 36%. 试根据以上数据，通过建立决策树模型按期望值准则确定最优决策.

2. 问题分析与模型假设

(1) 问题涉及直接大批量生产与销售、取消生产销售计划和小批量试销售这样三个决策方案的取舍，在每种方案下又分为成功或失败两种结果.

(2) 决策目标在表面上看是获利大小，实际上是要决定试销与否.

(3) 尚需注意后面几句话："大批生产销售成功的事例中，试销成功的占 84%，大批生产销售失败的事例中，试销成功的占 36%"，这意味着要计算两个概率，其一是当试销成功时，大批量销售成功与失败的概率；其二是试销失败情况下，大批量销售成功与失败的概率，这意味着要利用贝叶斯概率公式.

(4) 设定变量：

$$A\text{——试销成功，}\overline{A}\text{——试销失败}$$

$$B\text{——大量销售成功，}\overline{B}\text{——大量销售失败}$$

3. 建立模型

先来计算两个概率，注意到 $P(A|B)=0.84$，$P(B)=0.6$，$P(A|\overline{B})=0.36$，

代入贝叶斯概率公式：

$$P(B \mid A)=\frac{P(A \mid B)P(B)}{P(A \mid B)P(B)+P(A \mid \bar{B})P(\bar{B})}$$

$$=\frac{0.84\times 0.6}{0.84\times 0.6+0.36\times 0.4}\approx 0.78$$

从而 $P(\bar{B}|A)=0.22$. 即当试销成功时，大批量销售成功与失败的概率分别为 0.78 和 0.22.

同理可以算出在试销失败的情况下，大批量销售成功与失败的概率分别为 0.22 和 0.78.

以试销与否作为决策思路，从左至右画出决策树模型如图 7-3 所示.

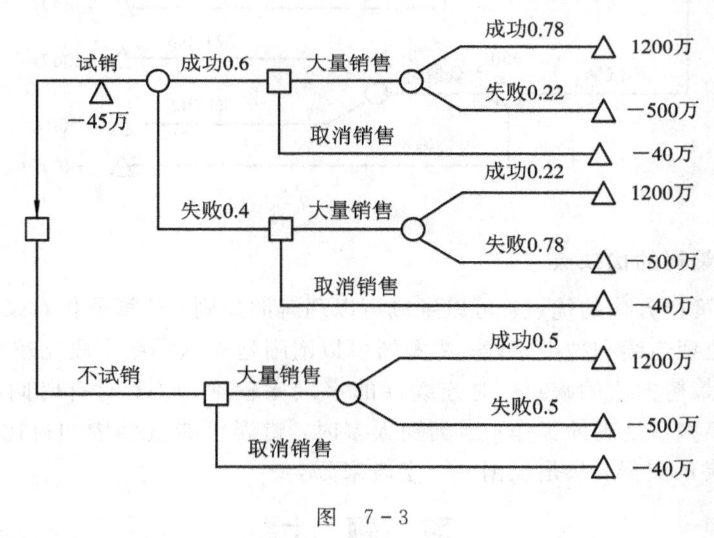

图　7-3

这棵树即为所求的数学模型.

其中：□表示决策点，从它引出的分支称为方案分支. 分支的数目就是方案的个数.

○表示机会节点，从它引出的分支称为概率分支. 一条概率分支代表一种自然状态，其上标有相应发生的概率.

△表示末梢节点，右边的数字代表各个方案在不同的自然状态下的效益值.

4. 模型的求解

根据期望利润值最大准则对决策树进行求解：对决策树进行计算遵循从右向左的顺序。遇到机会节点，则计算在该点的期望值，并将结果标在节点上方；遇到决策点就比较各方案分支的效益期望值，以决定各方案的优劣. 在淘汰的分支上标上×，余下的方案即最佳方案.最佳方案的效益期望值应标在决策点旁，如图 7－4 所示.

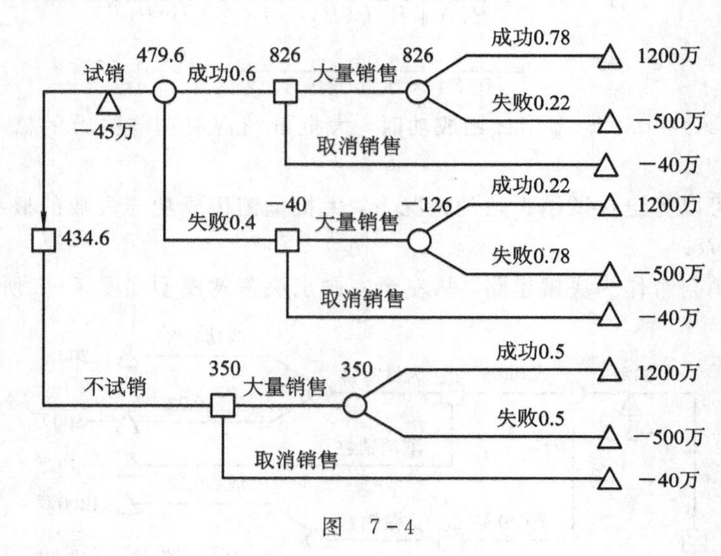

图 7－4

5. 决策树的优缺点

• 决策树方法的优点：可以生成可以理解的规则；计算量相对来说不是很大；可以处理连续和种类字段；决策树可以清晰地显示哪些字段比较重要.

• 决策树方法的缺点：对连续性的字段比较难预测；对有时间顺序的数据，需要很多预处理的工作；当类别太多时，错误可能就会增加得比较快；一般算法分类的时候，只是根据一个字段来分类.

习 题 七

1. 在报童问题模型中，若每份报纸的购进价为 0.75 元，售出价为 1 元，退回价为 0.6 元，需求量服从均值 500 元、均方差 50 份的正态分布，则报童每天应购进多少份报纸时平均收入最高，这个最高收入是多少？

2. 高层住宅楼有 n 层，有 r 个人在一楼进入电梯，设每个乘客在任何一层出电梯的概率相同，试建立概率模型，求电梯需停次数的数学期望.

3. 某超市有一个收款台，已知顾客到收款台和在收款台的服务时间都是随机的，顾客按泊松流到达，平均每小时到达 20 人，收款时间服从指数分布，平均每个顾客需 2.5 分钟，试求该收款台服务员空闲的概率，服务台前排队顾客数的期望值和每个顾客等待时间的期望值.

第八章　统计回归模型

回归分析(Regression Analysis)方法是数理统计中最常见的一类方法. 该方法利用大量统计数据，建立自变量与因变量之间因果关系的回归方程数学模型. 这类模型广泛应用于社会、经济、医学等领域的定量分析和估值、预测.

8.1　一元线性回归模型

对于自变量 x 的每一个值，因变量是一个随机变量 y，若 x 对 y 的影响是线性的，则可表示为 $y=\beta_0+\beta_1 x+\varepsilon$，称为一元线性回归模型，其中 β_0，β_1 为待定回归系数，ε 为随机误差，$\varepsilon\sim N(0, \sigma^2)$.

一元线性回归分析的主要任务是：用试验值(样本值)对 β_0、β_1 和 σ 作点估计；对回归系数 β_0、β_1 作假设检验；在 $x=x_0$ 处对 y 做出预测，给出 y 的区间估计.

1. 回归系数的最小二乘估计

对于一组观测值$(x_i, y_i)(i=1, 2, \cdots, n)$，利用最小二乘法可得到回归系数.

设

$$\begin{cases} y_i=\beta_0+\beta x_1+\varepsilon_i \quad (i=1, 2, \cdots, n) \\ E\varepsilon_i=0 \\ D\varepsilon_i=\sigma^2 \quad (\varepsilon_1, \varepsilon_2, \cdots, \varepsilon_n \text{ 相互独立}) \end{cases}$$

记

$$Q=Q(\beta_0, \beta_1)=\sum_{i=1}^{n}\varepsilon_i^2=\sum_{i=1}^{n}(y_i-\beta_0-\beta_1 x_i)^2$$

最小二乘法就是选择 β_0 和 β_1 的估计 $\hat{\beta}_0$、$\hat{\beta}_1$，使得

$$Q(\hat{\beta}_0, \hat{\beta}_1)=\min_{\beta_0, \beta_1} Q(\beta_0, \beta_1)$$

记

$$\bar{x}=\frac{1}{n}\sum_{1}^{n}x_i,\quad \bar{y}=\frac{1}{n}\sum_{1}^{n}y_i$$

$$S_{xx}=\sum_{1}^{n}(x_i-\bar{x})^2,\quad S_{xy}=\sum_{1}^{n}(x_i-\bar{x})(y_i-\bar{y})$$

则有

$$\begin{cases}\hat{\beta}_0=\bar{y}-\hat{\beta}_1\bar{x}\\ \hat{\beta}_1=\dfrac{S_{xy}}{S_{xx}}\end{cases}$$

直线 $y=\hat{\beta}_0+\hat{\beta}_1x$ 为数据点$(x_i, y_i)(i=1, 2, \cdots, n)$的回归直线(方程)，对于给出的 x，可由此方程对 y 进行预测.

2. σ^2 的无偏估计

一元线性回归模型中的参数 σ^2 的无偏估计值为：

$$\hat{\sigma}^2=\frac{\sum_{i=1}^{n}(y_i-\hat{\beta}_0-\hat{\beta}_1x_i)^2}{n-2}=S^2$$

由数据点 $x_i(i=1, 2, \cdots, n)$可计算因变量 y 的理论值 $\hat{y}_i=\hat{\beta}_0+\hat{\beta}_1x_i$，观测数据 $y_i(i=1, 2, \cdots, n)$对数据均值 $\bar{y}$ 的偏差 $y_i-\bar{y}$ 可表示为：

$$y_i-\bar{y}=(y_i-\hat{y}_i)+(\hat{y}_i-\bar{y})\tag{8.1.1}$$

式(8.1.1)的第一项是残差，表示随机误差引起的因变量的变化；第二项表示自变量在 $x=x_i$ 时引起的因变量相对于平均值的变化.

对式(8.1.1)两边平方并求和，有：

$$\sum_{i=1}^{n}(y_i-\bar{y})^2=\sum_{i=1}^{n}(y_i-\hat{y}_i)^2+\sum_{i=1}^{n}(\hat{y}_i-\bar{y})^2\tag{8.1.2}$$

式(8.1.2)记为 $S=Q+U$，称 S 为总偏差平方和，Q 为残差平方和，U 为回归平方和. 定义 $R^2=\dfrac{U}{S}$，称为决定系数，R 称为相关系数($0<R^2<1$).

决定系数表示在因变量的总变化量中，由自变量引起的那部分变化的比例. R 越大，说明自变量对因变量起的决定作用越大，R 反映了回归方程的精确程度.

3. 回归系数的置信区间

下面给出回归系数 β_0、β_1 的区间估计(在显著性水平 α 下).

β_1 的置信区间为：

$$\hat{\beta}_1\pm t_{1-\frac{\alpha}{2}}(n-2)\ \frac{S}{\sqrt{S_{xx}}}$$

β_0 的置信区间为：

$$\hat{\beta}_0 \pm t_{1-\frac{\alpha}{2}}(n-2)S\sqrt{\frac{\overline{x}^2}{S_{xx}}+\frac{1}{n}}$$

4. 回归方程的显著性检验

对回归方程 $Y=\beta_0+\beta_1 x$ 的显著性检验，归结为对假设 $H_0: \beta_1=0$；$H_1: \beta_1\neq 0$ 进行检验.

假设 $H_0: \beta_1=0$ 被拒绝，则回归显著，认为 y 与 x 存在线性关系，所求的线性回归方程有意义；否则回归不显著，y 与 x 的关系不能用一元线性回归模型来描述，所得的回归方程也无意义.

1) *F* 检验法

当 H_0 成立时，

$$F=\frac{U}{\frac{Q}{n-2}}\sim F(1, n-2)$$

故 $F>F_{1-\alpha}(1, n-2)$时，拒绝 H_0，否则就接受 H_0.

2) *t* 检验法

当 H_0 成立时，

$$T=\frac{\sqrt{S_{xx}}\hat{\beta}_1}{\hat{\sigma}}\sim t(n-2)$$

故$|T|>t_{1-\frac{\alpha}{2}}(n-2)$时，拒绝 H_0，否则就接受 H_0.

5. 预测

用 y_0 的回归值 $\hat{y}_0=\hat{\beta}_0+\hat{\beta}_1 x_0$ 作为 y_0 的预测值，y_0 的置信水平为 $1-\alpha$ 的预测区间为$[\hat{y}_0-\delta(x_0), \hat{y}_0+\delta(x_0)]$. 其中，

$$\delta(x_0)=\hat{\sigma}t_{1-\frac{\alpha}{2}}(n-2)\sqrt{1+\frac{1}{n}+\frac{(x_0-\overline{x})^2}{S_{xx}}}$$

特别地，当 n 很大且 x_0 在 $\overline{x}$ 附近取值时，y 的置信水平为 $1-\alpha$ 的预测区间近似为：

$$[\hat{y}-\hat{\sigma}u_{1-\frac{\alpha}{2}}, \hat{y}+\hat{\sigma}u_{1-\frac{\alpha}{2}}]$$

例 1　血压与年龄问题：为了研究血压随年龄的增长而升高的关系，调查了 30 个成年人的血压(收缩压，单位 mmHg)如下表，利用这些数据给出血压与年龄的关系，并预测不同年龄人群的血压.

序号	1	2	3	4	5	6	7	8	9	10	11	12	13	14	15
血压	144	135	138	145	162	142	170	124	158	154	162	150	140	110	128
年龄	39	47	45	47	65	46	67	42	67	56	64	56	59	34	42
序号	16	17	18	19	20	21	22	23	24	25	26	27	28	29	30
血压	130	135	114	116	124	136	142	120	120	160	158	144	130	125	175
年龄	48	45	18	20	19	36	50	39	21	44	53	63	29	25	69

解 记血压(因变量)为 y，年龄(自变量)为 x，画出 30 个数据点的散点图．直观地，y 与 x 大致呈线性关系，记为 $y=\beta_0+\beta_1 x$.

利用一元线性回归模型，由 MATLAB 计算出结果如下：

回归系数	回归系数估值	回归系数置信区间
β_0	96.86	[85.47, 108.25]
β_1	0.953	[0.7140, 1.1925]

$R^2=0.7123$ $\alpha=0.05$

血压随年龄的变化关系为 $y=96.86+0.953x$，决定系数为 0.7123，显示血压与年龄有较强的线性关系.

利用上述回归方程，可预测不同年龄人群的血压规律，如表 8-1 所示.

表 8-1

年龄	40	45	50	55
血压	134.9	139.7	144.5	149.2
血压置信区间 $\alpha=0.05$	[114.9, 154.9]	[119.7, 159.6]	[124.5, 163.2]	[129.3, 169.1]
年龄	60	65	70	
血压	154	158.8	163.5	
血压置信区间 $\alpha=0.05$	[134.1, 173.9]	[138.3, 178.1]	[143.4, 182.7]	

由表 8-1 的预测可知，对于 50 岁的人来说，我们有 95%的把握认为其血压(收缩压)在区间[124.5, 163.2].

8.2　多元线性回归模型

若与因变量 y 有关联的自变量不止一个，则可建立多元线性回归模型. 设影响变量 y 的主要因素有 m 个，记为 $x=(x_1, x_2, \cdots, x_m)$，则

$$y=\beta_0+\beta_1 x_1+\beta_2 x_2+\cdots+\beta_m x_m+\varepsilon \tag{8.2.1}$$

根据 n 个独立观测数据 $y_i, x_{i1}, \cdots, x_{im}(i=1, 2, \cdots, n;\ n>m)$，得

$$\begin{cases} y_1=\beta_0+\beta_1 x_{11}+\beta_2 x_{12}+\cdots+\beta_m x_{1m}+\varepsilon_1 \\ \vdots \\ y_n=\beta_0+\beta_1 x_{n1}+\beta_2 x_{n2}+\cdots+\beta_m x_{nm}+\varepsilon_n \end{cases} \tag{8.2.2}$$

记

$$\boldsymbol{X}=\begin{bmatrix} 1 & x_{11} & \cdots & x_{1m} \\ \vdots & \vdots & & \vdots \\ 1 & x_{n1} & \cdots & x_{nm} \end{bmatrix}$$

$$\boldsymbol{Y}=(y_1, \cdots, y_n)^{\mathrm{T}}, \quad \boldsymbol{\varepsilon}=(\varepsilon_1, \cdots, \varepsilon_n)^{\mathrm{T}}, \quad \boldsymbol{\beta}=(\beta_1, \cdots, \beta_n)^{\mathrm{T}}$$

则式(8.2.2)可表示为矩阵形式 $\boldsymbol{Y}=\boldsymbol{X\beta}+\boldsymbol{\varepsilon}$，利用最小二乘法准则可确定参数，其参数 $\boldsymbol{\beta}$ 为：

$$\hat{\boldsymbol{\beta}}=(\boldsymbol{X}^{\mathrm{T}}X)^{-1}\boldsymbol{X}^{\mathrm{T}}\boldsymbol{Y}$$

并称 $y=\hat{\beta}_0+\hat{\beta}_1 x_1+\cdots+\hat{\beta}_m x_m$ 为回归平面方程，$\hat{\beta}_i$ 为经验回归系数.

多元线性回归模型讨论的主要问题是：用试验值(样本值)对未知参数 β 和 σ^2 作点估计和假设检验，从而建立 y 与 $x_1, x_2, \cdots, x_m$ 之间的数量关系；在 $x_1=x_{01}, x_2=x_{02}, \cdots, x_m=x_{0m}$ 处对 y 的值作预测与控制，即对 y 作区间估计.

1. 多元线性回归中的检验

首先假设 $H_0: \beta_0=\beta_1=\cdots=\beta_n=0$.

1) F 检验

当 H_0 成立时，

$$F=\frac{U/m}{Q_e/(n-m-1)} \sim F(k, n-m-1)$$

其中，$U=\sum_{i=1}^{n}(\hat{y}_i-\bar{y})^2$(回归平方和)；$Q_e=\sum_{i=1}^{n}(y_i-\hat{y}_i)^2$(残差平方和).

如果 $F>F_{1-\alpha}(k, n-m-1)$，则拒绝 H_0，认为 y 与 $x_1, x_2, \cdots, x_m$ 之间显著地有线性关系；否则就接受 H_0，认为 y 与 $x_1, x_2, \cdots, x_m$ 之间的线性关系不显著.

2）R 检验

定义 $R=\sqrt{\dfrac{U}{L_{yy}}}=\sqrt{\dfrac{U}{U+Q_e}}$ 为 y 与 x_1，x_2，…，x_m 的多元相关系数或复相关系数．由于

$$F=\frac{n-m-1}{m}\frac{R^2}{1-R^2}$$

故用 F 和用 R 检验是等效的．

2．多元线性回归中的预测

1）点预测

求出回归方程 $\hat{y}=\hat{\beta}_0+\hat{\beta}_1x_1+\cdots+\hat{\beta}_mx_m$，对于给定自变量的值 x_1^*，…，x_m^*，用

$$\hat{y}^*=\hat{\beta}_0+\hat{\beta}_1x_1^*+\cdots+\hat{\beta}_mx_m^*$$

来预测 $y^*=\beta_0+\beta_1x_1^*+\cdots+\beta_mx_m^*+\varepsilon$．称 $\hat{y}^*$ 为 y^* 的点预测．

2）区间估计

y 的 $1-\alpha$ 的预测区间（置信区间）为 $(\hat{y}_1,\ \hat{y}_2)$，其中

$$\begin{cases}\hat{y}_1=\hat{y}-\hat{\sigma}_e\sqrt{1+\sum\limits_{i=0}^{m}\sum\limits_{j=0}^{m}c_{ij}x_ix_j}\cdot t_{1-\alpha/2}(n-m-1)\\ \hat{y}_2=\hat{y}+\hat{\sigma}_e\sqrt{1+\sum\limits_{i=0}^{m}\sum\limits_{j=0}^{m}c_{ij}x_ix_j}\cdot t_{1-\alpha/2}(n-m-1)\\ \boldsymbol{C}=\boldsymbol{L}^{-1}=(c_{ij}),\ \boldsymbol{L}=\boldsymbol{X}^{\mathrm{T}}\boldsymbol{X}\end{cases}$$

例1　城市公交客运量的回归预测问题．

据相关分析，城市公共交通年客运量 y 与城市职工人数 x_1、居民零售额 x_2、职工年收入 x_3 统计相关．现有北京市1968～1980年的统计数据如表8－2所示，试对2000年该市的城市公交客运量做出预测．

表　8－2

年份	年客运量 y /亿次	职工人数 x_1 /百万人	居民零售额 x_2 /10亿元	职工年收入 x_3 /10亿元
1968	16	2.4	3.2	1.7
1969	17	2.4	3.5	1.8
1970	16	2.4	3.4	1.8
1971	16	2.5	3.6	1.8

续表

年份	年客运量 y /亿次	职工人数 x_1 /百万人	居民零售额 x_2 /10 亿元	职工年收入 x_3 /10 亿元
1972	17	2.6	4.0	1.9
1973	19	2.6	4.4	1.9
1974	20	2.7	4.8	1.9
1975	21	2.9	5.3	2.0
1976	22	3.1	5.4	2.1
1977	23	3.2	5.5	2.1
1978	25	3.3	6.1	2.3
1979	30	3.4	7.5	2.7
1980	34	3.5	8.7	3.2

解　建立多元线性回归模型，由 MATLAB 计算回归方程为

$$y = 0.305 + 0.678x_1 + 2.287x_2 + 3.58x_3$$

$R^2=\dfrac{U}{S}=0.9916$，表明公共交通年客运量 y 与城市职工人数 x_1、居民零售额 x_2、职工年收入 x_3 具有很高的线性关联性.

根据有关规划，2000 年该城市职工人数 $x_1=4.5$(百万人)，居民零售额 $x_2=15.0$(10 亿元)，职工年收入 $x_3=5.7$(10 亿元)，则预测北京市公共交通年客运量 $y=58.067$(亿次).

8.3　非线性回归模型

在客观现象中，预报量 y 与自变量 x 之间存在的关系式往往不是线性的. 我们可依据假设或经验，构造特定的函数如多项式、指数函数、三角函数等描述其关系，但其参数的确定和检验目前还无统一方法. 下面以 Y 与 x 具有多项式关系为例加以说明.

设变量 x，Y 多项式关系的回归模型为：

$$Y = \beta_0 + \beta_1 x + \beta_2 x^2 + \cdots + \beta_p x^p + \varepsilon$$

其中 p 是已知的，$\beta_i(i=1, 2, \cdots, p)$是未知参数，$\varepsilon$ 服从正态分布 $N(0, \sigma^2)$. 则

$$Y=\beta_0+\beta_1 x+\beta_2 x^2+\cdots+\beta_k x^k$$

称为回归多项式.

若令 $x_i=x^i(i=1, 2, \cdots, k)$，则多项式回归模型可变为多元线性回归模型.

例 1 药物疗效的评价与预测问题.

现在得到了美国艾滋病医疗试验机构 ACTG 公布的两组数据. ACTG320(见建模竞赛题 2006)是同时服用 zidovudine(齐多夫定)、lamivudine(拉美夫定)和 indinavir(茚地那韦)3 种药物的 300 多名病人每隔几周测试的 CD4 和 HIV 的浓度(每毫升血液里的数量). 利用给定的数据，预测继续治疗的效果，或者确定最佳治疗终止时间(继续治疗指在测试终止后继续服药，如果认为继续服药效果不好，则可选择提前终止治疗).

解 数据的完善与规范化：由于病人测试的时间间断性，不同病人的测试间隔、次数不同，以及部分数据缺失，无法对样本数据进行直接处理，需先对数据进行完善与规范化预处理.

先对个别缺失数据严重(测试不足 30 周)的样本进行删除，最终得到有效样本 333 个.

考虑到病人体内 HIV 和 CD4 两个指标变化的连续性，利用已测周数据对未知周数据进行线性插值，得到所有病人整数周的两个指标数据.

(1) 线性插值方法：

如果在不相邻的两周 M_1 和 M_2 内，测量得到 CD4 的含量为 C_1 和 C_2，HIV 的含量为 H_1 和 H_2，则在 M_1 和 M_2 之间插入 M_2-M_1 个周的数据，即在 $M_1+N(0<N<M_2-M_1)$周的 CD4 含量为：

$$\mathrm{CD4}(N)=C_1+N\times\frac{C_2-C_1}{M_2-M_1}$$

以 23424 编号的病员为例，原始数据如下：

PTID	CD4DATE	CD4Count	RNADate	Vload
23424	0	178	0	5.5
23424	4	228	4	3.9
23424	8	126	8	4.7

经插值后的改进数据为：

PTID	CD4DATE	CD4Count	RNADate	Vload
23424	0.0	178.0	0.0	5.5
23424	1.0	190.5	1.0	5.1
23424	2.0	203.0	2.0	4.7
23424	3.0	215.0	3.0	4.2
23424	4.0	228.0	4.0	3.9
23424	5.0	202.5	5.0	4.1
23424	6.0	177.0	6.0	4.2
23424	7.0	151.5	7.0	4.4
23424	8.0	126.0	8.0	4.7

(2) 数据处理方法：

对区间[0，40]整数节点的 CD4 和 HIV 指标数据进行简单求和平均，得到该疗法治疗后 CD4 指标和 HIV 指标的统计规律如下：

时间	1	2	3	4	5	6	7	8	9	10
CD4	85.9	96.7	108.7	120.6	130.4	136.8	142.7	148.9	153.3	154.9
HIV	5.0	4.6	4.1	3.7	3.2	3.2	3.1	3.0	2.9	2.9
时间	11	12	13	14	15	16	17	18	19	20
CD4	157.2	158.8	160.3	161.7	162.9	164.5	166.0	168	169.6	171.1
HIV	2.9	2.9	2.9	2.9	2.9	2.9	2.9	2.9	2.8	2.8
时间	21	22	23	24	25	26	27	28	29	30
CD4	172.7	174.2	175.2	177.7	175.3	173.0	172.8	175.5	176.9	178.5
HIV	2.8	2.8	2.8	2.8	2.8	2.9	2.8	2.8	2.8	2.8
时间	31	32	33	34	35	36	37	38	39	40
CD4	181.2	182.2	183.3	184.7	186.7	187.8	189.0	190	187.0	189.5
HIV	2.8	2.8	2.8	2.8	2.8	2.8	2.8	2.8	2.8	2.9

CD4 的含量随时间(周)的变化曲线如图 8-1 所示.

图 8-1 中的曲线是对图中的散点进行一个拟合，得出的病人体内 CD4 的平均含量 Y 随周 t 变化的二次函数为：

$$\begin{cases} Y(t) = -0.1274t^2 + 6.6375t + 98.145 \\ R^2 = 0.8018 \end{cases}$$

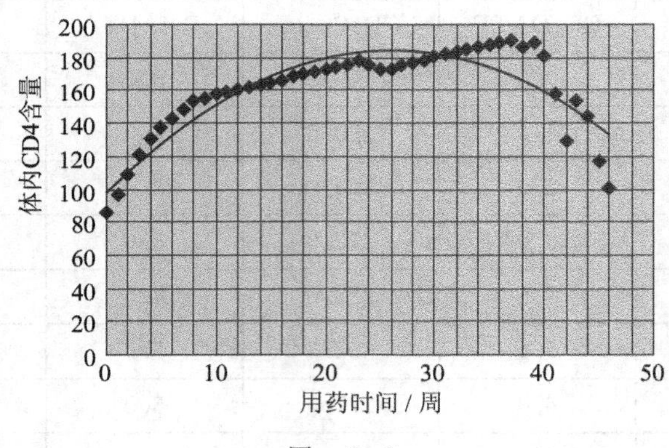

图 8-1

参数和其置信区间如下表：

参　　数	参数置信区间
−0.1274	[87.9547　108.3425]
6.6375	[5.6129　7.6629]
98.145	[−0.1490　−0.1059]

根据以上分析可以得出 CD4 的平均含量的大致走向是在 0～23 周以前是较快上升，显示疗效确切；在 23～24 周左右达到一个峰值，在 24～28 周之间有个小的波动，之后有个缓慢的上升期，在 38 周达到一个最大值，但以后却急剧地下降，药品产生耐药性．由此确定：如果以 CD4 指标为标准，24 周为最佳的停药时间．

类似可处理 HIV 的指标数据，得到 HIV 的含量随时间(周)的变化曲线如图 8-2 所示．

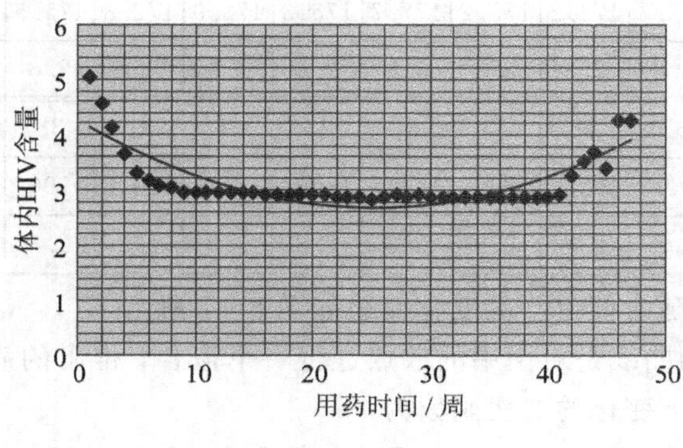

图 8-2

图 8-2 中的曲线是对图中的散点进行一个拟合，得出的病人体内 HIV 的平均含量 Z 随周 t 变化的二次函数为：

$$Z(t) = 4.1442t^2 - 0.1217t + 0.0025$$

参数和置信区间如下表：

参　数	参数置信区间
4.1442	[3.9054　4.3830]
−0.1217	[3.9054　4.3830]
0.0025	[0.0020　0.0030]

根据以上分析可以得出 HIV 的平均含量的大致走向是在 0～10 周以前是急剧下降的，显示疗效确切，在 10～40 周左右基本持平，显示疗效持续，大概 25 周有个较小的波谷，在 40 周以后急剧上升，显示耐药性增加，该药品治疗失效.

由此确定：如果以 HIV 指标为标准，则 24 周为最佳的停药时间.

综合考虑 HIV 和 CD4 两个指标：考虑 CD4/HIV 的比值随时间(周)的变化，得变化曲线如图 8-3 所示.

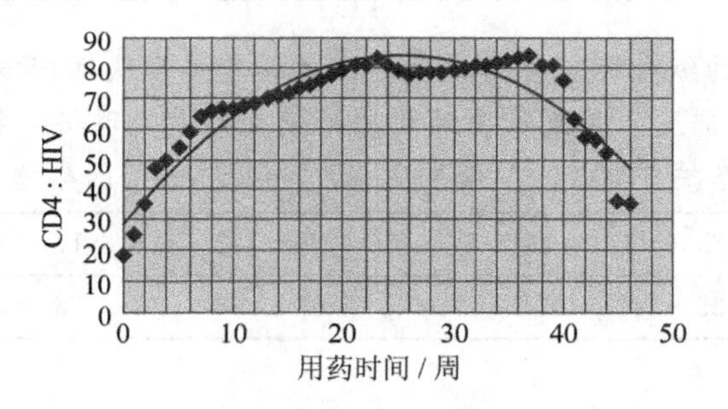

图　8-3

上图中的曲线是对图中的散点进行一个拟合，得出的病人体内 CD4/HIV 的平均含量 W 随周 t 变化的二次函数为：

$$\begin{cases} W = -0.086t^2 + 4.3469t + 29.013 \\ R^2 = 0.8584 \end{cases}$$

函数的参数和其置信区间如下表：

参　数	参数置信区间
−0.086	[−0.0973　−0.0747]
4.3469	[3.8078　4.8860]
29.013	[23.6517　34.3743]

习 题 八

1. 考察温度 x 对产量 y 的影响，测得下列10组数据：

温度/℃	20	25	30	35	40	45	50	55	60	65
产量/kg	13.2	15.1	16.4	17.1	17.9	18.7	19.6	21.2	22.5	24.3

求 y 关于 x 的线性回归方程，检验回归效果是否显著，并预测 $x=42$℃时产量的估值及预测区间(置信度95%).

2. 某零件上有一段曲线，为了在程序控制的机床上加工这一零件，需要求这段曲线的解析表达式. 在曲线横坐标 x_i 处测得纵坐标 y_i，共有如下11对数据：

x_i	0	2	4	6	8	10	12	14	16	18	20
y_i	0.6	2.0	4.4	7.5	11.8	17.1	23.3	31.2	39.6	49.7	61.7

求这段曲线的纵坐标 y 关于横坐标 x 的二次多项式回归方程.

3. 混凝土的抗压强度随养护时间的延长而增加，现将一批混凝土做成12个试块，记录了养护日期 x(日)及抗压强度 $y(\mathrm{kg/cm^2})$ 的数据如下：

养护时间 x	2	3	4	5	7	9	12	14	17	21	28	56
抗压强度 y	35	42	47	53	59	65	68	73	76	82	86	99

试求 $\hat{y}=a+b\ln x$ 型回归方程.

第九章　MATLAB 软件简介

MATLAB 软件是一种功能强大，运算效率很高的数字工具软件，全称是 Matrix Laboratory. 最初它是一种专门用于矩阵运算的软件，经过多年的发展，MATLAB 已经发展为一种功能全面的软件，几乎可以解决科学计算中的所有问题. 矩阵和数组是 MATLAB 的核心，因为 MATLAB 的所有数据都是以数组来表示和储存的. 除了常用的矩阵代数运算值外，MATLAB 软件还提供了非常广泛和灵活的用于处理数据集的数组运算功能. 另外，MATLAB 除了对矩阵提供了强大的处理能力外，还具有与其他高级语言相似的编辑特性. 同时它还可以与 Fortran 和 C 语言混合编程，进一步扩展了它的功能. 在图形可视化方面，MATLAB 提供了图形用户界面(GUI)，使得用户可以进行可视化编程. 因此，MATLAB 是一种将数据结构、编程特性以及图形用户界面完美结合到一起的软件.

9.1　MATLAB 操作基础

9.1.1　MATLAB 概述

1. MATLAB 的主要功能

1) 数值计算和符号计算功能

MATLAB 以矩阵作为数据操作的基本单位，还提供了十分丰富的数值计算函数.

MATLAB 和著名的符号计算语言 Maple 相结合，使得 MATLAB 具有符号计算功能.

2) 绘图功能

MATLAB 提供了两个层次的绘图操作：一种是对图形句柄进行的低层绘图操作，另一种是建立在低层绘图操作之上的高层绘图操作.

3）编程语言

MATLAB具有程序结构控制、函数调用、数据结构、输入输出、面向对象等程序语言特征，而且简单易学、编程效率高.

4）MATLAB工具箱

MATLAB包含两部分内容：基本部分和各种可选的工具箱. MATLAB工具箱分为两大类：功能性工具箱和学科性工具箱.

2. MATLAB工作界面

(1) MATLAB的启动界面：当MATLAB启动时，展现在屏幕上的界面为MATLAB的默认界面，它有四个窗口，分别是命令窗口、工作空间窗口、帮助窗口和历史窗口，如图9-1所示(有的窗口未展开).

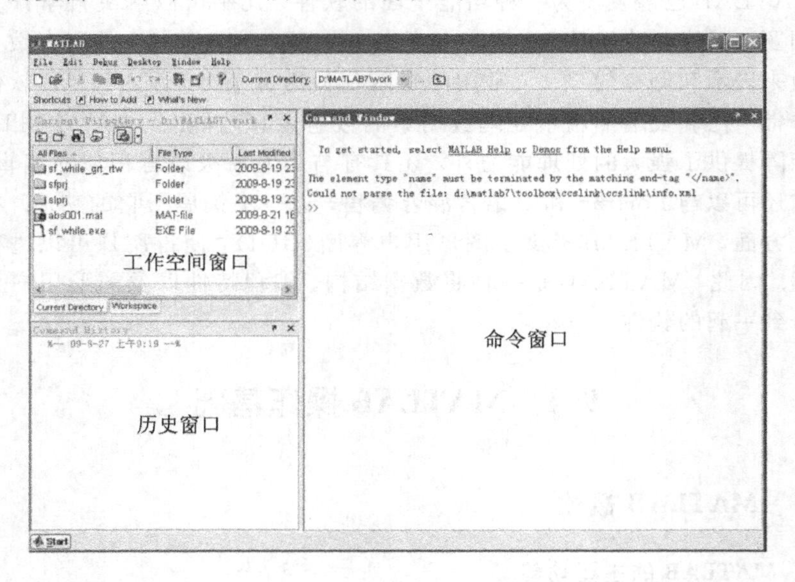

图 9-1

(2) MATLAB系统的退出：要退出MATLAB系统，有3种常见方法：

(ⅰ) 在MATLAB主窗口的File菜单中选择Exit MATLAB命令.

(ⅱ) 在MATLAB命令窗口中输入Exit或Quit命令.

(ⅲ) 单击MATLAB主窗口的“关闭”按钮.

3. 主窗口

MATLAB主窗口是MATLAB的主要工作界面. 主窗口除了嵌入一些子窗口外，还主要包括菜单栏和工具栏，和Windows的主窗口类似，其操作方法也基本相同.

1）菜单栏

在 MATLAB 6.5 主窗口的菜单栏，共计包含有 File、Edit、View、Web、Window 和 Help 6 个菜单项.

File 菜单项：实现有关文件的操作.

Edit 菜单项：用于命令窗口的编辑操作.

View 菜单项：用于设置 MATLAB 集成环境的显示方式.

Web 菜单项：用于设置 MATLAB 的 Web 操作.

Window 菜单项：只包含一个子菜单 Close all，用于关闭所有打开的编辑器窗口，包括 M-file、Figure、Model 和 GUI 窗口.

Help 菜单项：用于提供帮助信息.

2）工具栏

MATLAB 6.5 主窗口的工具栏共提供了 10 个命令按钮. 这些命令按钮均有对应的菜单命令，但比菜单命令使用起来更快捷、方便.

3）命令窗口

命令窗口是 MATLAB 的主要交互窗口，用于输入命令并显示除图形以外的所有执行结果. MATLAB 命令窗口中的“>>”为命令提示符，表示 MATLAB 正处于准备状态. 在命令提示符后键入命令并按下回车键后，MATLAB 就会解释执行所输入的命令，并在命令后面给出计算结果. 如果一个命令行很长，一个物理行之内写不下，可以在第一个物理行之后加上 3 个小黑点并按下回车键，然后接着下一个物理行继续写命令的其他部分. 3 个小黑点称为续行符，即把下面的物理行看做该行的逻辑继续. 在 MATLAB 里，有很多的控制键和方向键可用于命令行的编辑.

4）工作空间窗口

工作空间是 MATLAB 用于存储各种变量和结果的内存空间. 在该窗口中显示了工作空间中所有变量的名称、大小、字节数和变量类型说明，可对变量进行观察、编辑、保存和删除.

5）当前目录窗口和搜索路径

(1) 当前目录窗口。当前目录是指 MATLAB 运行文件时的工作目录，只有在当前目录或搜索路径下的文件、函数可以被运行或调用. 在当前目录窗口中可以显示或改变当前目录，还可以显示当前目录下的文件并提供搜索功能.

将用户目录设置成当前目录时也可使用 cd 命令. 例如，将用户目录 c:\mydir 设置为当前目录，可在命令窗口输入命令：

```
cd c:\mydir
```

(2) MATLAB 的搜索路径：当用户在 MATLAB 命令窗口输入一条命令后，MATLAB 按照一定次序寻找相关的文件．基本的搜索过程是：

(ⅰ) 检查该命令是不是一个变量．

(ⅱ) 检查该命令是不是一个内部函数．

(ⅲ) 检查该命令是否为当前目录下的 M 文件．

(ⅳ) 检查该命令是否为 MATLAB 搜索路径中其他目录下的 M 文件．

9.1.2 MATLAB 帮助系统

1. 帮助窗口

可以通过以下 3 种方法进入帮助窗口：

(ⅰ) 单击 MATLAB 主窗口工具栏中的 Help 按钮．

(ⅱ) 在命令窗口中输入 helpwin、helpdesk 或 doc．

(ⅲ) 选择 Help 菜单中的"MATLAB Help"选项．

2. 帮助命令

MATLAB 帮助命令包括 help、lookfor 以及模糊查询命令．

1) help 命令

在 MATLAB 6.5 命令窗口中直接输入 help 命令将会显示当前帮助系统中所包含的所有项目，即搜索路径中所有的目录名称．同样，可以通过 help 加函数名来显示该函数的帮助说明．

2) 模糊查询

MATLAB 6.0 以上的版本提供了一种类似模糊查询的命令查询方法，用户只需要输入命令的前几个字母，然后按 Tab 键，系统就会列出所有以这几个字母开头的命令．

9.1.3 演示系统

在帮助窗口中选择演示系统(Demos)选项卡，然后在其中选择相应的演示模块，或者在命令窗口输入 Demos，或者选择主窗口 Help 菜单中的 Demos 子菜单，即可打开演示系统．

9.2 MATLAB 程序设计基础

利用 MATLAB 的命令窗口，可以完成较为简单的运算，但遇到较为复杂的问题时，仅靠命令窗口来解决可能会非常繁琐，这时我们就要考虑使用

MATLAB的程序设计. MATLAB提供了一个完善的程序设计语言环境，使我们能方便地编写复杂的程序，完成各种复杂的计算. MATLAB语言在形式上与C语言相似，但它的编程效率比C语言高得多，因为用MATLAB语言编程，不需要事先定义变量，不需要考虑数据类型，系统会自动把所有的数据，包括标量、向量、字符、字符串等统一处理成矩阵，矩阵的大小是根据需要动态变化的. 在本节中我们主要介绍MATLAB类似于其他高级语言的关系运算、逻辑运算、程序的控制结构以及MATLAB特有的M文件.

9.2.1　关系运算

关系运算是指对两个量之间的大小进行比较.

MATLAB提供了6个关系运算符，如表9-1所示.

表　9-1

＞	大于	＜	小于
＞＝	大于或等于	＜＝	小于或等于
＝＝	等于	～＝	不等于

若用关系运算比较两个数值，则当关系成立时，结果为1(表示真)，否则为0(表示假). 进行关系运算的两个量也可以是具有相同格式的矩阵(事实上，若比较的是两个数，则这两个数可以看做两个1×1矩阵)，此时两矩阵的所有对应位置的元素作关系运算，最终的结果是由各对应元素进行关系运算后的结果"0"和"1"组成的矩阵，其格式与比较矩阵相同.

```
＞＞a1＝5＞8↵
a1＝
   0
＞＞a2＝[1 2 3;4 5 6];a3＝[6 5 4;3 2 1]↵
＞＞a4＝a2＜＝a3↵        %两矩阵进行关系运算
a4＝
   1   1   1
   0   0   0
＞＞a5＝a2＞＝3↵        %矩阵与标量间的关系运算是指矩阵的每个元素与该标
                          量进行关系运算
a5＝
   0   0   1
   1   1   1
```

9.2.2 逻辑运算

MATLAB 提供了 3 个逻辑运算符，如表 9－2 所示.

表 9－2

&	逻辑与	|	逻辑或	～	逻辑非

逻辑运算将每个非零元素当作 1(真)来处理. 同关系运算一样，它也可以作用于格式相同的矩阵，运算结果为由“0”和“1”组成的矩阵.

```
>>b1=3&0, b2=3|0, b3=～(2>=3)↵        %数值的逻辑运算
b1=
   0
b2=
   1
b3=
   1
>>b4=[-2 -1 0;1 2 3];b5=[1 3 5;-1 -1 -5];↵
>>b6=(b4-2)&(b5<=3), b7=～(b5>=b4|b4<0)↵ %矩阵间的逻辑运算
b6=
   0  1  0
   1  1  1
B7=
   0  0  0
   1  1  1
```

除上述的关系运算符和逻辑运算符之外，MATLAB 还提供了大量的关系和逻辑函数，最常见的有函数 $any(A)$，$all(A)$以及异或运算函数 $xoy(A, B)$. 若矩阵 A 的某列中有非零元素，则 $any(A)$中关于此列的值为 1，否则为 0.

```
>>c=[1 2 3;0 1 0];↵
>>c1=any(c), c2=all(c)↵
c1=
   1  1  1     %矩阵 c 的每一列中都有非零元素
c2=
   0  1  0     %矩阵 c 中只有第二列中所有元素非零
```

9.2.3 MATLAB 程序的控制结构

MATLAB 程序的控制结构有顺序结构、循环结构和选择结构三种. 顺序

结构较为简单，即根据语句的书写顺序，从上到下按行执行，执行完所有语句后结束程序运行. 这里我们主要介绍循环结构的控制流语句 for、while 和选择结构的控制流语句 if、switch，这四种语句均以 end 为结束标志.

(1) for 循环语句的一般格式为：

```
for 循环变量＝冒号表达式
    循环体
end
```

其中的循环体可以是一条语句或命令，也可以是由逗号、分号隔开的若干语句或命令. 冒号表达式用来控制循环的次数，对于由冒号表达式确定的每一个循环变量的值，循环体中的所有语句都被重复执行.

我们利用 for 循环来计算自然数 1～5 的阶乘.

```
>>d=zeros(1, 5);↵   %开辟存放各阶乘的地址，MATLAB可动态调节矩阵的
                       格式，故运行该语句之后的结果即各阶乘将存放到矩
                       阵 d 中，但预先开辟空间可节约运行时间
  >>e=1;↵           %对乘积因子变量 e 赋初值
>>for i=1:5↵        %循环变量 i 从 1 直到 5，步长为 1
  d(i)=e*i;↵        %此 for 循环的循环体包含两个语句，此句作用是求 i 的
                       阶乘并存放在 d(i)处且结果不显示(不显示可节约运行
                       时间)
  e=d(i);↵          %改变 e 的值且结果不显示
  end↵              %结束 for 循环
>>disp(d)↵          %显示各阶乘
    1   2   6   24   120
```

前述 for 循环语句一般格式中的“冒号表达式”部分也可以是任意的向量或矩阵的变量名，此时，循环变量依次取向量的值或按矩阵的列依次取值.

```
>>f1=[1 3 5]; f2=[1 3 5; 4 6 8]; i=1; j=1;↵
>>for g=f1
  f3(i)=g; i=i+1;↵      %取出 f1 的各分量的值
  end↵
>>for h=f2↵
  f4(j)=h(2)*h(1);j=j+1;↵
  end↵
```

```
>>disp(f3)↵
1   3   5
>>disp(f4)↵
4   18   40
```

for 循环可以嵌套使用，如以下程序可以生成 3×5Hilbert 矩阵：

```
>>k=zeros(3, 5); ↵
>>for i=1:3↵
   for j=1:5↵
      k(i, j)=1/(i+j-1); ↵
   end↵
end↵
>>format rat↵
>>k↵
k=
    1      1/2    1/3    1/4    1/5
    1/2    1/3    1/4    1/5    1/6
    1/3    1/4    1/5    1/6    1/7
>>format↵          %恢复显示格式
```

for 循环语句主要用于循环次数已定的情形，而在很多实际计算中循环次数往往并不能预先确定，此时我们可以使用 while 循环语句.

(2) while 循环语句的一般格式为：

```
while 条件
    循环体
end
```

“条件”即执行循环的条件，用来控制循环的次数，它可以是关系表达式或逻辑表达式. 当条件成立(即为 1)时，循环体被执行，直到条件不成立(即为 0)时，结束循环.

我们利用 while 循环语句来寻找阶乘小于 100 万的最大的自然数.

```
>>m=1; ↵
>>while prod(1:m)<100 000 0↵    %prod 为向量的连乘函数
   m=m+1; ↵
end↵
```

```
>>m=m-1↵                    %结束循环的条件为阶乘大于100万，故
                                  最终的结果需减1
m=
    9
```

(3) 选择结构的if语句的格式主要有以下三种：

格式1：
```
if    条件
      语句组
end
```

当条件成立时，执行语句组，否则执行end的后续语句.

格式2：
```
if    条件
      语句组1
else
      语句组2
end
```

当条件成立时，执行语句组1，否则执行语句组2. 执行完成之后，执行end的后续语句.

格式3：
```
if       条件1
         语句组1
elseif   条件2
         语句组2
  ⋮
elseif   条件n
         语句组n
else
         语句组n+1
end
```

当条件1成立时，执行语句组1，执行完成后，执行end的后续语句；当条件1不成立时，判断条件2，若其成立，执行语句组2，执行完成后，执行end的后续语句；以此类推，若所有条件均不成立，则执行语句组n+1，执行完成后，执行end的后续语句.

我们可以利用上述任何一种格式的if语句自定义符号函数

$$y=\begin{cases}1 & (x>0)\\ 0 & (x=0)\\ -1 & (x<0)\end{cases}$$

若用格式 1，需分别调用 3 次；若用格式 2，则需使用嵌套；下面是用格式 3 书写的程序.

```
>>if      x>0↵
              y=1;↵
   elseif  x<0↵
              y=-1;↵
   else↵
              y=0;↵
end↵
```

无论是 for 循环还是 while 循环，break 语句可以强行退出循环并立即执行此循环 end 的后续语句. 一般我们用 if 语句的组合使用来中断循环.

我们用 while 循环来统计由 MATLAB 产生的 100 个随机数中介于 0.5～1 的随机数个数，并使用 break 语句来中断循环. 事实上，本例通过简单的循环语句即可实现，下列程序仅为说明 break 语句的用法.

```
>>p=rand(1, 100);i=1;s=0;↵    %生成随机数，循环变量、计数器赋初值
>>while 1↵    %该条件总为真，如无中断语句 break，循环将无休止地运行
    if p(i)>=0.5↵
      s=s+1;↵
    end↵
   i=i+1;↵
   if i>100↵       %设置循环中断条件
      break↵      %while 语句的循环条件总为真，如无此中断语句 break，循环
                    将无休止地运行
   end↵
end↵
>>s↵
s=
    54          %换新的 100 个随机数得到的统计个数可能不同
```

选择结构的 switch 语句根据表达式的值来选择执行相应的语句组. switch 的格式为:

```
switch    表达式
```

```
case      值 1
          语句组 1
case      值 2
          语句组 2
          ⋮
case      值 n
          语句组 n
otherwise
          语句组 n+1
end
```

当表达式的值为值 1 时，执行语句组 1，执行完成后，执行 end 的后续语句；当表达式的值为值 2 时，执行语句组 2，执行完成后，执行 end 的后续语句；以此类推，若以上均不满足，则执行语句组 $n+1$，执行完成后，执行 end 的后续语句.

9.2.4　MATLAB 的 M 文件

到目前为止，我们仍然一直在命令窗口中逐行输入数据和命令来实现计算等功能. 这种方法对于较为简单的问题还可以接受，一旦问题较为复杂，这种方法就显得相当麻烦，这时 MATLAB 提供的以 m 为扩展名的 M 文件的作用就突显出来了. M 文件有两种类型：文本 M 文件和函数 M 文件.

建立 M 文件可以在 MATLAB 的主窗口的 File 下拉式菜单中选择 New，再选择 M-file，此时 MATLAB 将打开一个文本编辑窗口，在此窗口中输入一系列的命令和数据，编辑结束后，在此窗口的 File 下拉式菜单中选择 Save，将弹出保存对话框，选择文件的保存位置并键入文件名称(需遵循变量的命名规则)和".m"，单击保存按钮即可完成 M 文件的建立. 已经建立好的 M 文件可以随时打开、编辑、修改，方法同 Windows 操作系统.

文本 M 文件就是命令行的简单叠加. 调用文本 M 文件时，MATLAB 会自动按顺序执行文件中的命令行. 以下是我们自己编写的命名为 Fibo.m 的一个文本 M 文件，它的功能是产生前 n 个 Fibonnaci 数.

```
f=[1 1];i=1
if n= =1
f(2)=[ ];
elseif n= =2          %如果 n 为 2，不执行任何语句
else
    while i>n-1
```

```
        f(i+2)=f(i)+f(i+1);
        i=i+1;
    end
end
f
```

这里要注意的是，文本 M 文件中所定义和使用的变量均为全局变量，如本例中的 f、i 及 n，它们不仅在本程序的运行过程中有效，程序运行完成之后仍然有效. 我们在编辑程序时，要尽量避免使用全局变量.

要运行文本 M 文件，只需在 MATLAB 的命令窗口中直接键入该文件的文件名即可.

```
>>n=10;Fibo↵    %产生前 10 个 Fibonnaci 数；文件中未指定 n 的大小，故需
                 事先指定
f=
    1    1    2    3    5    8    13    21    34    55
```

函数 M 文件是另一类 M 文件. MATLAB 所提供的绝大多数功能函数都是通过函数 M 文件来实现的，可见函数 M 文件的重要性. 我们可以根据需要建立自己的函数 M 文件，它能够像系统中的功能函数一样被方便地调用，从而极大地扩展了 MATLAB 的功能.

函数 M 文件的第一行有特殊的格式，必须以 function 开头. 函数 M 文件的一般格式为：

```
function [输出参数表]=函数名(形式参数)
        语句组
end
```

这里的输出参数表可以是一个变量，也可以是多个变量，它们表示要计算的量. 如果是一个参数，双括号可以去掉；如果是多个变量，两两之间用逗号隔开. 这里的函数名必须与该文件的文件名一致，这样才能保证被成功调用. 形式参数是一组形式变量，本身没有任何意义，只有在调用时赋予它们实际值才有意义.

下面是我们编写的一个命名为 Fibon. m 的函数 M 文件，它的功能是产生前 n 个 Fibonnaci 数，并计算这 n 个数之和.

```
function[f, s]=fibon(n)       %返回两个量 f、s，n 为形式参数
F=[1 1];i=1;
if n= =1
    f(2)=[ ];
elseif n= =2                  %如果 n 为 2，不执行任何语句
```

```
else
    while i<n-1
    f(i+2)=f(i)+f(i+1);
    i=i+1;
    end
end
s=sum(f);
```

函数M文件的调用格式为：[输出参数表]=函数名(实际参数). 若我们想知道前10个Fibonnaci数及这10个数之和，只需在MATLAB的命令窗口中键入：

```
>>[fib, fibs]=Fibon(10) ↵        %返回值分别赋予 fib 和 fibs
fib=
    1   1   2   3   5   8   13   21   34   55
fibs=
    143
```

与文本M文件不同的是，函数M文件中定义和使用的变量为局部变量，如本例中的f、s、n、i，它们仅在本程序的运行过程中有效，程序运行过之后就不再有效.

自定义的M文件，不管是文本M文件还是函数M文件，均应该存放在MATLAB的当前目录下或MATLAB的搜索路径下，以使系统能够找到该M文件并执行. 当然，也可以使用cd命令确定和改变当前目录，用path命令确定MATLAB的搜索路径.

9.3 MATLAB科学绘图

MATLAB作为高性能、交互式的科学计算工具，具有非常友好的图形界面，其应用非常广泛. 同时，MATLAB也提供了强大的绘图功能，这使得用户可以通过对MATLAB内置绘图函数的简单调用，便可迅速绘制出具有专业水平的图形. 在利用MATLAB中的Simulink进行动态系统仿真时，图形输出可以使设计者快速地对系统性能进行定性分析，故可大大缩短系统的开发时间.

MATLAB的图形系统是面向对象的. 图形的要素，如坐标轴、标签、观察点等都是独立的图形对象. 一般情况下，用户不需直接操作图形对象，只需调用绘图函数就可以得到理想的图形. 通过本节的学习，用户能够快速掌握图形绘制技术.

9.3.1 基本的二维图形绘制命令

(1) plot(x, y)：输出以向量x为横坐标，以向量y为纵坐标且按照x，y

元素的顺序有序绘制的图形. x与y必须具有相同长度.

(2) plot(y, x)：输出以向量y为横坐标，以向量x的对应元素x_m为纵坐标绘制的图形.

(3) plot(x1, y1, 'str1', x2, y2, 'str2', …)：用'str1'指定的方式，输出以x1为横坐标，y1为纵坐标的图形. 用'str2'指定的方式，输出以x2为横坐标，y2为纵坐标的图形. 若省略'str'，则MATLAB自动为每条曲线选择颜色与线型. 'str'选项中的部分参数如表9-3所示.

表9-3 plot命令选项

颜色		线型			
'g'	绿色	'.'	粗点线	'--'	虚线
'y'	黄色	':'	点线	'-.'	点画线
'r'	红色	'*'	星线	'-'	实线
'b'	蓝色	'o'	圆圈	'+'	加号
'm'	品红色	'x'	叉	's'	方形
'y'	黄色	'd'	菱形	'p'	五角星
'k'	黑色	'^'	上三角	'h'	六角星

9.3.2 简单的三维图形绘制命令

(1) plot3(x, y, z)：用向量x、y和z的相应点(xi, yi, zi)进行三维图形的有序绘制. 向量x, y, z必须具有相同的长度.

(2) plot3(x1, y1, z1, 'str1', x2, y2, z2, 'str2', …)：用'str1'指定的方式，对x1, y1和z1进行绘图；用'str2'指定的方式，对x2, y2和z2进行绘图；如果省略'str'，则MATLAB自动选择颜色与线型.

9.3.3 图形绘制举例

例1 用MATLAB绘制正弦函数在[0, 2π]中的图形.

解 在MATLAB命令行下输入：

```
>>x=0:0.1:2*pi;        %pi为MATLAB中默认的圆周率
>>y=sin(x);
>>plot(x, y, '*');
```

其中x为自变量，这里使用冒号表达式设定其取值步长为0.1，取值范围为[0, 2π]. 用星号'*'输出图形，结果如图9-2所示.

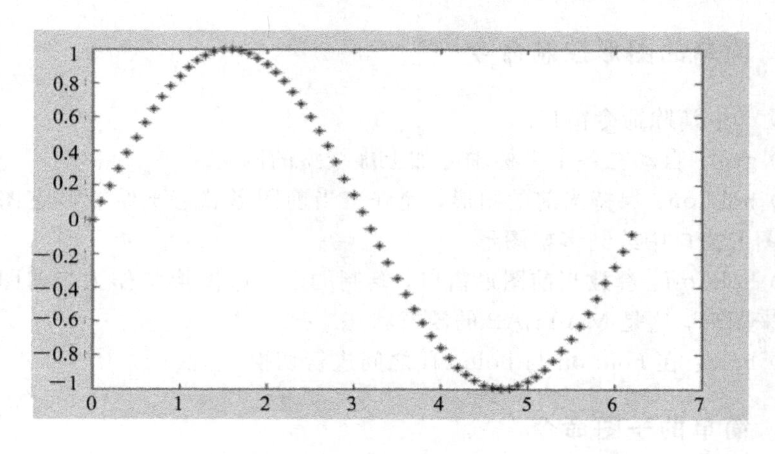

图　9-2

例 2　用 MATLAB 在同一图形窗口中绘制多项式 $q(x)=2x+3$ 与 $p(x)=3x^2+2x+3$ 的曲线，其中 $x\in[-2,5]$，要求分别用不同的线型与颜色表示.

解　在 MATLAB 命令行下输入：

```
>>x=2:0.1:5;
>>q=2*x+3;
>>p=3*x.^2+2*x+3;
>>plot=(x, q, 'r--', x, p, 'b-')
```

结果如图 9-3 所示. 直线(红色)表示多项式 $q(x)=2x+3$，曲线(蓝色)表示多项式 $p(x)=3x^2+2x+3$.

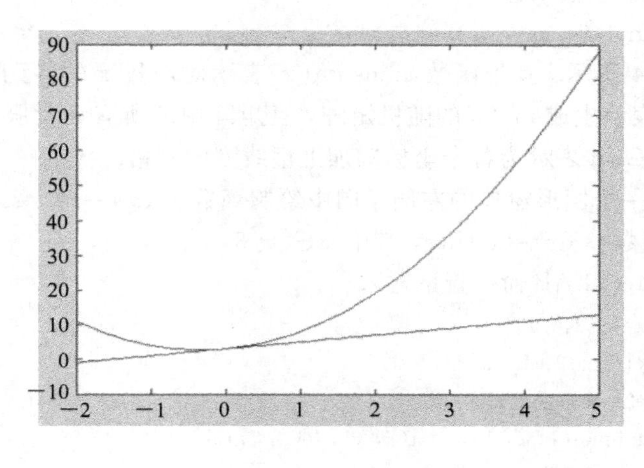

图　9-3

9.3.4 简单的图形控制命令

(1) clc：清除命令窗口.

(2) grid：自动在各个坐标轴上加上虚线型的网格.

(3) hold on：保持当前的图形，允许在当前图形状态下绘制其它图形，即在同一图形窗口中绘制多幅图形.

(4) hold off：释放当前图形窗口，绘制的下一幅图形将作为当前图形，即覆盖原来图形，这是 MATLAB 的缺省状态.

(5) hold：在 hold on 与 hold off 之间进行切换.

9.3.5 简单的子图命令

(1) subplot(m, n, p)：将图形窗口分成 m 行 n 列的子窗口，序号为 p 的子窗口为当前窗口. 子窗口的编号由上至下，由左至右.

(2) subplot：设置图形窗口为缺省模式，即 subplot(1, 1, 1)的单窗口模式.

例 3 绘出三维空间中的一个随机曲线.

解 在 MATLAB 命令行下输入：

```
>>x=cumsum(rand(1, 1000)-0.5);
>>y=cumsum(rand(1, 1000)-0.4);
>>z=cumsum(rand(1, 1000)-0.3);
>>plot3(x, y, z)
>>grid;
```

结果如图 9-4 所示. 其中函数 cumsum(x)表示对向量 x 的各元素求累加和. Rand(m, n)表示生成 m×n 的随机矩阵，且矩阵中的所有元素服从[0.1]之间的均匀分布. Grid 表示为各个坐标轴加上虚线型的网格.

例 4 在一个图形窗口的左侧子图中绘制函数 $y_1(x)=x^3-2x-3$，在右侧子图中绘制函数 $y_2(x)=x\sin x$，其中 $x\in[-3, 3]$.

解 在 MATLAB 命令行下输入：

```
>>x=-3:0.1:3;
>>y1=x.^3-2*x-3;
>>y2=x.*sin(x)
>>subplot(1, 2, 1), plot(x, y1, '*'), grid
>> subplot(1, 2, 2), plot(x, y2, '-'), grid
```

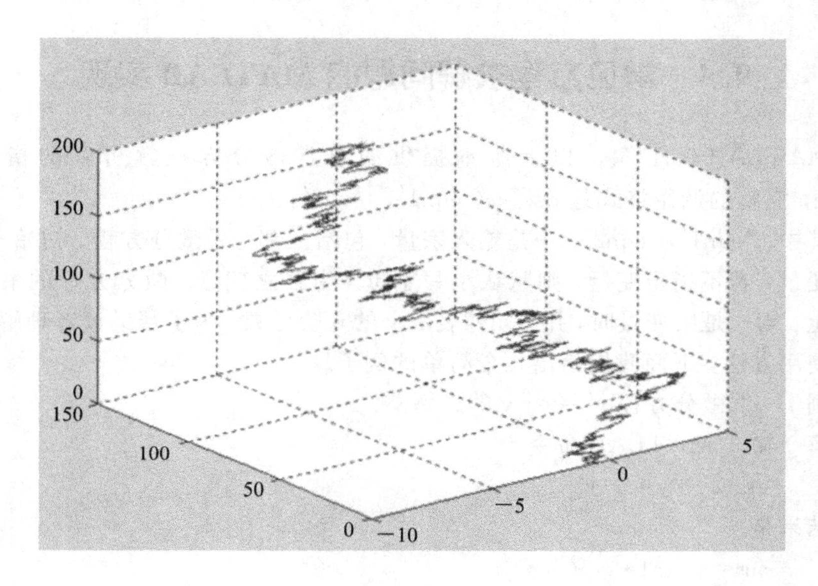

图　9-4

结果如图 9-5 所示.

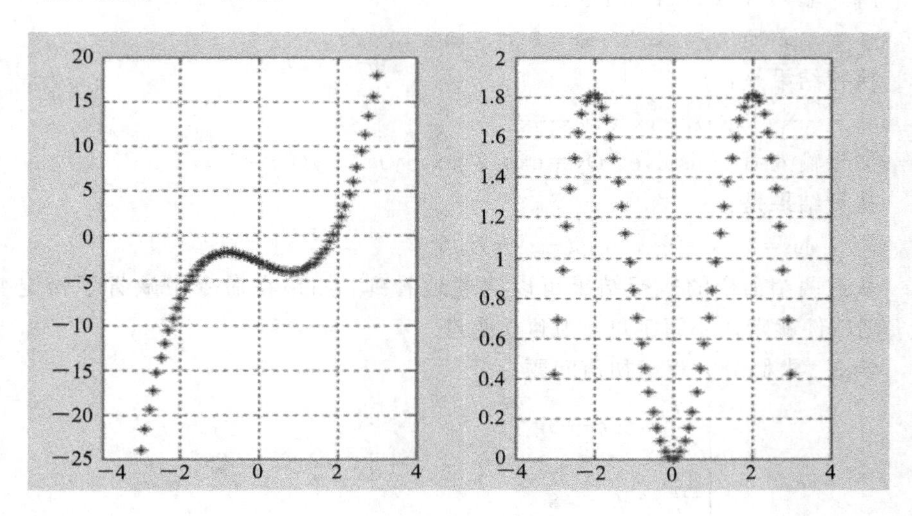

图　9-5

由此可见，MATLAB 的图形绘制功能非常强大，文中仅以几个简单的例子说明，读者可以进一步对生成的图形进行更低层的图形对象操作，以便获得更好的效果，这里不再赘述.

9.4 常见方程求解问题的 MATLAB 实现

MATLAB 软件 5.3 以上版本提供的求常微分方程解析解的指令是 dsolve，完整的调用格式是 dsolve('eqn1', 'eqn2', …).

其中，'eqn1', 'eqn2', …是输入宗量，包括三部分：微分方程、初始条件、规定变量，若不指定变量，则默认小写字母 t 为独立变量. 微分方程的书写格式规定：当 y 是因变量时，用"Dny"表示 y 的 n 阶导数. 为了帮助读者理解该命令的使用方法，下面我们给出几个简单的例子.

例 1 求微分方程 $y'=x+y$ 的通解.

解 输入 MATLAB 命令：

```
dsolve('Dy=x+y', 'x')
```

执行结果是

```
ans=-x-1+exp(x)*C1
```

例 2 求微分方程 $y'=e^{2x-y}$ 满足初值条件 $y|_{x=0}=0$ 的初值解.

解 输入 MATLAB 命令：

```
Dsolve('Dy=exp(2*x-y) ', 'y(0)=0', 'x')
```

执行结果是：

```
ans=log(1/2*exp(2*x)+1/2)
```

如果输入命令 dsolve('Dy=exp(2*x-y) ', 'y(0)=0')

执行结果是：

```
ans=2*x+log(t+exp(-2*x))
```

从这两个命令的执行结果可以清楚地看到，如果在命令中缺省了指定变量，则软件就默认小写字母 t 为独立变量.

例 3 求微分方程组初值问题

$$\begin{cases} \dfrac{df}{dt}=2f+3g \\ \dfrac{dg}{dt}=f-2g \end{cases} \quad (f|_{t=0}=1,\ g|_{t=0}=2)$$

的解析解.

解 输入 MATLAB 命令：

```
jxj=dsolve('Df=2*f+3*g', 'Dg=f-2*g', 'f(0)=1', 'g(0)=2')
jxj.f, jxj.g
```

执行的结果是：

```
ans=1/2*exp(7^(1/2)*t)-4/7*7^(1/2)*exp(-7^(1/2)*t)
    +4/7*7^(1/2)*exp(7^(1/2)*t)+1/2*exp(-7^(1/2)*t)
ans=3/14*7^(1/2)*exp(-7^(1/2)*t)-3/14*7^(1/2)
    *exp(7^(1/2)*t)+exp(7^(1/2)*t)+exp(-7^(1/2)*t)
```

例 4　解微分方程的初值问题：

$$2y'' + y' = 8\sin 2x + e - x$$
$$y(0) = 1,\quad y'(0) = 0$$

解　输入 MATLAB 命令：

```
y=dsolve('2*D2y+Dy=8*sin(2*x)+exp(-x)','y(0)=1, Dy(0)=0','x')
```

执行的结果是：

```
Y=-1/17*exp(-x)*(8*exp(x)*cos(x)^2+32*sin(x)*cos(x)*exp(x)
  -17+64*exp(x))+10-98/17*exp(-1/2*x)
```

9.5　概率统计基础的 MATLAB 实现

1. 随机变量的数字特征

随机变量的数字特征是指能够描述随机变量某些特征的数量指标. 随机变量常用的数字特征有均值(数学期望)、方差和矩等. 本节介绍的 MATLAB 软件命令以 MATLAB 6.0 以上的版本为准.

1) β 分布的均值与方差

MATLAB 软件提供的求 β 分布的均值与方差的命令为：

```
[m, v]=betastat(a, b)
```

该命令的意思是根据输入的参数向量或者矩阵 a 和 b，计算并返回 β 分布的均值 m 和方差 v.

例 1　执行[m, v]=betastat(1:4, 2:5)命令后得

```
m=  0.3333   0.4000   0.4286   0.4444
v=  0.0556   0.0400   0.0306   0.0247
```

2) χ^2 分布的均值与方差

MATLAB 软件提供的求 χ^2 分布的均值与方差的命令为：

```
[m, v]=chi2stat(nu),
```

该命令的意思是根据输入的自由度参数 nu，计算并返回 χ^2 分布的均值 m 和方差 v.

3) γ 分布的均值与方差

MATLAB 软件提供的求 γ 分布的均值与方差的命令为：

[m, v]=gamstat(a, b)

该命令的意思是根据输入的参数向量或者矩阵 a 和 b，计算并返回 γ 分布的均值 m 和方差 v.

例 2 执行[m, v]=gamstat(1:4, 2:5)命令后得

m= 2 4 12 20

v= 4 18 48 100

4) F 分布的均值与方差

MATLAB 软件提供的求 F 分布均值与方差的命令为：

[m, v]=fstat(v1, v2)

该命令的意思是根据输入的参数向量或者矩阵 v1 和 v2，计算并返回 F 分布的均值 m 和方差 v.

5) 指数分布的均值与方差

MATLAB 软件提供的求指数分布的均值与方差的命令为：

[m, v]=expstat(nu)

该命令的意思是根据输入的参数 nu，计算并返回指数分布的均值 m 和方差 v.

例 3 执行 [m, v]=expstat(2:2:10)命令后得

m=2 4 6 8 10

v= 4 16 36 64 100

6) 二项分布的均值与方差

MATLAB 软件提供的求二项分布的均值与方差的命令为：

[m, v]=binostat(n, p)

该命令的意思是根据输入的参数 n 和 p，计算并返回二项指数分布的均值 m 和方差 v.

例 4 执行[m, v]=binostat(2002, 0.3)命令后得

m= 600.6000

v= 420.4200

[m, v]=binostat(2002, 0.3)执行后得

m= 1.0000 1.2000 1.4000 1.6000 1.8000 2.0000

v= 0.8000 0.9600 1.1200 1.2800 1.4400 1.6000

7) 几何分布的均值与方差

MATLAB 软件提供的求几何分布的均值与方差的命令为：

[m, v]=geostat(p)

该命令的意思是根据输入的参数 p，计算并返回几何分布的均值 m 和方差 v.

8）超几何分布的均值与方差

MATLAB软件提供的求超几何分布的均值与方差的命令为：

[mn, v]=hygestat(m, k, n)

该命令的意思是根据输入的参数m，k，n，计算并返回超几何分布的均值mn和方差v，输入的参数m，k，n可以是维数相同的向量或者矩阵.

9）泊松分布的均值与方差

MATLAB软件提供的求泊松分布的均值与方差的命令为：

[m, v]=poisstat(lambda)

该命令的意思是根据输入的参数lambda，计算并返回泊松分布的均值m和方差v. 由于参数为lambda的泊松分布的均值和方差都是lambda，所以该命令与命令m=poisstat(lambda)是等效的.

例5　执行[m, v]=poisstat(4:10)命令后得

m= 4　5　6　7　8　9　10

v= 4　5　6　7　8　9　10

10）正态分布的均值与方差

MATLAB软件提供的求正态分布变量的均值与方差的命令为：

[m, v]=normstat(mu, sigma)

该命令的意思是根据输入的参数mu和sigma，计算并返回正态分布的均值m和方差v. 其中mu和sigma可以是维数相同的向量或者矩阵.

例6　设a=[1, 3]，b=[2, 4]，执行[m, v]=normstat(a, b)后得

m= 1　3

v= 4　16

11）t分布的均值与方差

MATLAB软件提供的求t分布均值与方差的命令为：

[mn, v]= tstat(nu)

该命令的意思是根据输入的自由度参数nu，计算并返回t分布的均值mn和方差v.

12）Weibull分布的均值与方差

MATLAB软件提供的求Weibull分布的均值与方差的命令为：

[mn, v]=weibstat(a, b)

该命令的意思是根据输入的参数向量或者矩阵a和b，计算并返回Weibull分布的均值mn和方差v.

13）均匀分布的均值与方差

MATLAB软件提供的求均匀分布的均值与方差的命令为：

[m, v]=unidstat(n)

求连续均匀分布的均值与方差的命令为：

[m，v]＝unifstat(a，b)

这两个命令的意思是根据输入的参数 n、a 和 b，分别计算并返回离散、连续均匀分布的均值 m 和方差 v.

2. 概率分布的密度函数

1）β 分布的密度函数

MATLAB 软件提供的求 β 分布的密度函数的命令为：

y＝betapdf(x，a，b)

该命令是根据输入的参数 a 和 b，计算并返回 x 中每个值的 β 分布密度.

2）χ^2 分布的密度函数

MATLAB 软件提供的求 χ^2 分布的密度函数的命令为：

y＝chi2pdf(x，v)

该命令是根据输入的自由度参数 v，计算并返回 x 中每个值的 χ^2 分布密度.

3）γ 分布的密度函数

MATLAB 软件提供的求 γ 分布的密度函数的命令为：

y＝gampdf(x，a，b)

该命令是根据输入的自由度参数 a 和 b，计算并返回 x 中每个值的 γ 分布密度.

4）F 分布的密度函数

MATLAB 软件提供的求 F 分布的密度函数的命令为：

y＝fpdf (x，x1，x2)

该命令是根据输入的自由度参数 x1 和 x2，计算并返回 x 中每个值的 F 分布的密度.

5）指数分布的密度函数

MATLAB 软件提供的求指数分布的密度函数的命令为：

y＝exppdf(x，mu)

该命令是根据输入的参数 mu，计算并返回 x 中每个值的指数分布密度.

6）二项分布的密度函数

MATLAB 软件提供的求二项分布的密度函数的命令为：

y＝binopdf(x，n，p)(x，mu)

该命令是根据输入的参数 n 和 p，计算并返回 x 中每个值的二项分布密度.

7）几何分布的密度函数

MATLAB 软件提供的求几何分布的密度函数的命令为：

y＝geopdf(x，p)

该命令是根据输入的参数 p，计算并返回 x 中每个值的几何分布密度.

8）超几何分布的密度函数

MATLAB软件提供的求超几何分布的密度函数的命令为：

y＝hygepdf(x，m，k，n)

该命令是根据输入的参数m，k，n，计算并返回x中每个值的超几何分布密度.

9）泊松分布的密度函数

MATLAB软件提供的求泊松分布的密度函数的命令为：

y＝poisspdf(x，lambda)

该命令是根据输入的参数lambda，计算并返回x中每个值的泊松分布密度.

10）正态分布的密度函数

MATLAB软件提供的求正态分布的密度函数的命令为：

y＝normpdf(x，mu，sigma)

该命令是根据输入的参数mu和sigma，计算并返回x中每个值的正态分布密度.

11）t分布的密度函数

MATLAB软件提供的求t分布的密度函数的命令为：

y＝tpdf(x，v)

该命令是根据输入的参数v，计算并返回x中每个值的t分布密度.

12）Weibull分布的密度函数

MATLAB软件提供的求Weibull分布的密度函数的命令为：

y＝weibpdf(x，a，b)

该命令是根据输入的参数a和b，计算并返回x中每个值的Weibull分布密度.

13）均匀分布的密度函数

MATLAB软件提供的求离散均匀分布密度函数的命令为：

y＝unidpdf(x，n)

求连续均匀分布密度函数的命令为：

y＝unifpdf(x，a，b)

这两个命令是分别根据输入的参数n和a，b，计算并返回x中每个值的离散和连续的均匀分布密度.

注意：前面提到的命令中的参数根据各种分布的意义可以是向量或者矩阵，有双参数时要求参数的形式要相同.

例7　按规定产品在出厂前都要做质量检验，假设该厂生产的产品合格率为98%，一个质量检验员每天能够检验的产品数为300个，问：

(1) 一天内检验员能发现次品的概率是多少？

(2) 在被检验的300个产品中检验员未发现的次品数可能是多少？

解 检验员检验产品的合格与否服从二项分布，计算一天内检验员能发现次品的概率可用下面的命令：

```
P=binopdf(1, 300, 0.02)
```

执行结果是：

```
P=0.01428064694664
```

计算一天内检验员不能发现次品的概率可用下面的命令：

```
P=binopdf(0, 300, 0.02)
```

执行结果是：

```
P=0.00233250566795
```

计算在被检验的 300 个产品中检验员未发现的可能次品数可用下面的命令：

```
Y=binopdf([0:300], 300, 0.02)
[X, i]=max(y)
```

执行结果是：

```
X=0.16225295484066
I=7
```

由此可得检验员未发现的可能次品数为 6.

3. 各种概率分布函数

将前面提到的求各种概率分布密度函数的命令稍作修改就可得到求相应概率分布的分布函数命令. 这里对每一个分布不再作详细介绍，只给出几个例子作为示范，读者可以类似地给出其它分布的分布函数，也可以在 MATLAB 工作空间中用 Help 命令获得.

例如，已知求 Weibull 分布密度函数的命令为：

```
y=weibpdf(x, a, b)
```

那么求 Weibull 分布函数的命令就为：

```
y=weibcdf(x, a, b)
```

意思是根据输入的参数 a 和 b，计算并返回 x 中每个值的 Weibull 分布函数值.

再例如，已知求正态分布密度函数的命令为：

```
y=normpdf(x, mu, sigma)
```

那么求正态分布函数的命令就为：

```
y=normcdf(x, mu, sigma)
```

意思是根据输入的参数 mu 和 sigma，计算并返回 x 中每个值的正态分布函数值.

从前面两个例子可以看到：只要将求各种分布的分布密度函数的命令

＊＊＊pdf

变成

＊＊＊cdf

则该命令就变成了求相应分布的分布函数命令，输入的参数保持不变.

例 8　求服从标准正态分布的样本属于区间[－1，5]的概率.

解　可用下面的正态分布函数命令完成：

```
P=normcdf([-1, 5])
P(2)-p(1)
```

执行结果是：

```
P=0.15865525393146    0.99999971334843
ans=0.8413444594167
```

即所求事件发生的概率为 0.8413444594167.

由于前面讲到的命令的用法很相似，所以这里不再多举例说明，读者可自己上机实验.

4. 常用的数字特征函数

MATLAB 软件提供了许多常用的数字特征函数，这里简单介绍下面几种数字特征函数.

1) *样本方差函数*

MATLAB 软件提供的求样本方差的函数命令为：

```
fc=var(x)
fc=var(x, 1)
fc=var(x, w)
```

命令 fc＝var(x)表示计算 x 中数据的方差并返回到 fc. 如果 x 是一个向量，则计算的结果 fc 是 x 中元素的方差；如果 x 为一个矩阵，则计算的结果 fc 是一个向量，它的分量对应 x 相应列数据的方差. 若设样本数据长度为 n，且对命令 fc＝var(x)运用 n－1 进行标准化处理，对于正态分布数据，则计算结果是方差 σ^2 的最小无偏估计.

命令 fc＝var(x，1)与 fc＝var(x)的区别在于前者为用样本数据长度 n 进行标准化处理，生成关于样本均值的二阶矩.

命令 fc＝var(x，w)表示用正的权向量 w 计算样本数据 x 的方差，要求 w 的维数要与样本数据的长度(维数)相匹配.

2) *相关系数函数*

MATLAB 软件提供的求相关系数的函数命令为：

```
R=corrcoef(x)
```

该命令是将输入矩阵 x 的行元素看成观测值，列元素看成变量，计算并返回一个相关系数矩阵 r. 矩阵 r 的元素与对应的协方差矩阵的元素之间的关系是：

$$\gamma_{ij}=\frac{c_{ij}}{\sqrt{c_{ii}c_{ij}}}$$

3）协方差函数

MATLAB 软件提供的求协方差的函数命令为：

c=cov(x)

c=cov(x, y)

命令 cov(x)计算样本数据 x 的协方差. 若 x 是一个向量，则返回一个方差；若 x 是一个矩阵，则以行为观测值，列为变量，返回一个协方差矩阵. 当 x，y 是维数相同的向量时，命令 cov(x, y)等同于命令 cov([xy]).

4）中心矩函数

MATLAB 软件提供的求任意阶中心矩的函数命令为：

moment(data, order)

该命令表示计算样本数据 data 的 order 阶中心矩. 当样本数据 data 是一个向量时，返回该样本数据的 order 阶中心矩；当样本数据 data 为一个矩阵时，则以各列为样本数据返回一个中心矩行向量.

下面一些随机变量的数字特征函数的功能解释与前面的基本相似，这里只给出命令，而不对命令做具体解释.

```
m=geomean(x)      %计算样本 x 的几何均值
m=harmmean(x)     %计算样本 x 的调和均值
m=mean(x)         %计算样本 x 的平均值
m=mad(x)          %计算样本数据 x 的平均绝对偏差
m=std(x)          %计算样本数据 x 的标准差
```

5. 参数估计

参数估计是数理统计中的一个基本概念，是指用样本对总体分布中的未知参数作出的估计，这种估计我们常见的有点估计和区间估计两种. 所谓点估计，就是在实验中由抽样得到的样本值对未知参数给一个估计值. 求点估计量的方法有很多，本次实验主要介绍矩估计法和极大似然估计法. 所谓区间估计，是指用抽样得到的样本值对总体中的未知参数估计出一个取值范围，并得到未知参数在其内部的概率，估计参数的范围通常是一个区间，称为置信区间. 下面是 MATLAB 软件提供的一些常用的参数估计函数命令.

1）β 分布数据的参数估计函数 betafit( )

betafit(x)

[phat, pci]=betafit(x, alpha)

命令 betafit(x)表示返回以向量 x 为样本数据的 β 分布的参数 a 和 b 的极大似然估计值；命令[phat, pci]=betafit(x, alpha)表示以向量 x 为样本数据，100(1-alpha)%为置信度，用 2×2 阶矩阵的形式给出其 β 分布的参数 a 和 b 的置信区间，其中矩阵的第一列是参数 a 的下限和上限，第二列是参数 b 的下限和上限，参数 alpha 是可选项，缺省值为 0.05.

2）二项分布数据的参数估计函数 binofit( )

binofit(x, n)

[phat, pci]=binofit(x, n)

[phat, pci]=binofit(x, n, alpha)

命令 binofit(x, n)表示根据总实验的次数 n 以及实验成功的次数 x，计算任意给定一次二项实验成功的概率的极大似然估计值；命令[phat, pci]=binofit(x, n)表示除计算任意给定一次二项实验成功的概率的极大似然估计值 phat 外，还给出置信度为 0.95(缺省值)的置信区间 pci；命令[phat, pci]=binofit(x, n, alpha)与[phat, pci]=binofit(x, n)的意思基本是相同的，区别仅在于该命令返回的置信区间是指定的置信度为 100(1-alpha)%的置信区间.

3）指数分布数据的参数估计函数 expfit( )

expfit(x)

[muhat, muci]=expfit(x)

[muhat, muci]==expfit(x, alpha)

命令 expfit(x)表示以向量 x 为样本数据返回指数分布的 μ 参数的估计值；命令[muhat, muci]=expfit(x)表示在返回参数 μ 的估计值的同时还要返回参数置信度为 0.95 的置信区间；命令[muhat, muci]=expfit(x, alpha)表示在返回参数的 μ 估计值的同时返回参数置信度为 100(1-alpha)%的置信区间.

4）γ 分布数据的参数估计函数 gamfit( )

gamfit(x)

[phat, pci]=gamfit(x)

命令 gamfit(x)表示以向量 x 为样本数据返回 γ 分布的参数 a 和 b 的极大似然估计值；命令[phat, pci]=gamfit(x)除返回以向量 x 为样本数据的 γ 分布的参数 a 和 b 的极大似然估计值之外，还用 2×2 阶矩阵 pci 给出置信度为 0.95 的参数 a 和 b 的置信区间的上下限，其中矩阵的第一列是参数 a 的下限和上限，第二列是参数置信度为 100(1-alpha)%，其它与前一个命令是一样的.

5）正态分布数据的参数估计函数 normfit( )

[muhat, sigmahat, muci, sigmaci]=normfit(x)

[muhat, sigmahat, muci, sigmaci]＝normfit(x, alpha)

命令[muhat, sigmahat, muci, sigmaci]＝normfit(x)表示根据给定的正态分布样本数据 x，计算并返回正态分布的参数 μ 和 σ 的估计值 muhat 和 sigmahat，muci 和 sigmaci 是 μ 和 σ 的置信度为 0.95(缺省值)的置信区间；命令[muhat, sigmahat, muci, sigmaci]＝normfit(x, alpha)要求返回参数的置信度为100(1－alpha)%.

6) 泊松分布数据的参数估计函数 poissfit( )

lambdahat＝poissfit(x)

[lambdahat, lambdaci]＝poisstit(x)

[lambdahat, lambdaci]＝poisstit(x, alpha)

命令 lambdahat＝poissfit(x)表示根据泊松分布样本数据 x，计算并返回参数 λ 的极大似然估计值 lambdahat；命令[lambdahat, lambdaci] ＝poisstit(x)表示除返回参数 λ 的极大似然估计值 lambdahat 之外，还要计算并返回参数 λ 的置信度为 0.95(缺省值)的置信区间 lambdaci；命令[lambdahat, lambdaci]＝poisstit(x, alpha)要求返回的置信区间的置信度为 100(1－alpha)%.

7) 均匀分布数据的参数估计函数 unifit( )

[ahat, bhat]＝unifit(x)

[ahat, bhat, aci, bci]＝unifit(x)

[ahat, bhat, aci, bci]＝unifit(x, alpha)

命令[ahat, bhat]＝unifit(x)表示根据给出的均匀分布样本数据 x 计算并返回均匀分布的两个参数 a 和 b 的极大似然估计值 ahat 和 bhat；命令[ahat, bhat, aci, bci]＝unifit(x)表示除返回参数 a 和 b 的极大似然估计值 ahat 和 bhat 之外，还要计算并返回置信度为 0.95 的两个参数的置信区间 aci 和 bci；命令[ahat, bhat, aci, bci]＝unifit(x, alpha)表示返回的置信区间的置信度为 100(1－alpha)%.

8) Weibull 分布数据的参数估计函数 weibfit( )

Phat＝weibfit(data)

[phat, pci]＝weibfit(data)

[phat, pci]＝weibfit(data, alpha)

命令 Phat＝weibfit(data)表示根据定的 Weibull 样本数据 data 计算并返回 Weibull 分布参数的极大似然估计值 phat，这里 phat 是一个二维向量，它的分量分别表示 Weibull 分布密度函数中的参数 a，b 的极大似然估计值；命令[phat, pci]＝weibfit(data)除计算并返回 Weibull 分布密度函数中的参数 a，b 的极大似然估计值之外，还返回一个置信度为 0.95 的 2×2 阶置信区间矩阵，第一行和第二行分别表示两个参数置信区间的下限和上限；命令[phat，pci]＝weibfit(data，alpha)则要求返回的置信区间的置信度为100(1－alpha)％.

另外，MATLAB软件还提供了上述分布相应的负对数似然函数，具体用法与相应分布函数的用法是类似的，例如正态分布的负对数似然函数为normlike，Weibull分布的负对数似然函数为weiblike，其它的读者可以类似地写出，也可以在MATLAB工作空间中用help命令获得具体用法和命令解释.

例9 用产生正态分布随机数的命令生成一组正态分布样本，用normfit函数给出该正态分布的参数估计.

解 先用命令normrnd生成一组正态分布样本：

```
xx=normrnd(4, 2, 50, 1)        %生成一组μ=4，σ=2的正态随机样本
```

执行结果：

```
xx= 5.9802  4.4378  4.5233  6.4269  3.4507  3.7337  1.4590  0.6728
    2.5929  4.5618  2.9176  1.3329  6.1454  2.5758  3.9774  3.9984
    3.5011  4.7932  3.4720  0.6720  1.9420  4.4862  1.4868  3.3056
    2.1173  1.6509  1.9577  3.1967  4.3473  3.7678  6.1282  3.5092
    0.9649  4.0195  4.1427  4.6331  4.9997  6.5562  2.9044  4.5216
    3.9736  2.8395  8.2726  3.4848  1.1809  7.5402  4.6511  1.7619
    5.2407  6.5396
```

执行命令：

```
[muhat, sigmahat, muci, sigmaci]=normfit(xx)
```

结果为：

```
muhat =3.7470
sigmahat =1.7896
muci = 3.2384
       4.2555
sigmaci = 1.4949
          2.2300
```

这里给出了μ和σ的估计值分别为muhat＝3.7470和sigmahat＝1.7896，μ和σ的置信度为95％(缺省值)的置信区间分别为[3.2384，4.2555]和[1.4949，2.2300].

若再执行命令：

```
[muhat, sigmahat, muci, sigmaci]=normfit(xx, 0.01)
```

则其结果为：

```
muhat = 3.7470
sigmahat = 1.7896
```

```
muci = 3.0678
       4.4252
sigmaci =1.4163
         2.3997
```

现在给出 μ 和 σ 的估计值仍分别为 muhat= 3.7470 和 sigmahat=1.7896，但是 μ 和 σ 的置信度为 100(1—0.01)%的置信区间就分别为[3.0687，4.4252]和[1.4163，2.3997].

若再执行命令

```
[muhat, sigmaghat, muci, sigmaci]=normfit(xx, 0.1)
```

则其结果为：

```
muhat =3.7470
sigmahat = 1.7896
muci = 3.3226
       4.1713
sigmaci = 1.5380
          2.1505
```

现在给出 μ 和 σ 的估计值仍分别为 muhat=3.7470 和 sigmahat=1.7896，但是 μ 和 σ 置信度为 100(1—0.1)%的置信区间就分别为[3.3226，4.1713]和[1.5380，2.1505].

从上面执行的结果我们可以看到要求的置信度越高，给出的置信区间就越宽(区间长度加大)，但是都包含了真实的参数值.

第十章　LINGO软件简介

LINGO是用来求解线性和非线性优化问题的简易工具. LINGO内置了一种建立最优化模型的语言，可以简便地表达大规模问题，利用LINGO高效的求解器可快速求解并分析结果.

10.1　LINGO快速入门

当在Windows下开始运行LINGO系统时，会得到类似图10-1所示的一个窗口. 外层是主框架窗口，包含了所有菜单命令和工具条，其它所有的窗口将被包含在主窗口之下. 在主窗口内的标题为LINGO Model-LINGO1的窗口是LINGO的默认模型窗口，建立的模型都要在该窗口内编码实现.

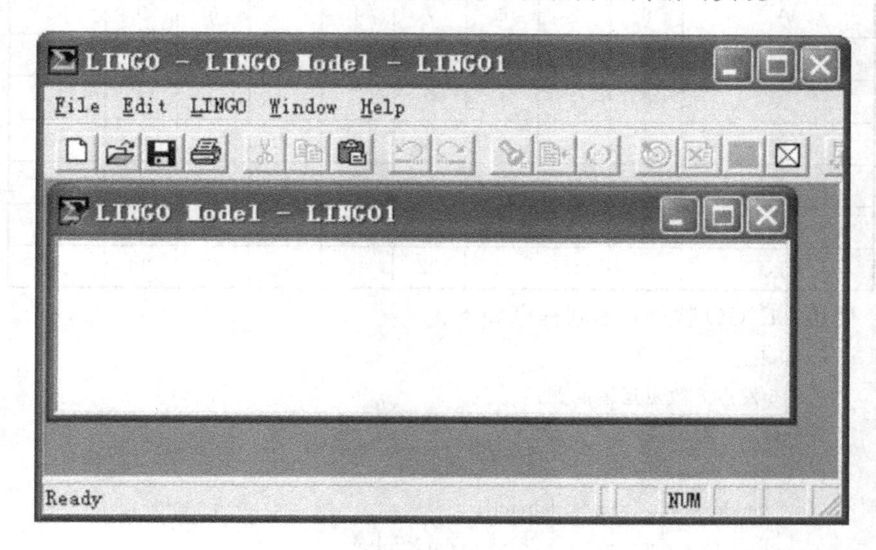

图　10-1

下面举两个例子说明LINGO的应用.

例1　在LINGO中求解如下的LP问题：

$$\min 2x_1 + 3x_2$$

$$\text{s.t.}\begin{cases} x_1 + 3x_2 \geqslant 350 \\ x_1 \geqslant 100 \\ 2x_1 + x_2 \leqslant 600 \\ x_1, x_2 \geqslant 0 \end{cases}$$

在模型窗口中输入如下代码：

```
min=2*x1+3*x2;
x1+3x2>=350;
x1>=100;
2*x1+x2<=600;
```

然后点击工具条上的按钮 即可.

例 2 使用 LINGO 软件计算 6 个发点 8 个收点的最小费用运输问题. 产销单位运价如表 10-1 所示.

表 10-1

单位运价 产地＼销地	B_1	B_2	B_3	B_4	B_5	B_6	B_7	B_8	产量
A_1	6	2	6	7	4	2	5	9	60
A_2	4	9	5	3	8	5	8	2	55
A_3	5	2	1	9	7	4	3	3	51
A_4	7	6	7	3	9	2	7	1	43
A_5	2	3	9	5	7	2	6	5	41
A_6	5	5	2	2	8	1	4	3	52
销量	35	37	22	32	41	32	43	38	

使用 LINGO 软件，编制程序如下：

```
model:
! 6发点8收点运输问题;
sets:
    warehouses/wh1..wh6/: capacity;
    vendors/v1..v8/: demand;
    links(warehouses, vendors): cost, volume;
endsets
! 目标函数;
    min=@sum(links: cost*volume);
```

```
! 需求约束；
  @for(vendors(J)：
    @sum(warehouses(I)：volume(I，J))=demand(J))；
! 产量约束；
  @for(warehouses(I)：
    @sum(vendors(J)：volume(I，J))<=capacity(I))；
! 这里是数据；
data：
  capacity=60 55 51 43 41 52；
  demand=35 37 22 32 41 32 43 38；
  cost=6 2 6 7 4 2 5 9
       4 9 5 3 8 5 8 2
       5 2 1 9 7 4 3 3
       7 6 7 3 9 2 7 1
       2 3 9 5 7 2 6 5
       5 5 2 2 8 1 4 3；
enddata
end
```

然后点击工具条上的按钮即可得到结果.

10.2　LINGO中的集

对实际问题进行建模时，总会遇到一群或多群相联系的对象，比如工厂、消费者群体、交通工具和雇工等. LINGO允许把这些相联系的对象聚合成集(sets). 一旦把对象聚合成集，就可以利用集来最大限度地发挥LINGO建模语言的优势. 本节介绍如何创建集，并用数据初始化集的属性.

1. 什么是集

集是一群相联系的对象，这些对象也称为集的成员. 一个集可能是一系列产品、卡车或雇员. 每个集成员可能有一个或多个与之有关联的特征，我们把这些特征称为属性. 属性值可以预先给定，也可以是未知的，有待于LINGO求解. 例如，产品集中的每个产品可以有一个价格属性；卡车集中的每辆卡车可以有一个牵引力属性；雇员集中的每位雇员可以有一个薪水属性，也可以有一个生日属性等.

LINGO有两种类型的集：原始集(primitive set)和派生集(derived set).

一个原始集是由一些最基本的对象组成的. 一个派生集是用一个或多个其

它集来定义的，也就是说，它的成员来自于其它已存在的集.

2. 为什么要使用集

集是 LINGO 建模语言的基础，是程序设计最强有力的基本构件. 借助于集，能够用一个单一的、长的、简明的复合公式表示一系列相似的约束，从而可以快速方便地表达规模较大的模型.

3. 模型的集部分

集部分是 LINGO 模型的一个可选部分. 在 LINGO 模型中使用集之前，必须在集部分事先定义. 集部分以关键字“sets:”开始，以“endsets”结束. 一个模型可以没有集部分，或有一个简单的集部分，或有多个集部分. 一个集部分可以放置于模型的任何地方，但是一个集及其属性在模型约束中被引用之前必须先定义它们.

1) 定义原始集

为了定义一个原始集，必须详细声明：

- 集的名字
- 集的成员(可选)
- 集成员的属性(可选)

定义一个原始集，用下面的语法：

setname[/member_list/][:attribute_list];

注意：用“[]”表示该部分内容可选. 下同，不再赘述.

setname 是所选择的用来标记集的名字，最好具有较强的可读性. 集名字必须严格符合标准命名规则：以拉丁字母或下划线(_)为首字符，其后由拉丁字母(A～Z)、下划线、阿拉伯数字(0, 1, …, 9)组成的总长度不超过 32 个字符的字符串，且不区分大小写.

注意：该命名规则同样适用于集成员名和属性名等的命名.

member_list 是集成员列表. 如果集成员放在集定义中，那么对它们可采取显式罗列和隐式罗列两种方式；如果集成员不放在集定义中，那么可以在随后的数据部分定义它们.

① 当显式罗列成员时，必须为每个成员输入一个不同的名字，中间用空格或逗号隔开，允许混合使用.

例 1 可以定义一个名为 students 的原始集，它具有成员 John、Jill、Rose 和 Mike，属性有 sex 和 age.

```
sets:
    students/John Jill, Rose Mike/: sex, age;
```

```
endsets
```

② 当隐式罗列成员时，不必罗列出每个集成员．可采用如下语法：

```
setname/member1..memberN/[：attribute_list]；
```

这里的member1是集的第一个成员名，memberN是集的最末一个成员名．LINGO将自动产生中间的所有成员名．LINGO也接受一些特定的首成员名和末成员名，用于创建一些特殊的集，如表10-2所示．

表　10-2

隐式成员列表格式	示　例	所产生的集成员
1..n	1..5	1，2，3，4，5
StringM..StringN	Car2..Car14	Car2，Car3，Car4，…，Car14
DayM..DayN	Mon..Fri	Mon，Tue，Wed，Thu，Fri
MonthM..MonthN	Oct..Jan	Oct，Nov，Dec，Jan
MonthYearM..MonthYearN	Oct2001..Jan2002	Oct2001，Nov2001，Dec2001，Jan2002

③ 集成员不放在集定义中，而在随后的数据部分来定义．

例 2　在数据部分定义集成员．

```
！集部分；
sets：
   students：sex，age；
endsets
！数据部分；
data：
   students，sex，age= John   1   16
                       Jill   0   14
                       Rose   0   17
                       Mike   1   13；
enddata
```

注意：开头用感叹号(!)，末尾用分号(;)表示注释，可跨多行．

在集部分只定义了一个集students，并未指定成员．在数据部分罗列了集成员John、Jill、Rose和Mike，并对属性sex和age分别给出了值．

集成员无论用何种字符标记，它的索引都是从1开始连续计数．在attribute_ list中可以指定一个或多个集成员的属性，属性之间必须用逗号或空格隔开．

可以把集、集成员和集属性同C语言中的结构体作类比. 如：

集 ⟷ 结构体

集成员 ⟷ 结构体的域

集属性 ⟷ 结构体实例

LINGO内置的建模语言是一种描述性语言，用它可以描述现实世界中的一些问题，然后再借助于LINGO求解器求解. 因此，集属性的值一旦在模型中被确定，就不可能再更改. 在LINGO中，只有在初始部分中给出的集属性值在以后的求解中可更改. 这与前面并不矛盾，初始部分是LINGO求解器的需要，并不是描述问题所必需的.

2）定义派生集

为了定义一个派生集，必须详细声明：

- 集的名字
- 父集的名字
- 集成员(可选)
- 集成员的属性(可选)

可用下面的语法定义一个派生集：

```
setname(parent_set_list)[/member_list/][:attribute_list];
```

setname是集的名字. parent_set_list是已定义的集的列表，多个时必须用逗号隔开. 如果没有指定成员列表，那么LINGO会自动创建父集成员的所有组合作为派生集的成员. 派生集的父集既可以是原始集，也可以是其它的派生集.

例 3 定义一个派生集.

```
sets:
    product/A B/;
    machine/M N/;
    week/1..2/;
    allowed(product, machine, week):x;
endsets
```

LINGO生成了三个父集的所有组合共八组作为allowed集的成员. 列表如下：

编 号	成 员	编 号	成 员
1	(A, M, 1)	5	(B, M, 1)
2	(A, M, 2)	6	(B, M, 2)
3	(A, N, 1)	7	(B, N, 1)
4	(A, N, 2)	8	(B, N, 2)

成员列表被忽略时，派生集成员由父集成员所有的组合构成，这样的派生集称为稠密集. 如果限制派生集的成员，使它成为父集成员所有组合构成的集合的一个子集，这样的派生集称为稀疏集. 同原始集一样，派生集成员的声明也可以放在数据部分. 一个派生集的成员列表由两种方式生成：① 显式罗列；② 设置成员资格过滤器. 当采用方式①时，必须显式罗列出所有要包含在派生集中的成员，并且罗列的每个成员必须属于稠密集. 使用前面的例子，显式罗列派生集的成员的命令如下：

```
allowed(product, machine, week)/A M 1, A M 2, A N 1, A N 2, B M 1, B M 2, B N 1, B N 2/;
```

如果需要生成一个大的、稀疏的集，那么显式罗列就很繁琐. 幸运的是许多稀疏集的成员都满足一些条件以和非成员相区分. 我们可以把这些逻辑条件看做过滤器，在 LINGO 生成派生集的成员时把使逻辑条件为假的成员从稠密集中过滤掉.

例 4　在集中过滤不满足条件的集成员.

```
sets:
  ! 学生集：性别属性 sex，1 表示男性，0 表示女性；年龄属性 age.
  students/John, Jill, Rose, Mike/:sex, age;
  ! 男学生和女学生的联系集：友好程度属性 friend，[0, 1]之间的数.
  linkmf(students, students)|sex(&1) #eq# 1 #and# sex(&2) #eq# 0:
friend;
  ! 男学生和女学生的友好程度大于 0.5 的集；
  linkmf2(linkmf) | friend(&1, &2) #ge# 0.5 : x;
endsets
data:
  sex, age = 1   16
             0   14
             0   17
             0   13;
  friend = 0.3   0.5   0.6;
enddata
```

用竖线(|)来标记一个成员资格过滤器的开始. #eq#是逻辑运算符，用来判断是否“相等”，可参考 10.4 节. &1 可看做派生集的第 1 个原始父集的索引，它取遍该原始父集的所有成员；&2 可看做派生集的第 2 个原始父集的索引，它取遍该原始父集的所有成员；&3，&4，…，以此类推. 注意如果派生集 B 的父集是另外的派生集 A，那么上面所说的原始父集是集 A 向前回溯到最终的原

始集，其顺序保持不变，并且派生集 A 的过滤器对派生集 B 仍然有效. 因此，派生集的索引个数是最终原始父集的个数，索引的取值是从原始父集到当前派生集所作限制的总和.

总的来说，LINGO 可识别的集只有两种类型：原始集和派生集.

在一个模型中，原始集是基本的对象，不能再被拆分成更小的组分. 原始集可以由显式罗列和隐式罗列两种方式来定义. 当用显式罗列方式时，需在集成员列表中逐个输入每个成员. 当用隐式罗列方式时，只需在集成员列表中输入首成员和末成员，而中间的成员由 LINGO 产生.

另一方面，派生集是由其它的集来创建的. 这些集被称为该派生集的父集(原始集或其它的派生集). 一个派生集既可以是稀疏的，也可以是稠密的. 稠密集包含了父集成员的所有组合(有时也称为父集的笛卡尔乘积). 稀疏集仅包含了父集的笛卡尔乘积的一个子集，可通过显式罗列和成员资格过滤器这两种方式来定义. 显式罗列方法就是逐个罗列稀疏集的成员. 成员资格过滤器方法通过使用稀疏集成员必须满足的逻辑条件从稠密集成员中过滤出稀疏集的成员. 不同集类型的关系见图 10－2 所示.

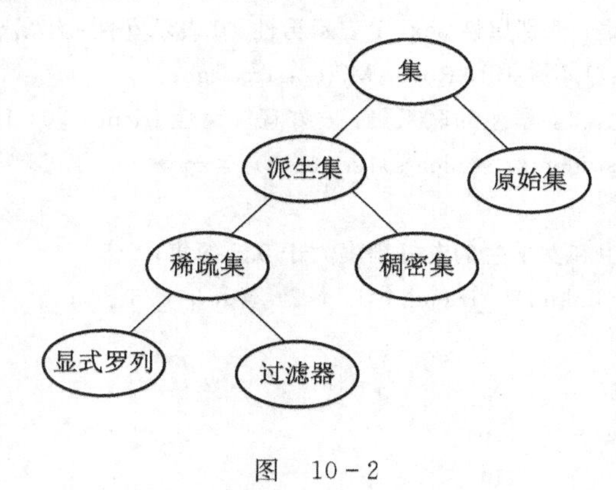

图 10－2

10.3 模型的数据部分和初始部分

在处理模型的数据时，需要为集指派一些成员并且在 LINGO 求解模型之前为集的某些属性指定值. 为此，LINGO 为用户提供了两个可选部分：输入集成员和模型的数据部分(Data Section)以及为决策变量设置初始值的初始部分(Init Section).

1. 模型的数据部分

1）数据部分入门

数据部分提供了模型相对静止部分和数据分离的可能性．显然，这对模型的维护和维数的缩放非常便利．数据部分以关键字“data:”开始，以关键字“enddata”结束．在这里，可以指定集成员、集的属性．其语法如下：

```
object_list = value_list;
```

• 对象列(object_list)包含要指定值的属性名、要设置集成员的集名，用逗号或空格隔开．一个对象列中至多有一个集名，而属性名可以有任意多．如果对象列中有多个属性名，那么它们的类型必须一致．如果对象列中有一个集名，那么对象列中所有的属性的类型就是这个集．

• 数值列(value_list)包含要分配给对象列中的对象的值，用逗号或空格隔开．注意属性值的个数必须等于集成员的个数．看下面的例子．

例 1　集成员赋值．

```
sets:
   set1/A, B, C/: X, Y;
endsets
data:
   X=1, 2, 3;
   Y=4, 5, 6;
enddata
```

在集 set1 中定义了两个属性 X 和 Y．X 的三个值是 1、2 和 3，Y 的三个值是 4、5 和 6．也可采用如下例子中的复合数据声明(data statement)实现同样的功能．

例 2　以数据声明方式给集成员赋值．

```
sets:
   set1/A, B, C/: X, Y;
endsets
data:
   X, Y=1   4
        2   5
        3   6;
enddata
```

看到这个例子，可能会认为 X 被指定了 1、4 和 2 三个值，因为它们是数值列中的前三个，而正确的答案是 1、2 和 3．假设对象列有 n 个对象，LINGO 在为对象指定值时，首先在 n 个对象的第 1 个索引处依次分配数值列中的前 n 个对象，然后在 n 个对象的第 2 个索引处依次分配数值列中紧接着的 n 个对象，以此类推.

模型的所有数据——属性值和集成员被单独放在数据部分，这可能是最规范的数据输入方式.

2）参数

在数据部分也可以指定一些标量变量(scalar variables). 当一个标量变量在数据部分确定时，称之为参数. 假设模型中用利率 8.5%作为一个参数，就可以像下面一样输入一个利率作为参数.

例 3 指定一个标量为变量.

```
data:
    interest_rate =0.085;
enddata
```

也可以同时指定多个参数.

例 4 指定多个标量为变量.

```
data:
    interest_rate, inflation_rate = 0.085, 0.03;
enddata
```

3）实时数据处理

在某些情况，模型中的某些数据并不是定值. 譬如模型中有一个通货膨胀率的参数，我们想在 2%至 6%范围内，对不同的值求解模型，来观察模型的结果对通货膨胀的依赖有多么敏感. 我们把这种情况称为实时数据处理(what if analysis). LINGO 有一个特性可方便地做到这件事：在本该放置数据的地方输入一个问号(?).

例 5 实时数据处理.

```
data:
    interest_rate, inflation_rate = 0.085 ?;
enddata
```

每一次求解模型时，LINGO 都会提示为参数 inflation_rate 输入一个值. 在 Windows 操作系统下，将会接收到一个类似图 10-3 所示的对话框.

直接输入一个值再点击 OK 按钮，LINGO 就会把输入的值指定给 inflation_rate，然后继续求解模型.

除了参数之外，也可以实时输入集的属性值，但不允许实时输入集成员名.

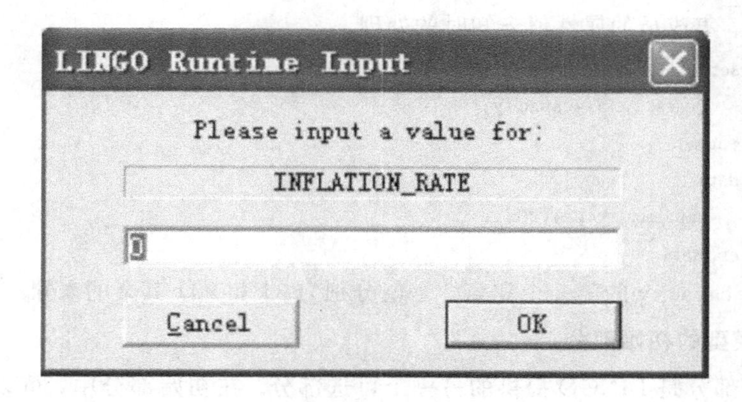

图 10-3

4) 指定属性为一个值

可以在数据声明的右边输入一个值来把所有成员的该属性指定为一个值. 看下面的例子.

例 6 指定属性为一个值.

```
sets:
   days /MO, TU, WE, TH, FR, SA, SU/:needs;
endsets
data:
   needs = 20;
enddata
```

LINGO 将用 20 指定 days 集的所有成员的 needs 属性. 对于多个属性的情形, 见下例.

例 7 对于多个属性指定值.

```
sets:
   days /MO, TU, WE, TH, FR, SA, SU/:needs, cost;
endsets
data:
   needs cost = 20 100;
enddata
```

5) 数据部分的未知数值

有时只想为一个集的部分成员的某个属性指定值, 而让其余成员的该属性保持未知, 以便让 LINGO 去求出它们的最优值. 在数据声明中输入两个相连的逗号表示该位置对应的集成员的属性值未知. 两个逗号间可以有空格.

例 8 集成员的属性值未知时的处理.

```
sets:
    years/1..5/:capacity;
endsets
data:
    capacity = ,34,20,,;
enddata
```

属性 capacity 的第 2 个和第 3 个值分别为 34 和 20，其余的未知.

2. 模型的初始部分

初始部分是 LINGO 提供的另一个可选部分. 在初始部分中，可以输入初始声明(initialization statement)，初始声明方法和数据部分中的数据声明方法相同. 在对实际问题建模时，初始部分并不起到描述模型的作用，在初始部分输入的值仅被 LINGO 求解器当作初始点来用，并且仅仅对非线性模型有用. 和数据部分指定变量的值不同，LINGO 求解器可以自由改变初始部分初始化变量的值.

一个初始部分以"init:"开始，以"endinit"结束. 初始部分的初始声明规则和数据部分的数据声明规则相同. 也就是说，我们可以在声明的左边同时初始化多个集属性，可以把集属性初始化为一个值，可以用问号实现实时数据处理，还可以用逗号指定未知数值. 好的初始点会减少模型的求解时间.

例 9 模型数据的初始化.

```
init:
    X, Y = 0, .1;
endinit
Y=@log(X);
X^2+Y^2<=1;
```

10.4 LINGO 函数

1. 基本运算符

基本运算符是下面所述的一些算术运算符、逻辑运算符和关系运算符，这些运算符是非常基本的，在 LINGO 中它们也是非常重要的.

1) 算术运算符

算术运算符是针对数值进行操作的. LINGO 提供了 5 种二元运算符:

^乘方　　＊乘　　/除　　＋加　　－减

LINGO唯一的一元算术运算符是取反函数“－”.

上述这些运算符的优先级由高到低依次为：

－(取反) → ^ → ＊、/ → ＋、－

运算符的运算次序为从左到右按优先级高低来执行. 运算的次序可以用圆括号“()”来改变.

例1　算术运算符示例.

2－5/3，(2＋4)/5等.

2) 逻辑运算符

在LINGO中，逻辑运算符主要用于集循环函数的条件表达式中，用来控制在函数中哪些集成员被包含，哪些被排斥. 这些逻辑运算符在创建稀疏集时用在成员资格过滤器中.

LINGO具有9种逻辑运算符：

#not#　否定该操作数的逻辑值，#not#是一个一元运算符.

#eq#　若两个运算数相等，则为true；否则为false.

#ne#　若两个运算符不相等，则为true；否则为false.

#gt#　若左边的运算符严格大于右边的运算符，则为true；否则为false.

#ge#　若左边的运算符大于或等于右边的运算符，则为true；否则为false.

#lt#　若左边的运算符严格小于右边的运算符，则为true；否则为false.

#le#　若左边的运算符小于或等于右边的运算符，则为true；否则为false.

#and#　仅当两个参数都为true时，结果为true；否则为false.

#or#　仅当两个参数都为false时，结果为false；否则为true.

这些运算符的优先级由高到低依次为：

#not# → #eq# #ne# #gt# #ge# #lt# #le# → #and# #or#

例2　逻辑运算符示例.

2 #gt# 3 #and# 4 #gt# 2，其结果为false(0).

3) 关系运算符

在LINGO中，关系运算符主要是被用在模型中，用来指定一个表达式的左边是否等于、小于等于或者大于等于右边，形成模型的一个约束条件. 关系运算符与逻辑运算符#eq#、#le#、#ge#截然不同，前者是模型中该关系运算符所指定关系为真的描述，而后者仅仅判断该关系是否被满足：满足为真，不满足为假.

LINGO有三种关系运算符：“＝”、“＜＝”和“＞＝”. LINGO中还能用“＜”表示小于等于关系，“＞”表示大于等于关系. LINGO并不支持严格小于

和严格大于关系运算符. 然而，如果需要严格小于和严格大于关系，比如让A严格小于B，即

$$A < B$$

那么可以把它变成如下的小于等于表达式：

$$A + \varepsilon <= B$$

这里ε是一个小的正数，它的值依赖于模型中A小于B多少才算不等.

下面给出以上三类操作符的优先级：

高　#not# －(取反)

　　^

　　*、/

　　+、－

　　#eq# #ne# #gt# #ge# #lt# #le#

　　#and# #or#

低　<= = >=

2. 数学函数

LINGO提供了大量的标准数学函数：

@abs(x)　返回x的绝对值

@sin(x)　返回x的正弦值，x采用弧度制

@cos(x)　返回x的余弦值

@tan(x)　返回x的正切值

@exp(x)　返回常数e的x次方

@log(x)　返回x的自然对数

@lgm(x)　返回x的gamma函数的自然对数

@sign(x)　如果x<0返回－1；否则，返回1

@floor(x)　返回x的整数部分. 当x>=0时，返回不超过x的最大整数；当x<0时，返回不低于x的最大整数.

@smax(x1, x2, …, xn)　返回x1, x2, …, xn中的最大值

@smin(x1, x2, …, xn)　返回x1, x2, …, xn中的最小值

例3　给定一个直角三角形，求包含该三角形的最小正方形.

解　如图10-4所示，有

$$CE = a\sin x,\quad AD = b\cos x,\quad DE = a\cos x + b\sin x$$

求最小的正方形就相当于求如下的最优化问题：

$$\min_{0\leqslant x\leqslant\frac{\pi}{2}} \max[CE, AD, DE]$$

LINGO 代码如下：

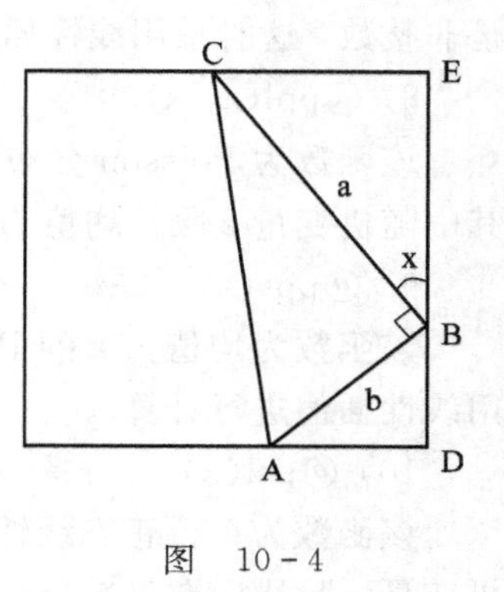

图　10－4

```
model:
sets:
    object/1..3/: f;
endsets
data:
    a, b = 3, 4; ! 两个直角边长，修改很方便;
enddata
    f(1) = a * @sin(x);
    f(2) = b * @cos(x);
    f(3) = a * @cos(x) + b * @sin(x);
    min = @smax(f(1), f(2), f(3));
    @bnd(0, x, 1.57);
end
```

3. 概率函数

1) @pbn(p，n，x)

该函数为二项分布的累积分布函数. 当 n 和(或)x 不是整数时，用线性插值法进行计算.

2) @pcx(n，x)

该函数为自由度为 n 的 χ^2 分布的累积分布函数.

3) @peb(a，x)

该函数为当到达负荷为 a，服务系统有 x 个服务器且允许无穷排队时的 Erlang 繁忙概率.

4) @pel(a，x)

该函数为当到达负荷为 a，服务系统有 x 个服务器且不允许排队时的 Erlang 繁忙概率.

5) @pfd(n，d，x)

该函数为自由度为 n 和 d 的 F 分布的累积分布函数.

6) @pfs(a，x，c)

该函数为当负荷上限为 a，顾客数为 c，平行服务器数量为 x 时，有限源的 Poisson 服务系统的等待或返修顾客数的期望值. a 是顾客数乘以平均服务时间，再除以平均返修时间. 当 c 和(或)x 不是整数时，采用线性插值进行计算.

7) @phg(pop，g，n，x)

该函数为超几何(Hypergeometric)分布的累积分布函数. pop 表示产品总数，g 是正品数. 从所有产品中任意取出 n(n≤pop)件. pop、g、n 和 x 都可以是非整数，这时采用线性插值进行计算.

8) @ppl(a, x)

该函数为 Poisson 分布的线性损失函数，即返回 max(0, z－x)的期望值，其中随机变量 z 服从均值为 a 的 Poisson 分布.

9) @pps(a, x)

该函数为均值为 a 的 Poisson 分布的累积分布函数. 当 x 不是整数时，采用线性插值进行计算.

10) @psl(x)

该函数为单位正态线性损失函数，即返回 max(0, z－x)的期望值，其中随机变量 z 服从标准正态分布.

11) @psn(x)

该函数为标准正态分布的累积分布函数.

12) @ptd(n, x)

该函数为自由度为 n 的 T 分布的累积分布函数.

13) @qrand(seed)

该函数用于产生服从(0, 1)区间的拟随机数. @qrand 只允许在模型的数据部分使用，它将用拟随机数填满集属性. 通常，声明一个 m×n 的二维表，m 表示运行实验的次数，n 表示每次实验所需的随机数的个数. 在行内，随机数是独立分布的；在行间，随机数是非常均匀的. 这些随机数是用“分层取样”的方法产生的.

例 4 产生随机数.

```
model:
data:
   M=4; N=2; seed=1234567;
enddata
sets:
   rows/1..M/;
   cols/1..N/;
   table(rows, cols): x;
endsets
data:
   X=@qrand(seed);
enddata
end
```

如果没有为函数指定种子，那么 LINGO 将用系统时间构造种子.

14）@rand(seed)

该函数返回 0 和 1 间的随机数，依赖于指定的种子. 典型用法是 U(I+1)=@rand(U(I)). 注意如果 seed 不变，那么产生的随机数也不变.

例 5　利用@rand 产生 15 个标准正态分布的随机数和自由度为 2 的 t 分布的随机数.

```
model:
! 产生一列正态分布和 t 分布的随机数;
sets:
   series/1..15/: u, znorm, zt;
endsets

  ! 第一个均匀分布随机数是任意的;
  u( 1) = @rand( .1234);

  ! 产生其余的均匀分布的随机数;
  @for(series( I)| I #gt# 1:
    u( I) = @rand( u( I - 1)) );

   @for( series( I):
   ! 正态分布的随机数;
   @psn( znorm( I)) = u( I);
   ! 自由度为 2 的 t 分布的随机数;
   @ptd( 2, zt( I)) = u( I);
   ! znorm 和 zt 可以是负数;
   @free( znorm( I)); @free( zt( I));
  );
end
```

4. 变量界定函数

变量界定函数实现对变量取值范围的附加限制，共 4 种：

@bin(x)	限制 x 为 0 或 1
@bnd(L, x, U)	限制 L≤x≤U
@free(x)	取消对变量 x 的默认下界为 0 的限制，即 x 可以取任意实数
@gin(x)	限制 x 为整数

在默认情况下，LINGO 规定变量是非负的，也就是说下界为 0，上界为 $+\infty$. @free 取消了默认的下界为 0 的限制，使变量也可以取负值. @bnd 用于设定一个变量的上下界，它也可以取消默认下界为 0 的约束.

5. 集操作函数

LINGO 提供了下述几个函数帮助处理集.

(1) @in(set_name, primitive_index_1 [, primitive_index_2, …])

如果元素在指定集中，返回 1；否则返回 0.

例 6 全集为 I，B 是 I 的一个子集，C 是 B 的补集.

```
sets:
   I/x1..x4/;
   B(I)/x2/;
   C(I)|#not#@in(B, &1)::
endsets
```

(2) @index([set_name,] primitive_set_element)

该函数返回在集 set_name 中原始集成员 primitive_set_element 的索引. 如果 set_name 被忽略，那么 LINGO 将返回与 primitive_set_element 匹配的第一个原始集成员的索引. 如果找不到，则产生一个错误.

例 7 确定集成员(B, Y)属于派生集 S3.

```
sets:
   S1/A B C/;
   S2/X Y Z/;
   S3(S1, S2)/A X, A Z, B Y, C X/;
endsets
   X=@in(S3, @index(S1, B), @index(S2, Y));
```

下面的例子则表明有时为@index 指定集是必要的.

例 8 为@index 指定集.

```
sets:
   girls/debble, sue, alice/;
   boys/bob, joe, sue, fred/;
endsets
I1=@index(sue);
I2=@index(boys, sue);
```

I1 的值是 2，I2 的值是 3. 我们建议在使用@index 函数时最好指定集.

(3) @wrap(index, limit)

该函数返回 j=index−k*limit，其中 k 是一个整数，取适当值保证 j 落在区间[1，limit]内．该函数相当于 index 模 limit 再加 1．该函数在循环、多阶段计划编制中特别有用．

（4）@size(set_name)

该函数返回集 set_name 的成员个数．在模型中明确给出集大小时最好使用该函数．它的使用使模型更加数据中立，集大小改变时也更易维护．

6．集循环函数

集循环函数遍历整个集进行操作．其语法为：

@function(setname[(set_index_list)[|conditional_qualifier]]：expression_list)；

@function 相应于下面罗列的四个集循环函数之一；setname 是要遍历的集；set_ index_list 是集索引列表；conditional_qualifier 是用来限制集循环函数的范围，当集循环函数遍历集的每个成员时，LINGO 都要对 conditional_qualifier 进行评价，若结果为真，则对该成员执行@function 操作，否则跳过，继续执行下一次循环．expression_list 是被应用到每个集成员的表达式列表，当用的是@for 函数时，expression_list 可以包含多个表达式，其间用逗号隔开．这些表达式将被作为约束加到模型中．当使用其余的三个集循环函数时，expression_list 只能有一个表达式．如果省略 set_index_list，那么在 expression_list 中引用的所有属性的类型都是 setname 集．

1）@for

该函数用来产生对集成员的约束．基于建模语言的标量需要显式输入每个约束，不过@for 函数允许只输入一个约束，然后 LINGO 自动产生每个集成员的约束．

例 9　产生序列{1，4，9，16，25}．

```
model:
sets:
  number/1..5/:x;
endsets
  @for(number(I): x(I)=I^2);
end
```

2）@sum

该函数返回遍历指定的集成员的一个表达式的和．

例 10　求向量[5，1，3，4，6，10]前 5 个数的和．

```
model:
data:
  N=6;
```

```
enddata
sets:
   number/1..N/:x;
endsets
data:
   x = 5  1  3  4  6  10;
enddata
   s=@sum(number(I) | I #le# 5: x);
end
```

3) @min 和@max

该函数返回指定的集成员的一个表达式的最小值或最大值.

例 11 求向量[5, 1, 3, 4, 6, 10]前 5 个数的最小值，后 3 个数的最大值.

```
model:
data:
   N=6;
enddata
sets:
   number/1..N/:x;
endsets
data:
   x = 5  1  3  4  6  10;
enddata
   minv=@min(number(I) | I #le# 5: x);
   maxv=@max(number(I) | I #ge# N-2: x);
end
```

下面看一个稍微复杂一点儿的例子.

例 12 职员时序安排模型. 一项工作一周 7 天都需要有人(比如护士工作)，每天(周一至周日)所需的最少职员数为 20、16、13、16、19、14 和 12，并要求每个职员一周连续工作 5 天，试求每周所需的最少职员数，并给出安排. 注意这里我们考虑稳定后的情况.

```
model:
sets:
   days/mon..sun/: required, start;
endsets
data:
   ! 每天所需的最少职员数;
```

```
    required = 20  16  13  16  19  14  12;
enddata
! 最小化每周所需职员数;
    min=@sum(days: start);
    @for(days(J):
     @sum(days(I) | I #le# 5:
        start(@wrap(J+I+2, 7))) >= required(J));
end
```

计算的部分结果为：

```
Global optimal solution found at iteration:      0
  Objective value:                               22.00000
        Variable              Value              Reduced Cost
        REQUIRED(MON)         20.00000           0.000000
        REQUIRED(TUE)         16.00000           0.000000
        REQUIRED(WED)         13.00000           0.000000
        REQUIRED(THU)         16.00000           0.000000
        REQUIRED(FRI)         19.00000           0.000000
        REQUIRED(SAT)         14.00000           0.000000
        REQUIRED(SUN)         12.00000           0.000000
        START(MON)             8.000000          0.000000
        START(TUE)             2.000000          0.000000
        START(WED)             0.000000          0.3333333
        START(THU)             6.000000          0.000000
        START(FRI)             3.000000          0.000000
        START(SAT)             3.000000          0.000000
        START(SUN)             0.000000          0.000000
```

从而可推得解决方案是：每周最少需要 22 个职员，周一安排 8 人，周二安排 2 人，周三无需安排人，周四安排 6 人，周五和周六都安排 3 人，周日无需安排人.

7. 输入和输出函数

输入和输出函数可以把模型和外部数据比如文本文件、数据库和电子表格等连接起来.

1) @file 函数

该函数用于从外部文件中输入数据，可以放在模型中任何地方. 该函数的语法格式为：

```
@file('filename')
```

这里 filename 是文件名，可以采用相对路径和绝对路径两种表示方式. @file 函数对同一文件的两种表示方式的处理和对两个不同的文件的处理是一样的，这一点必须注意.

例 13 以本章 10.1 节的例 2 来讲解@file 函数的用法.

注意到在该例的编码中有两处涉及到数据. 第一个地方是集部分的 6 个 warehouses 集成员和 8 个 vendors 集成员；第二个地方是数据部分的 capacity、demand 和 cost 数据.

为了使数据和模型完全分开，我们把它们移到外部的文本文件中. 修改模型代码以便于用@file 函数把数据从文本文件中拖到模型中来. 修改后(修改处代码黑体加粗)的模型代码如下：

```
model:
! 6 发点 8 收点运输问题;
sets:
  warehouses/ @file('1_2.txt') /: capacity;
  vendors/ @file('1_2.txt') /: demand;
  links(warehouses, vendors): cost, volume;
endsets
! 目标函数;
  min=@sum(links: cost * volume);
! 需求约束;
  @for(vendors(J):
    @sum(warehouses(I): volume(I, J))=demand(J));
! 产量约束;
  @for(warehouses(I):
    @sum(vendors(J): volume(I, J))<=capacity(I));
! 这里是数据;
data:
  capacity = @file('1_2.txt') ;
  demand = @file('1_2.txt') ;
  cost = @file('1_2.txt') ;
enddata
end
```

模型的所有数据来自于 1_2.txt 文件. 其内容如下：

```
! warehouses 成员;
```

```
WH1 WH2 WH3 WH4 WH5 WH6 ~

! vendors 成员;
V1 V2 V3 V4 V5 V6 V7 V8 ~

! 产量;
60 55 51 43 41 52 ~

! 销量;
35 37 22 32 41 32 43 38 ~

! 单位运输费用矩阵;
    6  2  6  7  4  2  5  9
    4  9  5  3  8  5  8  2
    5  2  1  9  7  4  3  3
    7  6  7  3  9  2  7  1
    2  3  9  5  7  2  6  5
    5  5  2  2  8  1  4  3
```

把记录结束标记(~)之间的数据文件部分称为记录. 如果数据文件中没有记录结束标记，那么整个文件被看做单个记录. 注意到除了记录结束标记外，模型的文本和数据同它们直接放在模型里是一样的.

我们来看一下在数据文件中的记录结束标记连同模型中的@file 函数调用是如何工作的. 当在模型中第一次调用@file 函数时，LINGO 打开数据文件，然后读取第一个记录；第二次调用@file 函数时，LINGO 读取第二个记录等. 文件的最后一条记录可以没有记录结束标记，当遇到文件结束标记时，LINGO 会读取最后一条记录，然后关闭文件. 如果最后一条记录也有记录结束标记，那么直到 LINGO 求解完当前模型后才关闭该文件. 如果多个文件保持打开状态，可能就会导致一些问题，因为这会使同时打开的文件总数超过允许同时打开文件的上限 16.

当使用@file 函数时，可把记录的内容(除了一些记录结束标记外)看做是替代模型中@file('filename')位置的文本. 这也就是说，一条记录可以是声明的一部分、整个声明或一系列声明. 在数据文件中注释被忽略. 注意在 LINGO 中不允许嵌套调用@file 函数.

2) @text 函数

该函数被用在数据部分，用来把解输出至文本文件中. 它可以输出集成员和集属性值. 其语法为：

@text(['filename'])

这里 filename 是文件名，可以采用相对路径和绝对路径两种表示方式. 如果忽略 filename，那么数据就被输出到标准输出设备(大多数情形都是屏幕). @text 函数仅能出现在模型数据部分的一条语句的左边，右边是集名(用来输出该集的所有成员名)或集属性名(用来输出该集属性的值).

我们把用接口函数产生输出的数据声明称为输出操作. 输出操作仅当求解器求解完模型后才执行，执行次序取决于其在模型中出现的先后.

例 14 借用前文的例 12，说明@text 的用法.

```
model:
sets:
   days/mon..sun/: required, start;
endsets
data:
   ! 每天所需的最少职员数;
   required = 20 16 13 16 19 14 12;
   @text('d:\out.txt')=days '至少需要的职员数为' start;
enddata
! 最小化每周所需职员数;
   min=@sum(days: start);
   @for(days(J):
    @sum(days(I) | I #le# 5:
       start(@wrap(J+I+2, 7))) >= required(J));
end
```

3) @OLE 函数

@OLE 是从 Excel 中引入或输出数据的接口函数，它是基于传输的 OLE 技术. OLE 传输技术是直接在内存中传输数据，并不借助于中间文件. 当使用@OLE 时，LINGO 先装载 Excel，再通知 Excel 装载指定的电子数据表，最后从电子数据表中获得 Ranges. 为了使用 OLE 函数，必须有 Excel5 及其以上版本. OLE 函数可在数据部分和初始部分引入数据.

@OLE 可以同时读集成员和集属性，集成员最好用文本格式，集属性最好用数值格式. 原始集每个集成员需要一个单元(cell)，而对于 n 元的派生集每个集成员需要 n 个单元，这里第一行的 n 个单元对应派生集的第一个集成员，第二行的 n 个单元对应派生集的第二个集成员，依此类推.

@OLE 只能读一维或二维的 Ranges(在单个的 Excel 工作表(sheet)中)，但不能读间断的或三维的 Ranges. Ranges 是自左而右、自上而下来读的.

例 15　利用@OLE 函数引入数据.

```
sets:
   PRODUCT; ! 产品;
   MACHINE; ! 机器;
   WEEK;    ! 周;
   ALLOWED(PRODUCT, MACHINE, WEEK):x, y;   ! 允许组合及属性;
endsets
data:
   rate=0.01;
   PRODUCT, MACHINE, WEEK, ALLOWED, x, y=@OLE('D:\IMPORT.
XLS');
   @OLE('D:\IMPORT. XLS')=rate;
enddata
```

用以上程序可以代替在代码文本的数据部分显式输入数据，我们把相关数据全部放在如下电子数据表中来输入. 下面是 D:\IMPORT. XLS 的图表.

除了输入数据之外，我们也必须定义 Ranges 名：PRODUCT, MACHINE, WEEK, ALLOWED, x, y. 确切地讲，我们需要定义如下的 Ranges 名：

Name	Range
PRODUCT	B3:B4
MACHINE	C3:C4
WEEK	D3:D5
ALLOWED	B8:D10
x	F8:F10
y	G8:G10
rate	C13

为了在 Excel 中定义 Ranges 名，需按如下步骤操作：

① 按鼠标左键拖曳选择 Range;

② 释放鼠标按钮;

③ 选择“插入|名称|定义”;

④ 输入希望的名字;

⑤ 点击“确定”按钮.

例如，下面有一组 Excel 中的数据：

	A	B	C	D	E	F	G	H
1								
2		产品	机器	周				
3		A	M	1				
4		B	N	2				
5				3				
6						集ALLOWED的属性x和y的值		
7	允许的组合（ALLOWED集成员）					x	y	
8		A	M	1		1	22	
9		A	N	2		2	10	
10		B	N	1		0	14	
11								
12	输出结果							
13		RATE	0.01					

我们在模型的数据部分用如下代码从 Excel 中引入数据：

```
PRODUCT，MACHINE，WEEK，ALLOWED，x，y=@OLE('D:\IMPORT.XLS')；
@OLE('D:\IMPORT.XLS')=rate；
```

等价的描述为：

```
PRODUCT，MACHINE，WEEK，ALLOWED，x，y
    =@OLE('D:\IMPORT.XLS'，PRODUCT，MACHINE，WEEK，ALLOWED，x，y)；
@OLE('D:\IMPORT.XLS'，rate)=rate；
```

这一等价描述使得变量名和 Ranges 不同亦可.

4）@ranged(variable_or_row_name)

该函数给出为了保持最优基不变，变量的费用系数或约束行的右端项允许减少的量.

5）@rangeu(variable_or_row_name)

该函数给出为了保持最优基不变，变量的费用系数或约束行的右端项允许增加的量.

6）@status()

该函数用于返回 LINGO 求解模型结束后的状态：

① Global Optimum——全局最优.

② Infeasible——不可行.

③ Unbounded——无界.

④ Undetermined——不确定.

⑤ Feasible——可行.

⑥ Infeasible or Unbounded——通常需要关闭“预处理”选项后重新求解模型，以确定模型究竟是不可行还是无界.

⑦ Local Optimum——局部最优.

⑧ Locally Infeasible——局部不可行，尽管可行解可能存在，但是 LINGO 并没有找到一个.

⑨ Cutoff——目标函数的截断值被达到.

⑩ Numeric Error——求解器因在某约束中遇到无定义的算术运算而停止.

通常，如果返回值不是 0、4 或 6，那么解将不可信，几乎不能用. 该函数仅被用在模型的数据部分来输出数据.

例 16　利用@status()函数返回 LINGO 求解模型结束后的状态.

```
model:
min=@sin(x);
data:
  @text()=@status();
enddata
end
```

部分计算结果为：

```
Feasible solution found.
  Objective value:          -1.000000
  Extended solver steps:        5
  Total solver iterations:      157
          4
       Variable            Value            Reduced Cost
              X        0.5110505E+10      -0.1333834E-06
            Row        Slack or Surplus   Dual Price
              1        -1.000000          -1.000000
```

结果中的 4 就是@status()返回的结果，表明最终解是局部最优的.

7) @dual

@dual(variable_or_row_name)返回变量的判别数(检验数)或约束行的对偶(影子)价格(dual prices).

8. 辅助函数

1) @if(logical_condition, true_result, false_result)

@if 函数将评价一个逻辑表达式 logical_condition，如果为真，返回 true_result，否则返回 false_result.

例 17 求解最优化问题：

$$\min f(x)+g(y)$$

s. t.

$$f(x)=\begin{cases}100+2x & (x>0)\\ 2x & (x\leqslant 0)\end{cases}$$

$$g(y)=\begin{cases}60+30y & (y>0)\\ 2y & (y\leqslant 0)\end{cases}$$

$$x+y\geqslant 30$$

$$x,\ y\geqslant 0$$

其 LINGO 代码如下：

```
model:
  min=fx+gy;
  fx=@if(x #gt# 0, 100, 0)+2*x;
  gy=@if(y #gt# 0, 60, 0)+3*y;
  x+y>=30;
end
```

2) @warn('text', logical_condition)

如果逻辑条件 logical_condition 为真，则该函数产生一个内容为'text'的信息框.

例 18 产生一个内容为'text'的信息框.

```
model:
  x=1;
  @warn('x是正数', x #gt# 0);
end
```

10.5 综合建模举例

例 1 装配线平衡模型.

一条装配线含有一系列的工作站，在最终产品的加工过程中每个工作站执行一种或几种特定的任务. 装配线周期是指所有工作站完成分配给它们各自的任务所化费时间中的最大值. 平衡装配线的目标是为每个工作站分配加工任务，尽可能使每个工作站执行相同数量的任务，其最终标准是装配线周期最短. 不适当的平衡装配线将会产生瓶颈——有较少任务的工作站将被迫等待其前面分配了较多任务的工作站.

问题会因为众多任务间存在优先关系而变得更复杂，任务的分配必须服从这种优先关系.

这个模型的目标是最小化装配线周期. 有两类约束:

① 要保证每件任务只能也必须分配至一个工作站来加工;

② 要保证满足任务间的所有优先关系.

例如有11件任务(A~K)分配到4个工作站(1~4),任务的优先次序如图10-5. 每件任务所花费的时间如表10-3所示.

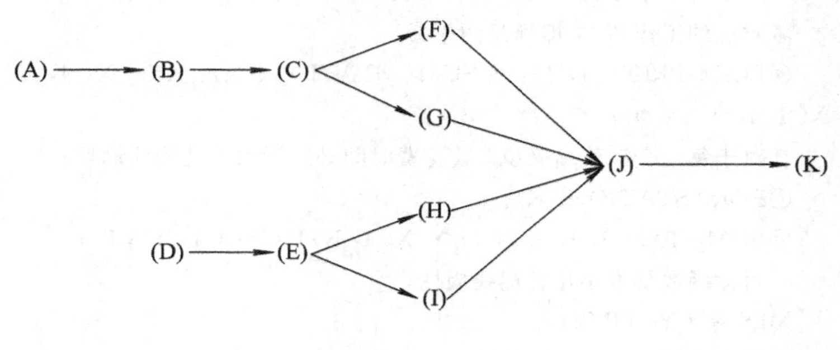

图 10-5

表 10-3

任务	A	B	C	D	E	F	G	H	I	J	K
时间	45	11	9	50	15	12	12	12	12	8	9

模型的求解:

```
MODEL:
   ! 装配线平衡模型;
SETS:
   ! 任务集合,有一个完成时间属性 T;
   TASK/ A B C D E F G H I J K/: T;
   ! 任务之间的优先关系集合(A 必须完成才能开始 B, 等等);
   PRED( TASK, TASK)/ A, B B, C C, F C, G F, J G, J
     J, K D, E E, H E, I H, J I, J /;
   ! 工作站集合;
   STATION/1. . 4/;
   TXS( TASK, STATION): X;
   ! X 是派生集合 TXS 的一个属性. 如果 X(I, K)=1, 则表示第 I 个任务
     指派给第 K 个工作站完成;
ENDSETS
DATA:
```

```
    ! 任务 A B C D E F G H I J K 的完成时间估计如下;
    T = 45 11 9 50 15 12 12 12 12 8 9;
ENDDATA
    ! 当任务超过 15 个时，模型的求解将变得很慢;
    ! 每一个作业必须指派到一个工作站，即满足约束①;
    @FOR( TASK( I): @SUM( STATION( K): X( I, K)) = 1);
    ! 对于每一个存在优先关系的作业对来说，前者对应的工作站 I 必须小于后
    者对应的工作站 J，即满足约束②;
    @FOR( PRED( I, J): @SUM( STATION( K): K * X( J, K) - K *
X( I, K))>= 0);
    ! 对于每一个工作站来说，其花费时间必须不大于装配线周期;
    @FOR( STATION( K):
    @SUM( TXS( I, K): T( I) * X( I, K)) <= CYCTIME);
    ! 目标函数是最小化转配线周期;
    MIN = CYCTIME;
    ! 指定 X(I, J) 为 0/1 变量;
    @FOR( TXS: @BIN( X));
END
```

计算的部分结果如下：

```
Global optimal solution found at iteration:        1255
    Objective value:                                  50.00000

         Variable              Value            Reduced Cost
         CYCTIME             50.00000             0.000000
         X( A, 1)             1.000000             0.000000
         X( A, 2)             0.000000             0.000000
         X( A, 3)             0.000000            45.00000
         X( A, 4)             0.000000             0.000000
         X( B, 1)             0.000000             0.000000
         X( B, 2)             0.000000             0.000000
         X( B, 3)             1.000000            11.00000
         X( B, 4)             0.000000             0.000000
         X( C, 1)             0.000000             0.000000
         X( C, 2)             0.000000             0.000000
         X( C, 3)             0.000000             9.000000
         X( C, 4)             1.000000             0.000000
         X( D, 1)             0.000000             0.000000
```

```
X( D, 2)      1.000000      0.000000
X( D, 3)      0.000000     50.00000
X( D, 4)      0.000000      0.000000
X( E, 1)      0.000000      0.000000
X( E, 2)      0.000000      0.000000
X( E, 3)      1.000000     15.00000
X( E, 4)      0.000000      0.000000
X( F, 1)      0.000000      0.000000
X( F, 2)      0.000000      0.000000
X( F, 3)      0.000000     12.00000
X( F, 4)      1.000000      0.000000
X( G, 1)      0.000000      0.000000
X( G, 2)      0.000000      0.000000
X( G, 3)      0.000000     12.00000
X( G, 4)      1.000000      0.000000
X( H, 1)      0.000000      0.000000
X( H, 2)      0.000000      0.000000
X( H, 3)      1.000000     12.00000
X( H, 4)      0.000000      0.000000
X( I, 1)      0.000000      0.000000
X( I, 2)      0.000000      0.000000
X( I, 3)      1.000000     12.00000
X( I, 4)      0.000000      0.000000
X( J, 1)      0.000000      0.000000
X( J, 2)      0.000000      0.000000
X( J, 3)      0.000000      8.000000
X( J, 4)      1.000000      0.000000
X( K, 1)      0.000000      0.000000
X( K, 2)      0.000000      0.000000
X( K, 3)      0.000000      9.000000
X( K, 4)      1.000000      0.000000
```

例 2 露天矿生产的车辆安排(CMCM2003B).

钢铁工业是国家工业的基础之一，铁矿是钢铁工业的主要原料基地. 许多现代化铁矿是露天开采的，它的生产主要是由电动铲车(以下简称电铲)装车、电动轮自卸卡车(以下简称卡车)运输来完成的. 提高这些大型设备的利用率是增加露天矿经济效益的首要任务.

露天矿里有若干个爆破生成的石料堆，每堆称为一个铲位，每个铲位已预先根据铁含量将石料分成矿石和岩石. 一般来说，平均铁含量不低于25%的为矿石，否则为岩石. 每个铲位的矿石、岩石数量，以及矿石的平均铁含量(称为品位)都是已知的. 每个铲位至多能安置一台电铲，电铲的平均装车时间为5分钟.

卸货地点(以下简称卸点)有卸矿石的矿石漏、2个铁路倒装场(以下简称倒装场)和卸岩石的岩石漏、岩场等，每个卸点都有各自的产量要求. 从保护国家资源的角度及矿山的经济效益考虑，应该尽量把矿石按矿石卸点需要的铁含量(假设要求都为29.5%±1%，称为品位限制)搭配起来送到卸点，搭配的量在一个班次(8小时)内满足品位限制即可. 从长远看，卸点可以移动，但一个班次内不变. 卡车的平均卸车时间为3分钟.

所用卡车载重量为154吨，平均时速28 km/h. 卡车的耗油量很大，每个班次每台车消耗近1吨柴油. 发动机点火时需要消耗相当多的电瓶能量，故一个班次中只在开始工作时点火一次. 卡车在等待时所耗费的能量也是相当可观的，原则上在安排时不应发生卡车等待的情况. 电铲和卸点都不能同时为两辆及两辆以上卡车服务. 卡车每次都是满载运输.

每个铲位到每个卸点的道路都是专用的宽60 m的双向车道，不会出现堵车现象，每段道路的里程都是已知的.

一个班次的生产计划应该包含以下内容：出动几台电铲，分别在哪些铲位上；出动几辆卡车，分别在哪些路线上，各运输多少次(因为随机因素影响，装卸时间与运输时间都不精确，所以排时计划无效，只要求出各条路线上的卡车数及安排即可). 一个合格的计划要在卡车不等待条件下满足产量和质量(品位)要求，而一个好的计划还应该考虑下面两条原则之一：

(1) 总运量(吨公里)最小，同时出动最少的卡车，从而运输成本最小；

(2) 利用现有车辆运输，获得最大的产量(岩石产量优先；在产量相同的情况下，取总运量最小的解).

请就上述两条原则分别建立数学模型，并给出一个班次生产计划的快速算法. 针对下面的实例，给出具体的生产计划、相应的总运量及岩石和矿石产量.

某露天矿有铲位10个，卸点5个，现有铲车7台，卡车20辆. 各卸点一个班次的产量要求：矿石漏1.2万吨、倒装场Ⅰ1.3万吨、倒装场Ⅱ1.3万吨、岩石漏1.9万吨、岩场1.3万吨.

铲位和卸点位置二维示意图如图10-6所示，各铲位和各卸点之间的距离(公里)如表10-4所示.

各铲位矿石、岩石数量(万吨)和矿石的平均铁含量如表10-5所示.

表 10-4 单位：km

铲位 / 卸点	1	2	3	4	5	6	7	8	9	10
矿石漏	5.26	5.19	4.21	4.00	2.95	2.74	2.46	1.90	0.64	1.27
倒装场Ⅰ	1.90	0.99	1.90	1.13	1.27	2.25	1.48	2.04	3.09	3.51
岩场	5.89	5.61	5.61	4.56	3.51	3.65	2.46	2.46	1.06	0.57
岩石漏	0.64	1.76	1.27	1.83	2.74	2.60	4.21	3.72	5.05	6.10
倒装场Ⅱ	4.42	3.86	3.72	3.16	2.25	2.81	0.78	1.62	1.27	0.50

表 10-5 单位：万吨

铲位 / 类别	1	2	3	4	5	6	7	8	9	10
矿石量	0.95	1.05	1.00	1.05	1.10	1.25	1.05	1.30	1.35	1.25
岩石量	1.25	1.10	1.35	1.05	1.15	1.35	1.05	1.15	1.35	1.25
铁含量	30%	28%	29%	32%	31%	33%	32%	31%	33%	31%

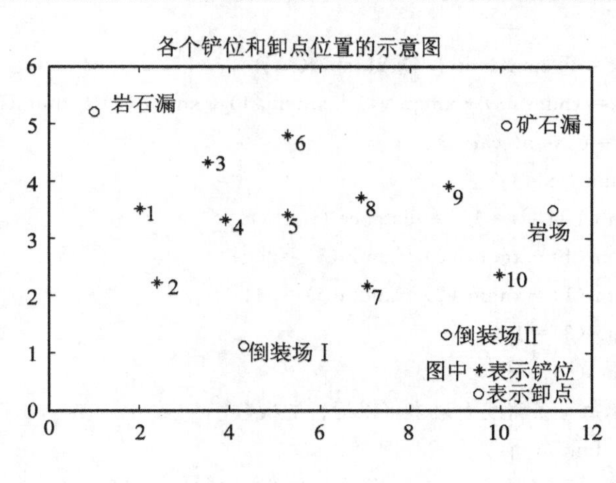

图 10-6

模型的求解：

```
model:
title CUMCM-2003B-01;
sets:
cai / 1..10 /:crate, cnum, cy, ck, flag;
```

```
xie / 1.. 5 /:xsubject, xnum;
link( xie, cai ):distance, lsubject, number, che, b;
endsets
data:
crate=30   28   29   32   31   33   32   31   33   31;
xsubject= 1.2   1.3   1.3   1.9   1.3 ;
distance= 5.26  5.19  4.21  4.00  2.95  2.74  2.46  1.90  0.64  1.27
          1.90  0.99  1.90  1.13  1.27  2.25  1.48  2.04  3.09  3.51
          5.89  5.61  5.61  4.56  3.51  3.65  2.46  2.46  1.06  0.57
          0.64  1.76  1.27  1.83  2.74  2.60  4.21  3.72  5.05  6.10
          4.42  3.86  3.72  3.16  2.25  2.81  0.78  1.62  1.27  0.50;
cy = 1.25   1.10   1.35   1.05   1.15   1.35   1.05   1.15   1.35   1.25;
ck = 0.95   1.05   1.00   1.05   1.10   1.25   1.05   1.30   1.35   1.25;
enddata
!目标函数;
min=@sum( cai (i):
    @sum ( xie (j):
        number (j, i) * 154 * distance (j, i)));


! max =@sum(link(i, j):number(i, j));
! max=xnum (3)+xnum (4)+xnum (1)+xnum (2)+xnum(5);
! min=@sum( cai (i):
! @sum ( xie (j):
! number (j, i) * 154 * distance (j, i)));
! xnum (1)+xnum (2)+xnum(5)=340;
! xnum (1)+xnum (2)+xnum(5)=341;
! xnum (3)=160;
! xnum (4)=160;
!卡车每一条路线上最多可以运行的次数;
@for (link (i, j):
b(i, j)=@floor((8 * 60-(@floor((distance(i, j)/28 * 60 * 2+3+5)/5)-1) *
5)/(distance(i, j)/28 * 60 * 2+3+5)));
! b(i, j)=@floor(8 * 60/(distance(i, j)/28 * 60 * 2+3+5)));

! t(i, j)=@floor((distance(i, j)/28 * 60 * 2+3+5)/5);
! b(i, j)=@floor((8 * 60-(@floor((distance(i, j)/28 * 60 * 2+3+5)/5)) *
5)/(distance(i, j)/28 * 60 * 2+3+5)));
```

```
! 每一条路线上的最大总车次的计算；
@for( link (i, j):
lsubject(i, j)=(@floor((distance(i, j)/28 * 60 * 2+3+5)/5)) * b(i, j));
! 计算各个铲位的总产量；
@for (cai(j):
    cnum(j)=@sum(xie(i):number(i, j)));
! 计算各个卸点的总产量；
@for (xie(i):
    xnum(i)=@sum(cai(j):number(i, j)));
! 道路能力约束；
@for (link (i, j):
   number(i, j)<=lsubject(i, j));
! 电铲能力约束；
@for (cai (j) :
    cnum(j) <= flag(j) * 8 * 60/5 );
! 电铲数量约束
@sum(cai(j): flag(j) ) <=7;
! 卸点能力约束；
@for (xie (i):
    xnum (i)<=8 * 20);
! 铲位产量约束；
@for (cai (i): number(1, i)+number(2, i)+number(5, i)<=ck(i) * 10000/
154);
@for (cai (i): number(3, i)+number(4, i)<=cy(i) * 10000/154);
! 产量任务约束；
@for (xie (i):
    xnum (i)>= xsubject (i) * 10000/154);
! 铁含量约束；
@sum(cai (j):
    number(1, j) * (crate(j)-30.5) )<=0;
@sum(cai (j):
number(2, j) * (crate(j)-30.5) )<=0;
@sum(cai (j):
    number(5, j) * (crate(j)-30.5) )<=0;
@sum(cai (j):
    number(1, j) * (crate(j)-28.5) )>=0;
@sum(cai (j):
```

```
    number(2, j) * (crate(j)-28.5) )>=0;
@sum(cai (j):
    number(5, j) * (crate(j)-28.5) )>=0;
! 关于车辆的具体分配;
@for (link (i, j):
    che (i, j)=number (i, j)/b(i, j));
! 各个路线所需卡车数简单加和;
hehe=@sum (link (i, j): che (i, j));
! 整数约束;
@for (link (i, j): @gin(number (i, j)));
@for (cai (j): @bin(flag (j)));
! 车辆能力约束;
hehe<=20;
ccnum=@sum(cai (j): cnum(j) );
end
```

例 3 分配问题(指派问题，Assignment Problem).

这是给 n 个人分配 n 项工作以获得某个最高总效果的问题. 第 i 个人完成第 j 项工作需要平均时间 c_{ij}. 要求给每个人分配一项工作，并要求分配完这些工作，以使完成全部任务的总时间为最小. 该问题可表示如下：

$$\min \sum_{i=1}^{n}\sum_{j=1}^{n} c_{ij}x_{ij}$$

$$\text{s. t.}$$

$$\sum_{i=1}^{n} x_{ij} = 1 \quad (j = 1, 2, \cdots, n)$$

$$\sum_{j=1}^{n} x_{ij} = 1 \quad (i = 1, 2, \cdots, n)$$

$$x_{ij} = 0, 1$$

显然，此问题可看做是运输问题的特殊情况. 可将此问题看作具有 n 个源和 n 个汇的问题，每个源有 1 单位的可获量，而每个汇有 1 单位的需要量. 从表面上看，这个问题要求用整数规划以保证 x_{ij} 能取 0 或 1. 然而，幸运的是，此问题是运输问题的特例，因此即使不限制 x_{ij} 取 0 或 1，最优解也将取 0 或 1. 如果把婚姻看做分配问题，丹茨证明，整数性质证明一夫一妻会带来最美满幸福的生活！显然，分配问题可以作为线性规划问题来求解，尽管模型可能很大. 例如，给 100 人分配 100 项工作将使所得的模型具有 10 000 个变量. 这时，如采用专门算法效果会更好. 时间复杂度为 $O(n^3)$ 的匈牙利算法便是一个好的选择，这是由 Kuhu(1955)提出的.

模型的求解：

```
model:
  ！7个工人，7个工作的分配问题；
sets:
  workers/w1..w7/;
  jobs/j1..j7/;
  links(workers, jobs): cost, volume;
endsets
  ！目标函数；
  min=@sum(links: cost*volume);
  ！每个工人只能有一份工作；
  @for(workers(I):
    @sum(jobs(J): volume(I, J))=1;
  );
  ！每份工作只能有一个工人；
  @for(jobs(J):
    @sum(workers(I): volume(I, J))=1;
  );
data:
  cost= 6  2  6  7   4  2   5
        4  9  5  3   8  5   8
        5  2  1  9   7  4   3
        7  6  7  3   9  2   7
        2  3  9  5   7  2   6
        5  5  2  2   8  11  4
        9  2  3  12  4  5   10;
 enddata
 end
```

计算的部分结果为：

```
Global optimal solution found at iteration:    14
  Objective value:                             18.00000

      Variable            Value         Reduced Cost
    VOLUME( W1, J1)      0.000000        4.000000
    VOLUME( W1, J2)      0.000000        0.000000
    VOLUME( W1, J3)      0.000000        3.000000
    VOLUME( W1, J4)      0.000000        4.000000
```

```
VOLUME( W1, J5)      1.000000      0.000000
VOLUME( W1, J6)      0.000000      0.000000
VOLUME( W1, J7)      0.000000      0.000000
VOLUME( W2, J1)      0.000000      2.000000
VOLUME( W2, J2)      0.000000      7.000000
VOLUME( W2, J3)      0.000000      2.000000
VOLUME( W2, J4)      1.000000      0.000000
VOLUME( W2, J5)      0.000000      4.000000
VOLUME( W2, J6)      0.000000      3.000000
VOLUME( W2, J7)      0.000000      3.000000
VOLUME( W3, J1)      0.000000      5.000000
VOLUME( W3, J2)      0.000000      2.000000
VOLUME( W3, J3)      0.000000      0.000000
VOLUME( W3, J4)      0.000000      8.000000
VOLUME( W3, J5)      0.000000      5.000000
VOLUME( W3, J6)      0.000000      4.000000
VOLUME( W3, J7)      1.000000      0.000000
VOLUME( W4, J1)      0.000000      5.000000
VOLUME( W4, J2)      0.000000      4.000000
VOLUME( W4, J3)      0.000000      4.000000
VOLUME( W4, J4)      0.000000      0.000000
VOLUME( W4, J5)      0.000000      5.000000
VOLUME( W4, J6)      1.000000      0.000000
VOLUME( W4, J7)      0.000000      2.000000
VOLUME( W5, J1)      1.000000      0.000000
VOLUME( W5, J2)      0.000000      1.000000
VOLUME( W5, J3)      0.000000      6.000000
VOLUME( W5, J4)      0.000000      2.000000
VOLUME( W5, J5)      0.000000      3.000000
VOLUME( W5, J6)      0.000000      0.000000
VOLUME( W5, J7)      0.000000      1.000000
VOLUME( W6, J1)      0.000000      4.000000
VOLUME( W6, J2)      0.000000      4.000000
VOLUME( W6, J3)      1.000000      0.000000
VOLUME( W6, J4)      0.000000      0.000000
VOLUME( W6, J5)      0.000000      5.000000
VOLUME( W6, J6)      0.000000      10.00000
```

```
VOLUME( W6, J7)        0.000000        0.000000
VOLUME( W7, J1)        0.000000        7.000000
VOLUME( W7, J2)        1.000000        0.000000
VOLUME( W7, J3)        0.000000        0.000000
VOLUME( W7, J4)        0.000000        9.000000
VOLUME( W7, J5)        0.000000        0.000000
VOLUME( W7, J6)        0.000000        3.000000
VOLUME( W7, J7)        0.000000        5.000000
```

例 4　有 4 名同学到一家公司参加三个阶段的面试：公司要求每个同学都必须首先找公司秘书初试，然后到部门主管处复试，最后到经理处参加面试，并且不允许插队(即在任何一个阶段 4 名同学的顺序是一样的)．由于 4 名同学的专业背景不同，所以每人在三个阶段的面试时间也不同，如表 10－6 所示(单位：分钟)．

表　10－6

同学＼面试	秘书初试	主管复试	经理面试
同学甲	13	15	20
同学乙	10	20	18
同学丙	20	16	10
同学丁	8	10	15

这 4 名同学约定他们全部面试完以后一起离开公司．假定现在的时间是早晨 8:00，问他们最早何时能离开公司？(建立规划模型求解)

本问题是一个排列排序问题．对于阶段数不小于 3 的问题没有有效算法，也就是说，对于学生数稍多一点儿(比如 20)的情况是无法精确求解的．为此，人们找到了很多近似算法．这里我们建立的规划模型可以实现该问题的精确求解，但你会看到它的变量和约束是学生数的平方．因此，当学生数稍多一点儿时，规划模型的规模将很大，求解会花费很长时间．

模型的求解：

```
! 三阶段面试模型;
model:
  sets:
students; ! 学生集三阶段面试模型;
  phases; ! 阶段集;
```

```
    sp(students, phases):t, x;
    ss(students, students) | &1 #LT# &2:y;
endsets
data:
    students = s1..s4;
    phases = p1..p3;
     t=
     13   15   20
     10   20   18
     20   16   10
     8    10   15;
enddata
    ns=@size(students); ! 学生数;
    np=@size(phases); ! 阶段数;

    ! 单个学生面试时间先后次序的约束;
    @for(sp(I, J) | J #LT# np:
     x(I, J)+t(I, J)<=x(I, J+1)
    );
    ! 学生间的面试先后次序保持不变的约束;
    @for(ss(I, K):
     @for(phases(J):
        x(I, J)+t(I, J)-x(K, J)<=200*y(I, K);
        x(K, J)+t(K, J)-x(I, J)<=200*(1-y(I, K));
     )
    );
    ! 目标函数;
    min=TMAX;
    @for(students(I):
     x(I, 3)+t(I, 3)<=TMAX
    );
    ! 把 Y 定义为 0/1 变量;
    @for(ss: @bin(y));
end
```

计算的部分结果为：

```
    Global optimal solution found at iteration:        898
    Objective value:                                   84.00000
```

Variable	Value	Reduced Cost
NS	4.000000	0.000000
NP	3.000000	0.000000
TMAX	84.00000	0.000000
X(S1, P1)	8.000000	0.000000
X(S1, P2)	21.00000	0.000000
X(S1, P3)	36.00000	0.000000
X(S2, P1)	21.00000	0.000000
X(S2, P2)	36.00000	0.000000
X(S2, P3)	56.00000	0.000000
X(S3, P1)	31.00000	0.000000
X(S3, P2)	56.00000	0.000000
X(S3, P3)	74.00000	0.000000
X(S4, P1)	0.000000	1.000000
X(S4, P2)	8.000000	0.000000
X(S4, P3)	18.00000	0.000000
Y(S1, S2)	0.000000	-200.0000
Y(S1, S3)	0.000000	0.000000
Y(S1, S4)	1.000000	200.0000
Y(S2, S3)	0.000000	-200.0000
Y(S2, S4)	1.000000	0.000000
Y(S3, S4)	1.000000	0.000000

参考文献

[1] 姜启源. 数学模型[M]. 北京：高等教育出版社，2003.
[2] 熊义杰. 运筹学教程[M]. 北京：国防工业出版社，2007.
[3] 胡运权. 运筹学教程[M]. 北京：清华大学出版社，2007.
[4] 王连堂. 数学建模[M]. 西安：陕西师范大学出版社，2008.
[5] 刁在筠，等. 运筹学[M]. 北京：高等教育出版社，2001.
[6] 管梅谷，郑汉鼎. 线性规划[M]. 山东：山东科学技术出版社，1987.
[7] 何建坤，江道琪，陈松华. 实用线性规划及计算机程序[M]. 北京：清华大学出版社，1985.
[8] 张培强. MATLAB 语言[M]. 合肥：中国科学技术大学出版社，1995.
[9] 蔡锁章. 数学建模原理与方法[M]. 北京：海洋出版社，2000.
[10] 杨启帆，方道元. 数学建模[M]. 杭州：浙江大学出版社，2005.
[11] 阮沈勇，等. MATLAB 程序设计[M]. 北京：电子工业出版社，2004.
[12] 刘承平. 数学建模方法[M]. 北京：高等教育出版社，2002.
[13] 宋兆基，许流美，等. MATLAB 6.5 在科学计算中的应用[M]. 北京：清华大学出版社，2005.
[14] 陈汝栋，于延荣. 数学模型与数学建模[M]. 北京：国防工业出版社，2006.
[15] 叶其孝. 大学生数学建模竞赛辅导教材[M]. 长沙：湖南教育出版社，1997.
[16] 刘承平. 数学建模方法[M]. 北京：高等教育出版社，2002.
[17] 韩中庚. 数学建模方法及其应用[M]. 北京：高等教育出版社，2006.
[18] 王树禾. 数学模型基础[M]. 合肥：中国科技大学出版社，1996.
[19] 赵静，但琦. 数学建模与数学实验[M]. 北京：高等教育出版社，2003.
[20] 卢开澄，卢华明. 图论及其应用[M]. 北京：清华大学出版社，1996.
[21] 舒贤林，徐志才. 图论基础及其应用[M]. 北京：北京邮电学院出版社，1988.
[22] 宋来忠，王志明. 数学建模与实验[M]. 北京：科学出版社，2005.
[23] http://www.chinabyte.net/20030116/1648793.shtml.
[24] http://www.shufe.edu.cn/netedu/compapp/htmldoc/down/example.htm.
[25] http://acm.zjnu.cn/bbs/showt.asp?boardid=20&id=856.
[26] http://mcm.zjnu.net.cn/Soft_Show.asp?SoftID=36.